Kreisförmig gekrümmte Träger

Kreisförmig gekrümmte Träger

mit starrer Torsionseinspannung an den Auflagerpunkten

Theorie und Berechnung

Von

Dr.-Ing. Hans Wittfoht

Direktor der Firma Polensky & Zöllner, Köln/Rhein
Leiter des Hauptkonstruktionsbüros
und der Spannbetonabteilung

Mit 55 Abbildungen

Springer-Verlag Berlin Heidelberg GmbH

ISBN 978-3-642-49047-7   ISBN 978-3-642-92893-2 (eBook)
DOI 10.1007/978-3-642-92893-2

© by Springer-Verlag Berlin Heidelberg 1964
Originally published by Springer-Verlag, Berlin/Göttingen/Heidelberg/New York 1964
Softcover reprint of the hardcover 1st edition 1964

Library of Congress Catalog Card Number: 64—252 48

Titel-Nr. 1230

Vorwort

In großer Zahl ist bereits heute der kreisförmig gekrümmte Träger in den verschiedensten Erscheinungsformen in der modernen Bautechnik anzutreffen und seine Verbreitung nimmt seit Mitte der 50er Jahre selbst im Brückenbau auch bei großen Spannweiten, entgegen anders lautender Prophezeihungen früherer Jahre, ständig zu. Der ursächliche Antrieb hierzu dürfte in der heutigen Denkweise des Ingenieurs zu suchen sein, die Konstruktionen den technischen Anforderungen gemäß möglichst „maßgerecht" zu liefern. Es ist zum Beispiel notwendig, bei den großzügig angelegten Verkehrswegen unserer Tage, einen Brückenzug dem Verkehrsband einzufügen und da es kaum noch gerade Verkehrsbänder über längere Strecken gibt, bleibt es nicht aus, daß sich die gekrümmten Brücken steigender Beliebtheit erfreuen. Weniger erfreulich ist jedoch der damit verbundene größere Aufwand bei Berechnung, Konstruktion und Bauausführung.

Der Verfasser hatte bereits frühzeitig Gelegenheit als Leiter der Spannbetonabteilung und des Hauptkonstruktionsbüros der Bauunternehmung Polensky & Zöllner in Entwurf und Ausführung derartige Brückenträger zu studieren. Dabei entstand der Wunsch, den unhandlichen Aufwand der Berechnung, die in Ermangelung geeigneter Literatur stets von vorn aufgezogen werden mußte, entscheidend zu vereinfachen und vor allem dem praktisch tätigen Ingenieur einen schnellen Überblick über das Schnittkraft- und Verformungsverhalten gekrümmter Träger zu vermitteln.

So entstand das vorliegende Buch seinem anregenden Ursprung entsprechend für die Ingenieurpraxis. Der erste Plan, den Stoff „allumfassend" abzuhandeln, wurde wegen des großen Umfanges zunächst zurückgestellt, um dem dringenden Bedürfnis entsprechend das Wichtigste rascher zur Verfügung zu haben. Die Zusammenstellung der Grundgleichungen, Tafeln und Tabellen ermöglicht es, auch die meisten der nicht unmittelbar behandelten Trägersysteme, auch die mit torsionsfreier Stützung durch sinngemäße Anwendung vereinfacht und schnell zu berechnen. Sämtliche Gleichungen sind darüber hinaus ohne Programmierschwierigkeiten durch eine elektronische Rechenmaschine auszuwerten.

Das Buch enthält in verhältnismäßig knapper Form die Theorie mit den wichtigsten Ergebnissen für die Verformungen und Schnittkräfte, die Rechenanweisungen vom Einfeldträger mit und ohne Biegeendeinspannung bis zum Fünffeldträger beliebiger Öffnungswinkelverhältnisse und die Auswertung der wichtigsten Gleichungen in Tabellen und Tafeln für ein genügend enges Zahlenraster des Öffnungswinkels eines Feldes bis zu $\varphi = 360\,°$.

Vom Leser wird nicht verlangt, daß er sich in die Theorie einliest, um das Buch praktisch handhaben zu können. Als sichtbare Schranke wurde deshalb das Kapitel 10 eingefügt. Es enthält konzentriert alle notwendigen Erklärungen zur

Rechenpraxis, die es auch einem ungeübten Ingenieur ermöglichen, in kürzester Zeit unter Verwendung einfacher Grundrechenoperationen Kreisträger der vorgegebenen Kategorie zu rechnen. Geringfügige Wiederholungen in der Erklärung der Symbolik und Rechenanweisung gegenüber vorhergehenden Kapiteln waren in diesem Zusammenhang vorteilhaft.

Die zweite, gewissermaßen rückwärtige Schranke sind die Tafeln. Diese geben ein anschauliches Bild vom Kraftverlauf und Verformungsbestreben eines Kreisträgers in Abhängigkeit vom Öffnungswinkel φ zwischen den Stützpunkten. Sie ermöglichen nicht nur eine Beurteilung der in den Tabellen nicht ausgedruckten Zwischenwerte, sondern zeigen auch deutlich, in welchen Öffnungswinkelbereichen nicht konstruiert werden darf.

Übersehen wir nicht die Voraussetzung der linearen Theorie für die Gültigkeit der vorliegenden Ergebnisse. Die Verformungen des Trägers sollen also linear von der Belastung abhängen, d. h. im Verhältnis zu den Abmessungen des Systems so gering sein, daß sie keinen Einfluß auf die Gleichgewichtsbedingungen haben.

Der Konstrukteur wählt deshalb zweckmäßig einen biege- und torsionssteifen Querschnitt, um die Verformungen möglichst gering zu halten. Hierfür empfehlen sich bei kleinen Abmessungen Voll- oder sonst geschlossene Hohlquerschnitte. Der geschlossene Kasten, mit seinem günstigen, ringsum verlaufenden Schubfluß, wird Torsionsbeanspruchungen vorwiegend durch Schubspannungen abtragen. Der Einfluß einer behinderten Querschnittsverwölbung ist von der Querschnittsform abhängig, jedoch für den „geschlossenen Kasten" in den meisten Fällen ohne praktische Bedeutung. Für den offenen Querschnitt hingegen ist die Wölbbehinderung von entscheidender Bedeutung zur Erzielung eines ausreichenden Torsionswiderstandes, weil der reine Torsionswiderstand, gemessen an dem des geschlossenen Kastens gering ist. Der geschlossene ist dem offenen Querschnitt also vorzuziehen, weil er eine größere Tragreserve besitzt und die Torsionsbeanspruchungen durch Schubspannungen zugunsten der Längsspannungen abträgt und diese Schubspannungen vermöge des großen Torsionswiderstandes, selbst bei großen Spannweiten verhältnismäßig klein bleiben und „mühelos" vom Querschnitt aufgenommen werden können.

Meinen verehrten Lehrern Herrn Professor Dr.-Ing. B. Fritz und Professor Dr.-Ing. O. Steinhardt danke ich für das wohlwollende Interesse, daß sie der vorliegenden Arbeit entgegenbrachten und für die wertvolle Beratung bei ihrer Abfassung. Die National Registrier-Kassen GmbH in Frankfurt unterstützte mich zuvorkommend bei der elektronischen Auswertung für den Tabellenteil. Dem Springer-Verlag gebührt Dank dafür, daß er die Herausgabe des Buches in der von ihm gewohnten tadellosen Ausstattung übernommen hat.

Köln/Rhein, im Sommer 1964

Hans Wittfoht

Inhaltsverzeichnis

Verwendete Symbole

M Biegemoment
T Torsionsmoment
m Biegemoment $\Big\}$ aus Belastung „1"
t Torsionsmoment
X_n Statisch unbestimmtes Biegemoment an den Stützen
Y_n Statisch unbestimmtes Torsionsmoment an den Stützen
A_n Auflagerkraft ($n = 0, 1, 2 \ldots$ Lage des Stützpunktes)
Q Querkraft
J Biegeträgheitsmoment
Θ Torsionsträgheitsmoment
E Elastizitätsmodul
G Schubmodul

$$k = \frac{E\,J}{G\,\Theta}$$

φ Öffnungswinkel zwischen den Auflagerpunkten ⌢
φ_p Winkelkoordinate der wandernden Einzellast P
φ_x, φ_m Koordinaten der Schnittstellen x; m
η_x Einflußordinate des Biegemomentes M
ϑ_x Einflußordinate des Torsionsmomentes T
w Durchbiegung
Φ Neigung der Tangente an die Biegelinie
ψ Verwindung des Trägers
δ_{ik} Klaffung oder Verdrehung zur Bestimmung der stat. Unbestimmten an der Stelle „i"
     aus dem Lastfall „k"
B Konstante des Integrals der homogenen Differentialgleichung der Biegelinie
L Konstante des partikulären Integrals der Differentialgleichung der Biegelinie
F_i ($i = 1, 2 \ldots$) Abkürzungssymbol im Gleichungssystem
Γ Störfunktion einer Differentialgleichung
I_i Integral
N_i Abkürzungssymbol für Nennerwert eines Bruches
C_i Abkürzungssymbol für Lastverdrehungen $_p\Phi$ und $_q\Phi$ an den Trägerenden
D_n Nennerdeterminante ($n = I, II \ldots$)
D_i Zählerdeterminante ($i = 1, 2, 3$)
α Vorzahlen in den Bestimmungsgleichungen der statisch Unbestimmten (Einflußzahlen)
v_{ik} Vorzahlen der Matrix (Zusammenfassung von Enddrehwinkeln)
β_i Zusammenfassungen der Vorzahlen v_{ik}
V_i Linke Gleichungsseite in einer Matrix

Weitere Symbole und die Bedeutung der Indizes folgen unmittelbar aus dem Text.

Berichtigungen

Die nachfolgenden Formeln lauten richtig:

S. 12, Z. 13:

$$E\,J\,\delta_{10} = k \int_0^\varphi {}_{\textcircled{1}}t_x \cdot {}_{\textcircled{0}}T_x\, r\, d\varphi_x = k\,q\,r^3 \int_0^\varphi \left[\tan\frac{\varphi}{2}\,(1 - \cos\varphi_x) - \varphi_x + \sin\varphi_x\right] d\varphi_x$$

S. 22, Gl. (55):

$$L = \frac{q\,r^4}{E\,J}\left\{k\left(1 + \frac{1}{2}\varphi\,\varphi_x - \frac{1}{2}\varphi_x^2\right) - (1 + k)\left[\frac{1}{2}\tan\frac{\varphi}{2}\,(\sin\varphi_x - \varphi_x\cos\varphi_x)\right.\right.$$
$$\left.\left. + \cos\varphi_x + \frac{1}{2}\varphi_x\sin\varphi_x\right]\right\}$$

S. 73, Gl. (323):

$$A_n = P_k\left[\left(\frac{\varphi_p}{\varphi_{i=k}}\right)_{n=i-1} + \left(1 - \frac{\varphi_p}{\varphi_{i=k}}\right)_{n=i}\right.$$
$$\left. - \left(\frac{1}{\varphi_n} + \frac{1}{\varphi_{n+1}}\right){}^x X_n + \frac{1}{\varphi_{n+1}}{}^x X_{n+1} + \frac{1}{\varphi_n}{}^x X_{n-1}\right]$$

S. 133, Tab. 20, Spalte 3, Z. 6:

$$\text{statt } + 074 \quad \textbf{lies } - 074$$

1. Einführung

1.1 Aufgabe

Die Schaffung kreuzungsfreier Übergänge für die verschiedenen Verkehrsteilnehmer muß häufig, vor allem in den Stadtbezirken, auf engstem Raum erfolgen. Hierbei entstehen immer mehr teilweise oder ganz gekrümmte Bauwerke, deren Formenreichtum durch die Abb. 1 bis 3 nur andeutungsweise aufgezeigt werden kann [1].

In dem Bestreben, die Linienführung eines Verkehrsweges den Verkehrsgeschwindigkeiten anzupassen, werden darüber hinaus selbst längere Brücken in eine horizontale Krümmung einbezogen. Dabei sind auch große Stützweiten nicht mehr ausgenommen, wie das Beispiel der mit 140 m Mittelöffnung z. Zt. weitest

Abb. 1. Straßenbrücke an der Hohensyburg bei Dortmund
(mittl. Krümmungsradius $r = 36$ m)

Abb. 2. Fußgänger- und Fahrzeugbrücke über die rrh. Schnellstraße und
Eisenbahn in Rhöndorf. (Krümmungsradius im ersten und vierten Feld 15
und 18 m)

Abb. 3. Straßenaufständerung der B 9 am Krahnenberg bei Andernach/Rhein. Baustadium des feldweisen Vorbaus
(r_{min} = 475 m, r_{max} = ∞, Gegenkrümmung, Gesamtbrückenlänge rd. 1100 m)
Die Abb. 1—3 sind Werkfotos der Fa. Polensky & Zöllner

gespannten, durchlaufenden Spannbetonbalkenbrücke über den Main bei Bettingen zeigt [2, 3, 4]. Die Abb. 2 läßt außerdem erkennen, daß gekrümmte Träger-
teile — auch mit geraden — in wechselnder Folge vorkommen.

Es ist erfreulich, beobachten zu können, mit welcher Vielseitigkeit und Eleganz
sich der moderne Brückenbau den verschiedenartigsten Ansprüchen hinsichtlich
Konstruktion und Architektur anzupassen versteht. Um diesem Anpassungs-
vermögen folgen zu können, muß der Konstrukteur häufig genug zur Ergänzung

des bei der schnellen Entwicklung zurückgebliebenen statischen Rüstzeuges zum Modellversuch greifen oder, soweit möglich, die mühselige ‚zu Fuß-Rechnung‘ wagen.

Zwar wurde der Einfluß der kreisförmigen Krümmung eines Tragwerks auf die Schnittkraftermittlung und Formänderungen bereits in einer Anzahl älterer Arbeiten behandelt, wie im nachstehenden Abschnitt gezeigt wird; doch sind die Untersuchungen der früheren Aufgabenstellung folgend entweder sehr eng speziell ausgerichtet oder es wurden allgemeine Lösungen angegeben, die so unhandlich sind, daß sie praktisch keine Verwendung finden konnten.

Die Hauptaufgabe der früheren Jahre war die Berechnung des geschlossenen Kreisringträgers als Stützelement der Kuppeldächer und des Halbkreisträgers als Balkon- oder Erkerträger. Dabei konnte man sich auf spezielle Lastanordnungen beschränken und auch die den Ring punktförmig stützenden Auflager im allgemeinen in geordneter Folge voraussetzen.

1.2 Vorgeschichte

Eine erste zusammenfassende Darstellung der Berechnung von Beanspruchung und Formänderung eines kreisförmig gebogenen Trägers, der durch Kräfte winkelrecht zu seiner Kreisebene belastet wird, erschien bereits 1922 von UNOLD [5]. In dieser Arbeit ist auch eine Zusammenstellung der älteren Literatur enthalten, die sich im wesentlichen auf die Bearbeitung einfacher Sonderfälle (vgl. 1.1) erstreckt und die der Vollständigkeit halber hier ohne weitere Betrachtungen angegeben werden soll [6 a — q].

Der Beitrag von DÜSTERBEHN [6 o, 7, 8] bedarf jedoch besonderer Erwähnung. Zwar hat auch DÜSTERBEHN nur einige typische Sonderfälle behandelt (gleichmäßige Streckenlast für Halbkreisträger mit 3, 4, 5 Punktstützen in gleichem Abstand und Vollkreisträger mit 3 und 8 regelmäßig verteilten Punktstützen. Einflußlinien für die ersten vier und Biegelinien aus gleichmäßiger Streckenlast für die ersten drei Fälle), jedoch wird für die am Trägerelement gefundene allgemeine Differentialgleichung der Biegelinie ein Lösungsansatz angegeben und die Lösung für die genannten ersten drei Sonderfälle und für den Viertelkreiskragträger mit einer Einzellast am Kragarmende gezeigt.

UNOLD gewinnt über die Differentialbeziehungen am Trägerelement die Beziehungen zwischen den Schnittkräften einerseits und den Formänderungen andererseits am Kreisbogenstück für Gleichlast q, Einzellast P und Einzeldrehmoment. Die Verknüpfung mehrerer Schnitt- oder Verformungsgrößen jeweils in einer Gleichung läßt diese jedoch für die praktische Rechnung wenig geeignet erscheinen. Dies wird deutlich bei der gezeigten Anwendung auf den eingespannten Kreisbogen beliebigen Öffnungswinkels mit einer Einzellast. An der Schnittstelle unter der Einzellast werden die drei statisch unbestimmten Schnittgrößen angesetzt, um die Klaffungen des statisch bestimmten Systems zum Verschwinden zu bringen. Da die allgemeinen Formeln für die statisch unbestimmten Größen zu umständlich werden, beschränkt UNOLD sich auf die Angabe von drei Bestimmungsgleichungen, in denen die Unbekannten miteinander verknüpft sind. Es werden die Sonderfälle des eingespannten Bogens mit zwei symmetrischen Einzellasten

und Gleichstreckenlast, sowie der Halbkreisbogen für die drei genannten Lastfälle und der auskragende Bogen für zwei symmetrische Lasten, Mittenlast und
Gleichlast, behandelt.

Für den geschlossenen Kreisring wurden von UNOLD folgende Fälle bearbeitet:
Einzellasten in beliebiger Anordnung, Teilstreckenlast neben den Einzellasten,
Einzellasten in symmetrischer Anordnung, Drehmomente quer zur Trägerachse,
exzentrisch angreifende Einzellasten, Drehmomente in Trägerrichtung. Es folgt
der geschlossene Ring mit 3, 4, und 5 Punktstützen und Einzellasten, dessen vierte
und fünfte Auflagerkraft als statisch unbestimmte Größen unter Verwendung
der Grundformeln ermittelt werden. Als Sonderfälle wurden behandelt der Ring
mit symmetrischer Belastung und Lagerung mit 4 und 6 Punktstützen, sowie der
Ring mit mehreren gleichmäßig im Kreis verteilten Punktstützen, mit je 2 symmetrischen Lasten pro Feld und mit je einer Mittenlast pro Feld.

Sein Hauptaugenmerk richtet UNOLD auf die Tatsache, daß die früher gefun-
denen Ergebnisse im allgemeinen voraussetzen, daß die Stabquerschnitte eben
bleiben. Dies gilt auch noch für die üblichen Rechteck und Kastenquerschnitte,
natürlich je exakter, je mehr sie sich der Kreisform oder dem Quadrat nähern [30].
Zu bedeutenden Fehlern führen jedoch offene Profile, bei denen die Querschnittsverwölbung nicht mehr zu vernachlässigen ist. Deshalb untersuchte UNOLD,
anknüpfend an die Arbeiten von ANDRÉE [6 p] und BERAN [6 q] den Kreisträger
mit I-Querschnitt für folgende Fälle: Geschlossener Ring mit gleichmäßig verteilten Punktlagern für Einzellast mittig zwischen den Lagern und Gleichstreckenlast; eingespannter und auskragender Kreisträger für mittige Einzellast und
Gleichstreckenlast. Es zeigte sich dabei, daß beim eingespannten Kreisträger die
Art und Vollkommenheit der Einspannung für die Schnittkraftermittlung von Bedeutung ist. Neben der Biege- und Torsionseinspannung ist der Grad der Wölbbehinderung an der Einspannstelle des Trägers von Einfluß.

UNOLD findet jedoch selbst, daß die Anwendung der allgemeinen Theorie auf
allgemeine Belastungsfälle wenn überhaupt, dann zu praktisch völlig unbrauch-
baren Formeln führt und gibt deshalb hierfür Näherungslösungen an.

1926 hat TÖLKE [9] den zyklischen Ring mit beliebigen Begrenzungslinien
untersucht und die Anwendung der allgemeinen Beziehungen auf den Kreis und
das geschlossene Vieleck mit äquidistischen Stützen gezeigt. Aus dem zyklischen
Ring wird für $r = \infty$ der kontinuierliche Bogenträger mit unendlich vielen Stützen
entwickelt.

1927 untersucht HESSLER [10] den einfeldrigen, beiderseits eingespannten
Kreisträger mit Rechteckquerschnitt für Gleichlast und zwei symmetrische Einzellasten mit den Sonderfällen Halb- und Viertelkreis und in einer 1930 anschließen-
den Arbeit [11] den „kontinuierlichen" Halbkreisträger mit drei und vier Punktstützen im gleichen Abstand für Gleichlast, dessen Enden voll oder nur gegen
Torsion eingespannt sind, sowie den geschlossenen Kreisträger für Gleichlast mit
Punktstützen (3, 4, 6, 8) im gleichen Abstand.

Noch 1932 lehnten GOTTFELD und GEHLEN [12] gekrümmte Brücken aus
architektonischen Gründen ab, zumal sie weder eine Verbilligung, noch eine Ge-
wichtsersparnis erwarten ließen. Die Hauptträger sollten deshalb nur, wenn es
unvermeidlich ist, dem Kurvenverlauf angepaßt werden. An dem Beispiel von
drei verhältnismäßig kurz gestützten Eisenbahnbrücken werden konstruktive

Hinweise gegeben. Im gleichen Jahr noch gibt GOTTFELD [13] erstmals eine Berechnungsmethode für räumlich gekrümmte Stahlbrücken mit zwei Hauptträgern auf konzentrischen Kreisen und mit einem Horizontalverband an. Da nach seiner Meinung außergewöhnlich große Stützweiten bei gekrümmten Brücken kaum vorkommen (er denkt vor allem an städtische Schnellbahnen mit Spannweiten < 50 m) werden vereinfachte Annahmen gemacht, die bei stärkeren Krümmungen nicht mehr zulässig sind. Die Beziehungen werden am Stabwerk einfacher Form abgeleitet und gelten auch für andere Formen hinsichtlich Gurtführung und Ausfachung, soweit letztere statisch bestimmt, auch vollwandig ist. Zwischen den Knoten wird geradliniger Stabverlauf vorausgesetzt und die Schnittkräfte werden in der Knotenebene angegeben.

Für den Kragarm von Gelenkträgern wurden die Momente und Querkräfte der Tragwände und ihr Einfluß auf die Einfeldträger untersucht. Für statisch unbestimmte Systeme mit Pendelrahmen als Zwischenstäbe empfiehlt GOTTFELD die Lösung des Einfeldfachwerkes mit Einführung der Stützkräfte oder Stützmomente als statisch Unbestimmte. Voraussetzung ist dabei immer, daß die beiden Tragwände starr miteinander verbunden sind und die Torsion als Biegung aufnehmen. In einer nachfolgenden Arbeit [14] werden die Einflußlinien für die beiden Tragwände angegeben.

1933 zeigt MELAN [15] ein Näherungsverfahren als Ersatz für die Berechnung nach GOTTFELD, das jedoch nur für Fachwerkträger gilt, andererseits aber die Berücksichtigung von zwei Horizontalverbänden ermöglicht.

1937 erweitert KÜHL [16] die Arbeit von GOTTFELD auf beliebig räumlich gekrümmte Stahlbrücken mit zwei Hauptträgern, die gleichzeitig im Grundriß zueinander vieleckig gekrümmt sein können, als Scheibenketten, die in den Knoten durch Querverbände miteinander verbunden und gleichzeitig durch einen Horizontalverband längsausgesteift sind. Dabei können die einzelnen Zellen in der Längsrichtung mit beliebiger Neigung aufeinanderstoßen, vorausgesetzt, daß Längs- und Querträger senkrecht zur Grundrißfläche stehen. Die Berechnung des Tragwerkes wird auf die Berechnung einer Anzahl ebener Scheiben zurückgeführt.

Im Anschluß an die Arbeiten von GOTTFELD, MELAN und KÜHL gibt STÜSSI [17] 1937 ein Verfahren an, daß mit dreigliedrigen Gleichungen für den häufigen Fall der zwei Hauptträger auf konzentrischen Kreisen mit Radialquerträgern und einem Horizontalverband auskommt. Außerdem wird für polygonale Hauptträger mit zwei Horizontalverbänden ein genaues Rechenverfahren angegeben, welches nicht aufwendiger sei (nach STÜSSI) als das Näherungsverfahren von MELAN. In einer anderen Arbeit schließt STÜSSI [18] 1938 an die Bearbeitung des Kreisträgers mit I-Querschnitt von UNOLD an und findet für die unsymmetrische Anordnung von Tragwerk und Belastung, indem er auf die Vereinigung aller Gleichgewichts- und Formänderungsbedingungen in einer einzigen Differentialgleichung verzichtet, eine „Dreistufenlösung" die dem üblichen Schema der Berechnung statisch unbestimmter Systeme angepaßt ist.

Eine Zusammenfassung der wichtigsten Ergebnisse aus den genannten Arbeiten gibt BEYER 1948 in dem Kapitel „Der Kreisringträger" seines Statiklehrbuches [19]. Es sind dies die Schnittkräfte für den Kreisringträger mit Punktstützen im gleichen Abstand für Gleichlast, mit gerader Stützenzahl und feldweiser Gleichlast; mit zwei verschiedenen Stützweiten in wechselnder Folge; der auskragende Kreisträger mit zwei symmetrischen Einzellasten; der eingespannte Kreisträger für zwei symmetrische Einzellasten, eine mittige Einzellast, Gleichlast mit dem Sonderfall des eingespannten Halbkreisträgers. Die bisherigen Arbeiten und vor allem die Zusammenstellungen lassen deutlich erkennen, daß eine praktische, lückenlose Behandlung des Kreisträgers im Sinne der Aufgabenstellung bisher nicht möglich war; daß vielmehr nur Teilfälle, vor allem für den geschlossenen und eingespannten Kreisträger gelöst worden sind, die den damaligen speziellen Bauaufgaben entsprachen. So ist es nicht verwunderlich, daß in letzter Zeit einige neuere Bearbeitungen des Kreisträgers erfolgt sind, die jedoch auch jeweils wieder nur ein begrenztes Teilgebiet umfassen.

Da sind zwei Arbeiten von SWIDA [20, 21] aus den Jahren 1950 und 1953, über den statisch unbestimmt gestützten und senkrecht zu seiner Ebene beliebig belasteten geschlossenen Kreisring, die über die 1922 und 1936 von BIEZENO und KOCH [28, 29] angegebene allgemeine Lösung, über die Integration der Differentialgleichung der elastischen Linie, für den geschlossenen Kreisring mit beliebiger Belastung hinausgehen. In der ersten Arbeit wird erstmals eine torsionsfeste Einspannung an den Stützen vorgesehen und eine dreigliedrige Grundgleichung zur Ermittlung der statisch unbestimmten Stützenbiegemomente für einen geschlossenen und offenen Kreisringträger angegeben, während die zweite Arbeit wieder Punktstützen voraussetzt. SWIDA führt die zusätzlichen Torsionsmomente an den Stützen aus den Lasten als „Lastglieder" ein und führt die Berechnung damit auf ein System dreigliedriger Gleichungen für die Biegemomente an den Stützen zurück.

LUSSER [22] behandelt 1956 den an den Auflagern eingespannten Kreisträger mit veränderlichem Trägheitsmoment für Gleichlast und Einzellast durch näherungsweise Einführung eines abschnittsweise konstanten Trägheitsmomentes.

HANSEN [23] untersucht 1959 in Anlehnung an BEYER am Beispiel des Zugringes einer Kegelschale den geschlossenen Kreisringträger mit ‚n‘ Stützen in gleichem Abstand für Gleichlast, Torsionsmomente und Horizontalkräfte an ‚n‘ gleichmäßig verteilten Punkten.

Die praktische Berechnung I-förmiger Kreisringträger mit drei und vier Stützarmen als Drehkranz von Großgeräten ist Gegenstand eines Beitrages von MEYER [24], der die theoretische Behandlung durch UNOLD voraussetzt. Auch JOHANSSEN [25] zeigt am Beispiel einer gekrümmten Rahmenbrücke den praktischen Rechnungsgang, wie er für das sechsfach statisch unbestimmte System, dessen statisch bestimmtes Grundsystem die im Scheitel getrennten Kreisträger sind, für allgemeine Lasten durchgeführt wurde. Wegen des veränderlichen Trägheitsmomentes wurden für die Verschiebungen Summenausdrücke als Näherung eingeführt.

An die Arbeiten von GOTTFELD [13, 14], MELAN [15], KÜHL [16], STÜSSI [17] anschließend führt WANSLEBEN [26] 1952 für eine Brücke mit zwei Hauptträgern die Drehsteifigkeit durch einen zweiten Querverband ein und untersucht den Einfluß der Wölbzwangkräfte. In einer soeben (1962) bekanntgewordenen Arbeit von KREISEL [27] werden die schon von UNOLD am I-Querschnitt aufgezeigten Abhängigkeiten zwischen Verschiebung und Verdrehung ganz allgemein für wölbkraftfreie und wölbbehinderte Stäbe angegeben.

1.3 Problemstellung und Zielsetzung

Die unter 1.1 skizzierte Aufgabe verlangt die Bereitstellung einfach zu handhabender Rechenhilfsmittel für die Bearbeitung eines Kreisträgers mit beliebigem Öffnungswinkel, beliebiger Lastanordnung, sowie beliebiger Zahl und Stellung der Stützen. Dabei muß für die Mehrzahl der Fälle an den Auflagerpunkten, vermöge der Lageranordnung eine torsionsfeste Einspannung des Trägers erwartet werden.

Dieses durch die Praxis aufgeworfene Problem wurde durch die bisherigen Arbeiten weder in seiner Geschlossenheit angegriffen, noch lassen letztere eine einfache Lösung des Gesamtkomplexes erkennen. Somit war es bisher noch nicht möglich, ein anschauliches, umfassendes Bild vom Kraftverlauf und Verformungsbestreben solcher Träger zu gewinnen.

Es sollte deshalb das Ziel dieser Arbeit sein, zunächst für den an den Auflagern torsionsfest eingespannten Kreisträger die praktisch vorkommenden Fälle vom Einfeld bis zum Fünffeldträger abzuhandeln und die Zusammenhänge zu veranschaulichen.

Es erwies sich als zweckmäßig, auf dem Einfeldträger mit freier „Biege-Drehbarkeit", jedoch torsionsfester Einspannung an den Auflagern aufzubauen. Hierbei ist es möglich, den Krümmungseinfluß im „Biege-Enddrehwinkel" des Trägers mit auszudrücken, so daß die Berechnung von Endeinspannungen oder Kontinuitätsbedingungen dem Prinzip nach auf die Methoden der Statik des geraden Trägers zurückgeführt wird und somit keine formalen Vorstellungsschwierigkeiten für die Anwendung mehr bestehen.

Zur Vereinfachung der Rechenarbeit werden für den Einfeldträger die Schnittkräfte und Einflußlinien für einen Öffnungswinkel bis zu 360 ° in Tabellenform erfaßt und ihr Verlauf gezeigt. Außerdem werden für den gleichen Bereich die Enddrehwinkel als „Lastglieder" für feldweise konstantes Trägheitsmoment vorgegeben, so daß die Berechnung der Durchlaufträger mit den angegebenen Rechenanweisungen einfach durchführbar ist. Gegebenenfalls läßt sich mit einer elektronischen Rechenanlage für die häufigsten Fälle des Durchlaufträgers die Rechenarbeit vorwegnehmen und in einem Tabellenwerk zusammenfassen[1].

Veränderliches Trägheitsmoment wird zweckmäßig, wie gewohnt, als Näherung mit abschnittsweise konstantem Trägheitsmoment unter Anwendung der vorliegenden Grundformeln eingeführt.

Die vorliegende Arbeit ist ohne grundsätzliche Schwierigkeiten auch auf den torsionsfrei gestützten Kreisträger auszuweiten[1], indem entweder die Torsionsmomente an den Auflagern nachträglich als Belastung angesetzt oder die Zwischenpunktlager als Einzellasten mit der Bedingung der Durchbiegungsbeseitigung am Einfeldträger eingeführt werden. Die Fehlerempfindlichkeit der letzteren Lösung läßt sich durch Mitnahme ausreichender Stellen bei Anwendung einer elektronischen Rechenmaschine beseitigen. Die erstere Lösung führt auch zu der Berücksichtigung von Einzel- oder Linientorsionsmomenten aus entsprechenden exzentrischen Laststellungen[1]. Hier schließt dann wiederum die Möglichkeit des Überganges vom gekrümmten Träger zum gekrümmten Trägerrost an[1].

---

[1] Bearbeitung vom Verfasser vorgesehen.

Der Kraftverlauf und das Verformungsverhalten auch anders gekrümmter Träger lassen sich zumindest qualitativ schnell und ausreichend beurteilen, so lange die Krümmung nicht sehr wesentlich von der Kreisform abweicht.

Literatur zu 1

[1] WITTFOHT, H.: Beispiele aus dem Spannbetonbrückenbau. Bau- und Bauindustrie 1961, S. 418—424.

[2] WITTFOHT, H., u. W. BILGER: Neubau der Mainbrücke bei Bettingen. Beton- und Stahlbeton 1961, S. 85—96 u. S. 114—122.

[3] WITTFOHT, H.: Die neue Autobahnbrücke über den Main bei Bettingen. Jahrbuch des DBV 1961, S. 273—299 (Vortrag Betontag 1961 Berlin).

[4] WITTFOHT, H.: wie vor. IVBH Schlußbericht b. Kongreß 1960 Stockholm, S. 385—390.

[5] UNOLD, G.: Der Kreisträger. VDI Forschungsarbeiten 1922, H. 255.

[6 a] GRASHOF, F.: Theorie der Elastizität und Festigkeit, 2. Aufl., Berlin 1878, S. 294.

[b] FEDERHOFER, K.: Theorie des elastischen Kreisbogens. Zeitschr. f. Arch.- u. Ing.-Wesen 1910, H. 6.

[c] MAYER, R.: Über Stabilität und Elastizität des geschlossenen und offenen Kreisbogens. Zeitschr. f. Math. u. Phys. 1913, S. 246.

[d] KOENEN, M.: Theorie gekrümmter Erker- und Balkonträger. Dtsch. Bauztg. 1885, S. 607.

[e] STUTZ, J.: Zur Theorie der halbringförmigen Balkonträger. Zeitschr. Österr. Ing.- u. Arch.-Vereins 1904, S. 682.

[f] MÜLLER-BRESLAU, H.: Die neueren Methoden der Festigkeitslehre, 2. Aufl., Leipzig 1893, S. 258.

[g] MAYER, R.: Über Stabilität und Elastizität des Kreisbogens. Zeitschr. f. Math. u. Phys. 1913, § 24, S. 302.

[h] KANNENBERG, B. G.: Zur Theorie torsionsfester Ringe. Eisenbau 1913, S. 329.

[i] FEDERHOFER, K.: Berechnung des senkrecht zu seiner Ebene belasteten Bogenträgers, Kap. III. Der halbringförmige Balkonträger. Zeitschr. f. Math. u. Phys. 1914, S. 48.

[k] MÜLLER-BRESLAU, H.: Die neueren Methoden usw., 4. Aufl., Leipzig 1913, S. 265.

[l] FEDERHOFER, K.: Zeitschr. f. Math. u. Phys. 1914, S. 58 (Aufgabe wie [d]).

[m] FEDERHOFER, K.: Zeitschr. f. Math. u. Phys. 1914, S. 40.

[n] MARENS, H.: Die elastische Linie als räumliches Gebilde. Zentralbl. d. Bauverw. 1916, S. 501.

[o] DÜSTERBEHN, F.: Ringförmige Träger. Eisenbau 1920, S. 73.

[p] ANDRÉE, W. L.: Zur Berechnung gekrümmter Träger. Eisenbau 1918, S. 184.

[q] BERAN, A.: Zur Berechnung von Balkonträgern. Prager techn. Blätter 1919, H. 3 u. 4.

[7] DÜSTERBEHN, F.: Einflußlinien ringförmiger Träger. Eisenbau 1921, S. 78—96.

[8] DÜSTERBEHN, F.: Biegungslinien ringförmiger Träger. Eisenbau 1921, S. 249—264.

[9] TÖLKE, F.: Die statische Behandlung des ebenen zyklischen Ringes auf vielen Stützen. Dissertation TH Hannover 1926.

[10] HESSLER, S.: Der nach einem Kreisbogen gekrümmte, beiderseits eingespannte Eisenbetonträger … Beton u. Eisen 1927, S. 429—433.

[11] HESSLER, S.: Der kontinuierliche, halbkreisförmig gebogene und gleichmäßig belastete Eisenbetonträger … auf 3 u. 4 gleich weit entfernten Stützen. Beton u. Eisen 1930, S. 149—154.

[12] GOTTFELD, H. u. W. GEHLEN: Räumlich gekrümmte Stahlbrücken. Stahlbau 1932, S. 130—133.

[13] GOTTFELD, H.: Die Berechnung räumlich gekrümmter Stahlbrücken. Bautechnik 1932, S. 715—724.

[14] GOTTFELD, H.: Einflußlinien für räumlich gekrümmte Stahlbrücken. Stahlbau 1933, S. 57—64.

[15] MELAN, J.: Zur Berechnung räumlich gekrümmter Stahlbrücken. Bauing. 1933, S. 463—467.

[16] KÜHL, E.: Über die Berechnung räumlich gekrümmter Stahlbrücken. Bauing. 1937, S. 160—168.

[17] STÜSSI, F.: Zur Berechnung von Stahlbrücken mit gekrümmten Hauptträgern. Denkschrift ETH Zürich 1937, S. 138—142.

[18] STÜSSI, F.: Der Kreisträger mit I-Querschnitt. Schweiz. Bauztg. 1938, S. 166—168.

[19] BEYER, K.: Die Statik im Stahlbetonbau, 2. Aufl., Berlin/Göttingen/Heidelberg: Springer 1948.

[20] SWIDA, W.: Berechnung eines stat. unb. gestützten u. senkrecht zu seiner Ebene beliebig belasteten geschlossenen Kreisringes. Ing.-Archiv 1950, S. 242—249.

[21] SWIDA, W.: Zur Statik des Kreisringträgers. Beton- u. Stahlbetonbau 1953, S. 5—11.

[22] LUSSER, E.: Berechnung des Kreisringträgers mit veränderlichem Trägheitsmoment, an den Auflagern eingespannt. Bautechnik 1956, S. 217—219.

[23] HANSEN, E.: Kreisringträger mit Rechteckquerschnitt. Bautechnik 1959, S. 313 bis 318.

[24] MEYER, M.: Der I-förmige Ringträger als Bauelement für Großgeräte . . . Stahlbau 1960, S. 111—117.

[25] JOHANSSEN, J.: Räumlich gekrümmte Rahmenbrücke in Caracas. Beton- und Stahlbetonbau 1960, S. 1—6.

[26] WANSLEBEN, F.: Die Berechnung drehfester gekrümmter Stahlbrücken. Stahlbau 1952, S. 53—56.

[27] KREISEL, M.: Zur Berechnung drehfester, konstant gekrümmter Träger mit beliebig räumlicher Belastung. Stahlbau 1962, S. 153—155.

[28] BIEZENO, C. B.: Over de berekening van gesloten cirkelvormige ringen met constante dwarsdoorsnede, die loodrecht op hun vlak belast zijn. Ing. 1922, S. 83. Siehe auch C. B. BIEZENO u. R. GRAMMEL: Technische Dynamik, 2. Aufl., Berlin/Göttingen/Heidelberg: Springer 1953, § 2, S. 362 „Der geschlossene, statisch bestimmt gestützte Kreisring".

[29] BIEZENO, C. B., u. J. J. KOCH: Die Berechnung des statisch unbestimmt gestützen, geschlossenen Kreisringes. Z. angew. Math. Mech. 1936, S. 321. Siehe auch C. B. BIEZENO und R. GRAMMEL [28], § 3, S. 372 „Der geschlossene, statisch unbestimmt gestützte Kreisring".

[30] CHWALLA, E.: Einführung in die Baustatik, 2. Aufl., Köln: Stahlbau-Verlag 1954.

2. Der Träger auf zwei Stützen mit freier „Biege-Drehbarkeit" an den Auflagern

Die Trägerenden $(0; 1)$ sollen vereinbarungsgemäß für Biegemomente frei drehbar und für Torsionsmomente starr eingespannt sein (Abb. 4). Als statisch unbestimmte Größe wird das Torsionsmoment Y_1 eingeführt.

2.1 Statisch bestimmtes Grundsystem — Gleichlast q

2.11 Torsionsmoment $Y_1 = 1$

Moment um die Achse $II - II$:

$$\sum M_{II-II} = 0$$

$$_{①}t_0 = {_①}A_1\, r\,(1 - \cos\varphi) + \cos\varphi \tag{1}$$

Moment um die Achse $I - I$:

$$\Sigma\, M_{I-I} = 0$$

$$1 \cdot \sin \varphi - {}_{①}A_1 \cdot r \sin \varphi = 0$$

$$_{①}A_1 = \frac{1}{r} \qquad _{①}A_0 = -\frac{1}{r} \tag{2a—b}$$

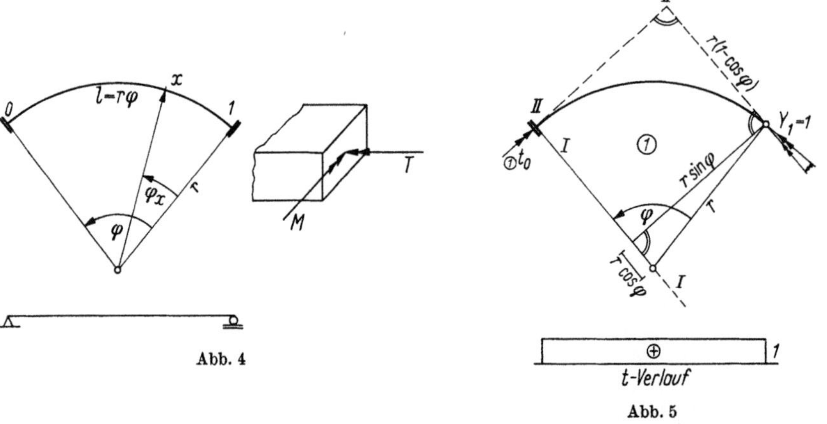

Abb. 4

Abb. 5

Gl. (2) in (1) eingesetzt:

$$_{①}t_0 = (1 - \cos \varphi) + \cos \varphi = 1 \tag{1a}$$

Kontrolle: $\qquad _{①}m_0 = {}_{①}A_1 \cdot r \sin \varphi - \sin \varphi = 0\ !$

An beliebiger Stelle φ_x des Trägers ist

$$\left.\begin{aligned} _{①}m_x &= {}_{①}A_1 \cdot r \sin \varphi_x - {}_{①}Y_1 \cdot \sin \varphi_x &&= 0\\ _{①}t_x &= {}_{①}Y_1 \cos \varphi_x + {}_{①}A_1 \cdot r\,(1 - \cos \varphi_x) &&= 1 \end{aligned}\right\} \tag{1b—c}$$

2.12 Gleichlast q

$$\Sigma\, M_{II-II} = 0:$$

$$_{⓪}t_0 + q \cdot r \varphi \cdot \zeta_{II} - {}_{⓪}A_1 \cdot r\,(1 - \cos \varphi) = 0 \tag{3a}$$

Darin ist

$$\zeta = \frac{r \cdot s}{l} = \frac{2\,r}{\varphi} \sin \frac{\varphi}{2} \quad \text{nach Abb. 4 und 7}$$

$$\zeta_2 = r \cdot \tan \frac{\varphi}{2} \sin \frac{\varphi}{2}$$

$$\zeta_1 = \zeta - r \cos \frac{\varphi}{2} = \frac{2\,r}{\varphi} \sin \frac{\varphi}{2} - r \cos \frac{\varphi}{2}$$

$$\zeta' = \zeta_2 - \zeta_1$$

Nach Umformung:

$$\zeta' = \frac{r}{\cos \dfrac{\varphi}{2}} - \frac{2\,r}{\varphi} \sin \frac{\varphi}{2}$$

$$\zeta_{II} = \zeta' \cdot \cos \frac{\varphi}{2} = r\left(1 - \frac{\sin \varphi}{\varphi}\right)$$

In Gl. (3a) eingesetzt:

$$_{\circledcirc}t_0 + q\,r^2\,(\varphi - \sin\varphi) - {}_{\circledcirc}A_1\,r\,(1 - \cos\varphi) = 0 \tag{3b}$$

$$\Sigma\,M_{III\text{-}III} = 0$$

$$_{\circledcirc}A_0 \cdot r \sin\varphi - q\,r\,\varphi \cdot \zeta_{III} = 0;$$

$$\zeta_{III} = r \sin\varphi - r \tan\frac{\varphi}{2} + \zeta' \sin\frac{\varphi}{2} = r \sin\varphi - \frac{r}{\varphi}(1 - \cos\varphi)$$

Nach Einführung von ζ_{III} und Umformungen wird

$$_{\circledcirc}A_0 = q\,r\left(\varphi - \tan\frac{\varphi}{2}\right) \tag{4}$$

$$\Sigma\,V = 0$$

$$q\,r\,\varphi - {}_{\circledcirc}A_0 - {}_{\circledcirc}A_1 = 0$$

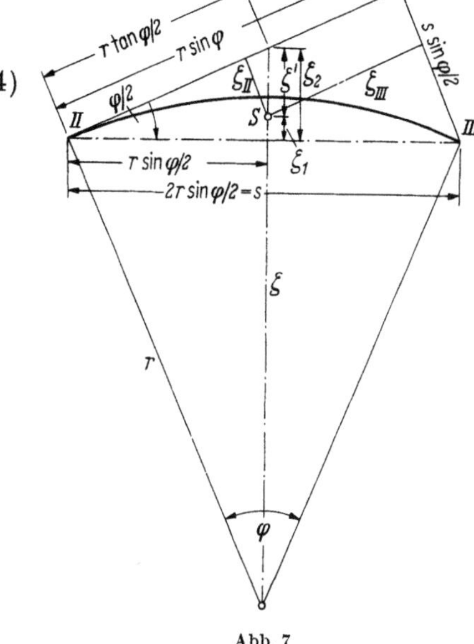

Abb. 7

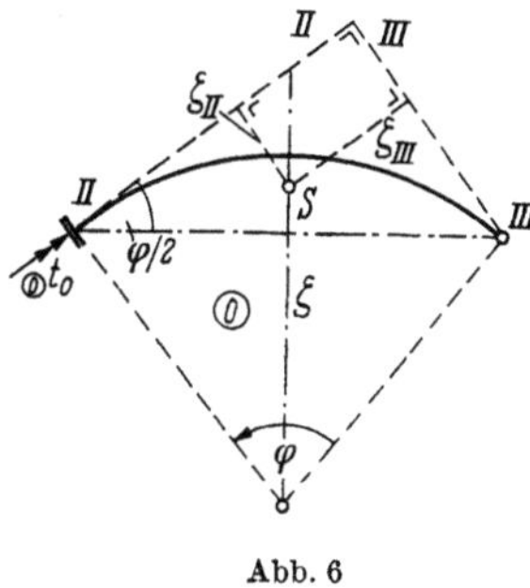

Abb. 6

Mit Gl. (4)

$$_{\circledcirc}A_1 = q\,r\,\varphi - q\,r\left(\varphi - \tan\frac{\varphi}{2}\right) = q\,r \tan\frac{\varphi}{2} \tag{5}$$

Aus Gl. (3b) wird mit (5) nach trigonometrischer Umformung und Zusammenfassung

$$_{\circledcirc}t_0 = 2\,q\,r^2\left(\tan\frac{\varphi}{2} - \frac{\varphi}{2}\right) \tag{3c}$$

Die Schnittkräfte aus der Gleichlast q für die Schnittstelle x im $\circledcirc$-System[1]:

$$x_s = \frac{r \cdot s}{b}\,; \qquad x_s \equiv \zeta_x$$

$$s = 2\,r \sin\frac{\varphi_x}{2} = \text{Sehne}$$

$$b = r \cdot \varphi_x = \text{Bogen}$$

$$\zeta_x = \frac{2\,r}{\varphi_x} \sin\frac{\varphi_x}{2}$$

$$\left.\begin{array}{l} \zeta_x' = \zeta_x \cdot \sin\dfrac{\varphi_x}{2} = \dfrac{r}{\varphi_x}(1 - \cos\varphi_x) \\[2mm] \zeta_x'' = r - \zeta_x \cos\dfrac{\varphi_x}{2} = r\left(1 - \dfrac{\sin\varphi_x}{\varphi}\right) \end{array}\right\} \tag{6}$$

Abb. 8

---

[1] Nach Hütte I, 27. Aufl. 1948, S. 344.

Mit $_{\circledcirc}A_1$ aus Gl. (5)

$$_{\circledcirc}T_x = {}_{\circledcirc}A_1 \cdot r\,(1 - \cos\varphi_x) - q\,r^2\,\varphi_x\left(1 - \frac{\sin\varphi_x}{\varphi_x}\right)$$

$$_{\circledcirc}T_x = q\,r^2\left[\tan\frac{\varphi}{2}\,(1 - \cos\varphi_x) - \varphi_x + \sin\varphi_x\right] \tag{7}$$

$$_{\circledcirc}M_x = {}_{\circledcirc}A_1 \cdot r\,\sin\varphi_x - q\cdot r\cdot\varphi_x\cdot\zeta_x'$$

$$_{\circledcirc}M_x = q\,r^2\,\sin\varphi_x\left[\tan\frac{\varphi}{2} - \tan\frac{\varphi_x}{2}\right] \tag{8}$$

In den Gln. (7) und (8) ist φ_x die laufende Koordinate des Öffnungswinkels φ zwischen den Auflagerpunkten A_0 und A_1.

2.13 Bestimmung der statisch Unbestimmten Y_1

Mit den Gln. (1 b—c) ist die Verdrehung am Auflager A_1 aus $Y_1 = 1$

$$E\,J\,\delta_{11} = k\int_0^{\varphi} {}_{\circledcirc}t_x^2\,r\,d\varphi_x = k\cdot r\,\varphi \qquad \text{mit } k = \frac{E\,J}{G\,\Theta} \tag{9}$$

Die Gln. (1 b—c) und (7), (8) liefern die entsprechende Verdrehung unter der Gleichlast q

$$E\,J\,\delta_{10} = k\int_0^{\varphi} {}_{\circledcirc}t_x\cdot {}_{\circledcirc}T_x\,r\,d\varphi_x = q\,r^3\int_0^{\varphi}\left[\tan\frac{\varphi}{2}\,(1 - \cos\varphi_x) - \varphi_x + \sin\varphi_x\right]d\varphi_x$$

Nach Integration mit $\tan\dfrac{\varphi}{2} = \dfrac{1 - \cos\varphi}{\sin\varphi}$

$$E\,J\,\delta_{10} = k\,q\,r^3\left[\varphi\tan\frac{\varphi}{2} - \frac{\varphi^2}{2}\right] \tag{10}$$

In den Integralen für die Verdrehung entfällt der Biegeanteil, da $_{\circledcirc}m_x = 0$.

Aus der Bedingung, daß die Verdrehung am Auflager A_1 $\delta_1 = 0$ sein muß, wird mit den Gln. (9) und (10) die statisch Unbestimmte Y_1 errechnet.

$$Y_1\,\delta_{11} + \delta_{10} = 0 \qquad Y_1 = -\,q\,r^2\left(\tan\frac{\varphi}{2} - \frac{\varphi}{2}\right) \tag{11}$$

2.2 Schnittkräfte aus der Gleichlast q im Hauptsystem

Das Biegemoment M_x errechnet sich nach Gl. (8), da nach (1 b) die statisch Unbestimmte Y_1 kein Biegemoment erzeugt.

$$M = q\,r^2\,\sin\varphi_x\left[\tan\frac{\varphi}{2} - \tan\frac{\varphi_x}{2}\right] \tag{12}$$

Das Torsionsmoment T_x ist entsprechend nach Gl. (7) und (1 c) mit Y_1 nach (11)

$$T_x = q\,r^2\left[\tan\frac{\varphi}{2}\,(1 - \cos\varphi_x) - \varphi_x + \sin\varphi_x\right] + Y_1\cdot 1$$

$$T_x = q\,r^2\left[\sin\varphi_x - \tan\frac{\varphi}{2}\cos\varphi_x - \varphi_x + \frac{\varphi}{2}\right] \tag{13}$$

Auflagerkräfte

$$A_1 = {}_{\circledcirc}A_1 + {}_{\circled{1}}A_1 \cdot Y_1 = q\, r \tan \frac{\varphi}{2} - q\, r^2\!\left(\tan \frac{\varphi}{2} - \frac{\varphi}{2}\right)\frac{1}{r}$$

$$A_0 = A_1 = q\, r \frac{\varphi}{2} \tag{14}$$

2.21 Zusammenstellung und Diskussion der Schnittkräfte

Hier und in den späteren Abschnitten werden die Schnittgrößen und Einflußordinaten jeweils für die Zehntelteilung eines Trägerfeldes angegeben. Da der Öffnungswinkel φ in den Gleichungen für die Schnittkräfte und Einflußordinaten jeweils in den verschiedensten Kombinationen trigonometrischer Funktionen erscheint, werden sie für verschiedene φ errechnet und in Tabellen zusammengestellt. Die Zahlenwerte der Tabellen für einen gegebenen Öffnungswinkel φ sind dann nur noch mit der Last q oder P und dem Einfluß des vorgegebenen Radius „r" zu multiplizieren. Die noch zu leistende Rechenarbeit beschränkt sich also bei Anwendung der Tabellen auf ein Minimum.

Für die am häufigsten vorkommenden praktischen Fälle mit kleineren Öffnungwinkeln bis $\varphi = 50°$ ist das Zahlennetz mit $\varDelta\varphi = 5°$ dichter gelegt. Von $\varphi = 50°$ bis $\varphi = 180°$ ist $\varDelta\varphi = 10°$ und bis $\varphi = 360°$, $\varDelta\varphi = 15°$. Das Zahlenmaterial der Tabellen wird für einige Fälle in Schaubildern und Diagrammen zur besseren Veranschaulichung des Kraftverlaufes ausgewertet und diskutiert.

2.211 Biegemomente $M_x(\varphi)$. Aus Gl. (12) ergeben sich für $\varphi_x = \frac{1}{10}\varphi,\ \frac{2}{10}\varphi \cdots$ ·die in Tab. 1 (S. 96) zusammengestellten Biegemomente für die Zehntelpunkte des Trägers in Abhängigkeit vom Öffnungswinkel φ. Die Abhängigkeit des Momentes $M_x(\varphi)$ ist für die Trägermitte $\varphi_x = \frac{\varphi}{2}$ und für $\varphi_x = \frac{\varphi}{5}$ in der Tafel 1 (S. 134) dargestellt. Den Verlauf der Momentenfläche für einige ausgezeichnete Öffnungswinkel φ gemäß Tab. 1 zeigt Tafel 2 (S. 135). Nach Tafel 1 wachsen die Biegemomente M_x mit zunehmendem Öffnungswinkel φ gemäß der maßgebenden tan-Funktion stark an und bei $\varphi = 180°$ wird der unendlich große Wert „∞" erreicht. Wird φ größer als $180°$, so kehren die Momente ihr Vorzeichen um und die Momentenfunktion kehrt aus dem Bereich $-\infty$ zurück, um gegen einen festen Wert bei $\varphi = 360°$ zu streben. Dieses Verhalten wird verständlich, wenn der gleichzeitige Verlauf der Torsionsmomente beachtet wird. Bei $\varphi = 180°$ ist der Träger praktisch labil und Biege- und Torsionsmoment müssen in der Nähe von $180°$ unendlich groß werden, um das Gleichgewicht herzustellen. Der Wechsel des Vorzeichens bei $\varphi = 180°$ erklärt sich daraus, daß das einflußnehmende Torsionsmoment seinen Drehsinn zur Aufrechterhaltung des Gleichgewichts ändern muß. Die Tafel 1 zeigt deutlich, welche Öffnungswinkel für einen Träger der vorgegebenen Art zu meiden sind. Bis $\varphi = 90°$ sind die Kurven in der Tafel 1 zur genaueren Beurteilung der Zwischenwerte zusätzlich mit dem Faktor „10" verzerrt wiedergegeben. Zum Vergleich ist außerdem der Biegemomentenverlauf des geraden Balkens in Abhängigkeit von der zu $\varphi \cdot r$ äquivalenten Spannweite dargestellt.

2.212 Torsionsmomente $T_x(\varphi)$. Entsprechend Abschn. 2.211 sind die Torsionsmomente nach Gl. (13) in Tab. 2 (S. 97) zusammengestellt. Die Tafel 3 (S. 137) gibt entsprechend Tafel 1 den Verlauf der Torsionsmomente $T_x(\varphi)$ für $\varphi_x = 0$ und $\varphi_x = \dfrac{\varphi}{5}$ wieder und Tafel 4 (S. 138) zeigt den Verlauf der Momentenfläche für verschiedene Öffnungswinkel φ. Wird beachtet, daß sich das Vorzeichen für den Bereich $\varphi_x > \dfrac{\varphi}{2}$ umkehrt, so ist durch Vergleich der Tafeln 3 und 1 eine Ähnlichkeit des Verhaltens $T_x(\varphi)$ zu $M_x(\varphi)$ festzustellen und es gilt das unter 2.211 Gesagte.

2.3 Statisch bestimmtes Grundsystem — Einzellast P in beliebiger Stellung

2.31 Einzellast P

$$\sum M_{II-II} = 0$$

$$_{\circledcirc}t_0 + P \cdot \zeta_p - _{\circledcirc}A_1 \cdot r\,(1 - \cos \varphi) = 0 \tag{15a}$$

mit

$$\zeta_p = r\,[1 - \cos(\varphi - \varphi_p)]$$

$$_{\circledcirc}t_0 + P \cdot r\,[1 - \cos(\varphi - \varphi_p)] - _{\circledcirc}A_1 \cdot r\,(1 - \cos \varphi) = 0 \tag{15b}$$

$$\sum M_{III-III} = 0 \; ; \qquad _{\circledcirc}A_0 \cdot r \sin \varphi - P \cdot \zeta_p' = 0 \tag{16a}$$

mit

$$\zeta_p' = r\,[\sin \varphi - \sin(\varphi - \varphi_p)]$$

$$_{\circledcirc}A_0 \sin \varphi - P\,[\sin \varphi - \sin(\varphi - \varphi_p)] = 0 \tag{16b}$$

$$\sum V = 0 \; ; \qquad P - _{\circledcirc}A_0 - _{\circledcirc}A_1 = 0 \tag{17a}$$

Aus Gl. (16b):

$$_{\circledcirc}A_0 = P\left[1 - \frac{\sin(\varphi - \varphi_p)}{\sin \varphi}\right] \tag{17b}$$

Mit (17b) aus (17a)

$$_{\circledcirc}A_1 = P\,\frac{\sin(\varphi - \varphi_p)}{\sin \varphi} \tag{17c}$$

Mit Gl. (17c) aus (15b) nach Umformung

$$_{\circledcirc}t_0 = P \cdot r\left[\tan \frac{\varphi}{2} \sin(\varphi - \varphi_p) - 1 + \cos(\varphi - \varphi_p)\right] \tag{15c}$$

Die Schnittkräfte aus der wandernden Einzellast P mit der Koordinate φ_p für die laufende Koordinate φ_x im ⊚-System ergeben sich nach Abb. 10 für $\varphi_x \leqq \varphi_p$ und Abb. 11 für $\varphi_x \geqq \varphi_p$

$$0 \leqq \varphi_x \leqq \varphi_p$$

$$_{\circledcirc}T_x = _{\circledcirc}A_1 \cdot r\,(1 - \cos \varphi_x)$$

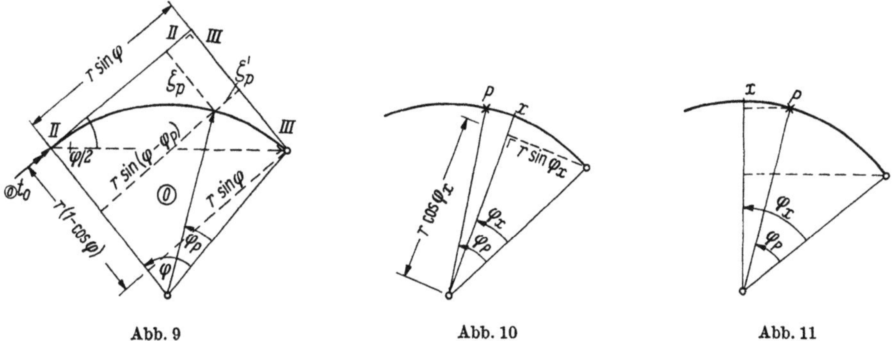

Abb. 9   Abb. 10   Abb. 11

Mit (17 c)

$$_{\textcircled{0}}T_x = P \cdot r \frac{\sin (\varphi - \varphi_p)}{\sin \varphi} (1 - \cos \varphi_x) \tag{18a}$$

$$\varphi_p \leq \varphi_x \leq \varphi$$

$$_{\textcircled{0}}T_x = {}_{\textcircled{0}}A_1 \cdot r (1 - \cos \varphi_x) - P \cdot r [1 - \cos (\varphi_x - \varphi_p)]$$

$$_{\textcircled{0}}T_x = P r \left[\frac{\sin (\varphi - \varphi_p)}{\sin \varphi} (1 - \cos \varphi_x) - 1 + \cos (\varphi_x - \varphi_p) \right] \tag{18b}$$

Entsprechend die Biegemomente:

$$0 \leq \varphi_x \leq \varphi_p; \qquad _{\textcircled{0}}M_x = {}_0A_1 \cdot r \sin \varphi_x$$

$$= P \cdot r \frac{\sin (\varphi - \varphi_p)}{\sin \varphi} \sin \varphi_x \tag{19a}$$

$$\varphi_p \leq \varphi_x \leq \varphi; \qquad _{\textcircled{0}}M_x = {}_0A_1 \cdot r \sin \varphi_x - P \cdot r \sin (\varphi_x - \varphi_p)$$

$$= P \cdot r \left[\frac{\sin (\varphi - \varphi_p)}{\sin \varphi} \sin \varphi_x - \sin (\varphi_x - \varphi_p) \right] \tag{19b}$$

2.32 Bestimmung der statisch Unbestimmten Y_1

Mit den Gl. (1 b—c) ist wieder die Verdrehung am Auflager aus der statisch Unbestimmten $Y_1 = 1$ entsprechend Gl. (9)

$$E J \delta_{11} = k \int\limits_0^\varphi {}_{\textcircled{1}}t_x^2 \, r \, d\varphi_x = k \cdot r \, \varphi$$

Mit den Gln. (1 b—c) und (18) (19) sind die entsprechenden Verdrehungen unter der wandernden Einzellast $P(\varphi_p)$

$$E J \delta_{10} = k \int\limits_0^\varphi {}_{\textcircled{1}}t_x \cdot {}_{\textcircled{0}}T_x \, r \, d\varphi_x$$

$$= k \int\limits_0^{\varphi_p} {}_{\textcircled{0}}T_x \, r \, d\varphi_x + k \int\limits_{\varphi_p}^\varphi {}_{\textcircled{0}}T_x \, r \, d\varphi_x \quad \text{mit} \quad {}_{\textcircled{1}}t_x = 1 \text{ nach (1 c)}$$

Mit Gl. (18a—b):

$$= k \cdot P \cdot r^2 \left\{ \int\limits_0^{\varphi_p} \frac{\sin(\varphi - \varphi_p)}{\sin \varphi} (1 - \cos \varphi_x)\, d\varphi_x \right.$$

$$\left. + \int\limits_{\varphi_p}^{\varphi} \left[\frac{\sin(\varphi - \varphi_p)}{\sin \varphi} (1 - \cos \varphi_x) - 1 + \cos(\varphi_x - \varphi_p) \right] d\varphi_x \right\}$$

Nach Durchführung der Integration unter Beachtung der Integrationsgrenzen und Zusammenfassung

$$= k \cdot Pr^2 \left[\frac{\sin(\varphi - \varphi_p)}{\sin \varphi)} \varphi - \varphi + \varphi_p \right] \qquad = k \cdot P \cdot r^2 \, [F_1] \qquad (20)$$

Mit (9) und (20) wird die statisch Unbestimmte Y_1

$$Y_1 \cdot \delta_{11} + \delta_{10} = 0 \qquad Y_1 = - \frac{\delta_{10}}{\delta_{11}} = - \frac{P \cdot r}{\varphi} [F_1] \qquad (21)$$

In den Integralen für δ_{11} und δ_{10} entfällt wieder der Biegeanteil, da $_{①}m_x = 0$!

2.4 Schnittkräfte aus der Einzellast P im Hauptsystem

Das Biegemoment M_x errechnet sich aus Gl. (19), da nach (1b) die statisch Unbestimmte Y_1 hierauf keinen Einfluß hat.

$$M_x \, (0 \leq \varphi_x \leq \varphi_p) = P r \, \frac{\sin(\varphi - \varphi_p)}{\sin \varphi} \sin \varphi_x \qquad (22\,\text{a})$$

$$M_x \, (\varphi_p \leq \varphi_x \leq \varphi) = P r \left[\frac{\sin(\varphi - \varphi_p)}{\sin \varphi} \sin \varphi_x - \sin(\varphi_x - \varphi_p) \right] \qquad (22\,\text{b})$$

Das Torsionsmoment T_x errechnet sich aus Gl. (18) und (1c) mit Y_1 nach (21)

$$T_x \, (0 \leq \varphi_x \leq \varphi_p) = P r \, \frac{\sin(\varphi - \varphi_p)}{\sin \varphi} (1 - \cos \varphi_x) + Y_1 \cdot 1$$

$$T_x \, (0 \leq \varphi_x \leq \varphi_p) = P r \left[1 - \frac{\varphi_p}{\varphi} - \frac{\sin(\varphi - \varphi_p)}{\sin \varphi} \cos \varphi_x \right] \qquad (23\,\text{a})$$

$$T_x \, (\varphi_p \leq \varphi_x \leq \varphi) = P r \left[\cos(\varphi_x - \varphi_p) - \frac{\varphi_p}{\varphi} - \frac{\sin(\varphi - \varphi_p)}{\sin \varphi} \cos \varphi_x \right] \qquad (23\,\text{b})$$

Auflagerkräfte

$$A_1 = {}_{⓪}A_1 + Y_1 \cdot {}_{①}A_1 ; \qquad {}_{⓪}A_1 \text{ nach Gl. (17)}$$

$$A_1 = P \left(1 - \frac{\varphi_p}{\varphi} \right) \qquad (24\,\text{a})$$

$$A_0 = P \, \frac{\varphi_p}{\varphi} \qquad (24\,\text{b})$$

2.41 Zusammenstellung und Diskussion der Schnittkräfte

2.411 Biegemomente $M_x(\varphi)$. Nach Gl. (22 a—b) wurden die Biegemomente für die Laststellungen $\varphi_p = \frac{\varphi}{2}$ und $\varphi_p = \frac{\varphi}{5}$ in den Tab. 3 und 4 (S. 98/99) für die Zehntelpunkte errechnet, um die Abhängigkeit vom Öffnungswinkel aufzuzeigen.

Die graphische Darstellung enthält Tafel 5 (S. 141) und Tafel 7 (S. 144) und den Momentenverlauf für einige ausgezeichnete Öffnungswinkel Tafel 6 (S. 142) und 8 (S. 145).

2.412 Torsionsmomente $T_x(\varphi)$. Entsprechend 2.411 werden die Torsionsmomente nach Gl. (23a—b) in den Tab. 5 und 6 (S. 100 u. 101) für $\varphi_p = \dfrac{\varphi}{2}$ und $\dfrac{\varphi}{5}$ zusammengestellt. Die Abhängigkeit vom Öffnungswinkel φ ist in den Tafeln 9 (S. 147) und 11 (S. 150) und der Momentenverlauf für einige Öffnungswinkel in den Tafeln 10 (S. 148) und 12 (S. 151) dargestellt.

Das grundsätzliche Verhalten der Momente $M_x(\varphi)$ und $T_x(\varphi)$ entspricht dem Abschn. 2.21. Der Knick in der Biegemomentenlinie an der Laststelle ist jedoch nicht so ausgeprägt, wie am geraden Träger, weil sich der Einfluß der Krümmung zusätzlich im Biegemoment ausdrückt. Für $\varphi = 360°$ herrscht nur für eine mittige Laststellung $\varphi_p = \dfrac{\varphi}{2}$ Gleichgewicht. In diesem Fall wird die Last praktisch durch Kragwirkung mit dem ,,statisch bestimmten'' Torsionseinspannmoment ,,$P \cdot 2\,r$'' am Auflager getragen. Für jede andere Laststellung wird der Träger anschauungsgemäß um seine Lagerachse als Drehachse kippen, so daß sich imaginäre Einflußwerte ergeben.

2.5 Einflußlinien

Die Einflußlinien η_x und ϑ_x für die Momente M und T des Trägers liefern nach dem Maxwellschen Vertauschungssatz die Gl. (22) und (23) für $P = 1$ mit φ_p als Koordinate des Schnittes der jeweils gesuchten Einflußlinie.

$$\boxed{EL\ M(\varphi_p):}$$

$$\left.\begin{aligned}
0 \le \varphi_x \le \varphi_p &\rightarrow \eta_x = r\,\frac{\sin(\varphi - \varphi_p)}{\sin\varphi}\,\sin\varphi_x \\[2mm]
\varphi_p \le \varphi_x \le \varphi &\rightarrow \eta_x = r\left[\frac{\sin(\varphi - \varphi_p)}{\sin\varphi}\,\sin\varphi_x - \sin(\varphi_x - \varphi_p)\right]
\end{aligned}\right\} \quad (25\,\mathrm{a}-\mathrm{b})$$

$$\boxed{EL\ T(\varphi_p):}$$

$$\left.\begin{aligned}
0 \le \varphi_x \le \varphi_p &\rightarrow \vartheta_x = r\left[1 - \frac{\varphi_p}{\varphi} - \frac{\sin(\varphi - \varphi_p)}{\sin\varphi}\,\cos\varphi_x\right] \\[2mm]
\varphi_p \le \varphi_x \le \varphi &\rightarrow \vartheta_x = r\left[\cos(\varphi_x - \varphi_p) - \frac{\varphi_p}{\varphi} - \frac{\sin(\varphi - \varphi_p)}{\sin\varphi}\,\cos\varphi_x\right]
\end{aligned}\right\} \quad (26\,\mathrm{a}-\mathrm{b})$$

Die Einflußlinien a_1 und a_0 für die Auflagerkräfte liefert Gl. (24a—b) mit $P = 1$ und φ_p als laufende Koordinate der Laststellung

$$\boxed{EL\ A:}$$

$$a_0 = \frac{\varphi_p}{\varphi} \tag{27}$$

$$a_1 = 1 - \frac{\varphi_p}{\varphi} \tag{28}$$

Da der Verlauf der $EL\ A$ linear ist, wird die Einflußlinie der Querkraft wie beim geraden Träger gefunden.

2.51 Zusammenstellung der Einflußlinien für verschiedene Öffnungswinkel φ in Tabellen

Die Einflußlinien infolge $P = 1$ für die Schnittkräfte $M_x(\varphi)$ sind in Tab. 7 (S. 102) und $T_x(\varphi)$ in Tab. 8 (S. 109) für die Zehntelpunkte des Trägers zusammengestellt.

Während die Ordinaten der Auflagerkrafteinflußlinien vom Öffnungswinkel φ unabhängig sind, entspricht die Abhängigkeit der Einf ußlinien für $M_x(\varphi)$ dem Wesen nach den Tafeln 5 und 7 und für T_x den Tafeln 9 und 11.

2.6 Verformungen des Trägers

2.61 Differentialgleichung der Biegelinie w

Für ringförmige Träger hat bereits 1921 DÜSTERBEHN[1] die Differentialgleichung der Biegelinie und ihre Lösung für einige Spezialfälle angegeben. Diese Gleichung gilt auch für den allgemeinen Fall des kreisförmig gekrümmten Trägers mit beliebigem Öffnungswinkel φ. Nachstehend wird die Abtleitung mit den hier gewählten Bezeichnungen wiedergegeben.

Für die Beschreibung der Deformation des kreisförmig gekümmten Trägers, der normal zu seiner Ebene belastet wird, werden benötigt die Durchbiegung w, die Neigung der Tangente an die Biegelinie Φ und die Verwindung ψ infolge Torsion des Trägers.

Abb. 12 zeigt ein herausgeschnittenes Element des Trägers von der Bogenlänge $d\varphi_x$ bei $r = 1$. Am rechten Ende des Elementes greifen das Biegemoment M, das Torsionsmoment T und die Querkraft Q an, die jeweils in ihrer positiven Wirkungsrichtung gekennzeichnet sind, wobei die Momente in Pfeilrichtung gesehen rechts drehen. Am linken Ende sind sinngemäß die um einen differentialen Zuwachs vergrößerten Kräfte angetragen. Das Drehungsgleichgewicht um die Tangente an den Ausgangspunkt liefert

$$\sum M_{x-x} = 0$$

$$T - (T + dT) \cos d\varphi_x + (M + dM) \sin d\varphi_x + (Q + dQ)\, dy = 0$$

Mit $\cos d\varphi_x \approx 1$, $\sin d\varphi_x \approx d\varphi_x$ und Vernachlässigung der Kleinwerte höherer Ordnung:

$$- dT + M\, d\varphi_x = 0$$

$$\boxed{\frac{dT}{d\varphi_x} = M} \tag{29}$$

Das Drehungsmoment um die radiale Achse entsprechend

$$\sum M_{y-y} = 0$$

$$M - (M + dM) \cos d\varphi_x - (T + dT) \sin d\varphi_x - (Q + dQ)\, dx = 0$$

$$- dM - T\, d\varphi_x - Q\, r\, d\varphi_x = 0$$

$$\boxed{\frac{dM}{d\varphi_x} = - T - Q \cdot r} \tag{30}$$

---

[1] Siehe Literatur [6 o] auf S. 8.

Nunmehr werden an dem Trägerelement der Bogenlänge $d\varphi_x$ die Deformationen angeschrieben (Abb. 13). Das rechte Ende habe sich um w gesenkt und sei um Φ gegen die horizontale Ausgangslage verbogen und um ψ verwunden. Φ sei positiv, wenn w mit wachsendem φ_x zunimmt und ψ sei positiv, wenn die Verwindung mit φ_x nach außen dreht. Am anderen Ende des Teilstückes ist entsprechend w^x, Φ^x, ψ^x. Bei starrem Verhalten des Elementes gilt die geometrische Beziehung:

$$\Phi^x = \Phi \cos d\varphi_x - \psi \sin d\varphi_x \tag{31}$$

$$\psi^x = \psi \cos d\varphi_x + \Phi \sin d\varphi_x \tag{32}$$

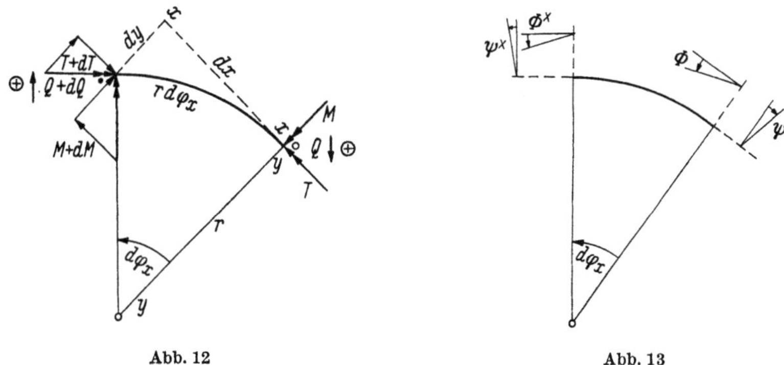

Abb. 12   Abb. 13

Bei elastischem Verhalten ist für ein gerades Element der Länge $r\,d\varphi_x$

$$\overline{d\Phi} = - \frac{M}{E\,J}\, r\, d\varphi_x \tag{33}$$

$$\overline{d\psi} = - \frac{T}{G\,\Theta}\, r\, d\varphi_x \tag{34}$$

Die tatsächlichen Deformationen am linken Ende des Elementes der Abb. 13 $\Phi + d\Phi$ und $\psi + d\psi$ werden gewonnen durch Hinzufügung der Gl. (33) zu (31) und (34) zu (32).

$$\Phi + d\Phi = \left(\Phi - \frac{M}{E\,J}\, r\, d\varphi_x\right)\cos d\varphi_x - \left(\psi - \frac{T}{G\,\Theta}\, r\, d\varphi_x\right)\sin d\varphi_x$$

Mit $\cos d\varphi_x \approx 1$; $\sin d\varphi_x \approx d\varphi_x$; Kleinstwerte höherer Ordnung $= 0$ wird:

$$\Phi + d\Phi = \Phi - \frac{M}{E\,J}\, r\, d\varphi_x - \psi\, d\varphi_x$$

$$\boxed{\frac{d\Phi}{d\varphi_x} = -\psi - \frac{M}{E\,J}\, r} \tag{35}$$

$$\psi + d\psi = \left(\psi - \frac{T}{G\,\Theta}\, r\, d\varphi_x\right)\cos d\varphi_x + \left(\Phi - \frac{M}{E\,J}\, r\, d\varphi_x\right)\sin d\varphi_x$$

$$\psi + d\psi = \psi - \frac{T}{G\,\Theta}\, r\, d\varphi_x + \Phi\, d\varphi_x$$

$$\boxed{\frac{d\psi}{d\varphi_x} = \Phi - k\, \frac{T}{E\,J}\, r} \tag{36}$$

Außerdem gilt

$$\frac{dw}{r\,d\varphi_x} = \dot{\Phi} \tag{37}$$

Gl. (35) differenziert liefert:

$$\frac{d^2\Phi}{d\varphi_x^2} = -\frac{d\psi}{d\varphi_x} - \frac{r}{E\,J} \cdot \frac{dM}{d\varphi_x} \tag{38}$$

Hierzu Gl. (36) und (30) eingesetzt

$$\frac{d^2\Phi}{d\varphi_x^2} = -\Phi + \frac{k\cdot r}{E\,J}\,T + \frac{r}{E\,J}\,(T + Q\cdot r)$$

oder

$$\frac{d^2\Phi}{d\varphi_x^2} + \Phi = \frac{r}{E\,J}\,[T\,(k+1) + Q\cdot r] \tag{39}$$

Gl. (37) differenziert liefert

$$\frac{d\Phi}{d\varphi_x} = \frac{1}{r}\,\frac{d^2w}{d\varphi_x^2} \quad \text{und} \quad \frac{d^2\Phi}{d\varphi_x^2} = \frac{1}{r}\,\frac{d^3w}{d\varphi_x^3} \tag{40a—b}$$

Gl. (37) und (40b) eingesetzt in (39)

$$\boxed{\frac{d^3w}{d\varphi_x^3} + \frac{dw}{d\varphi_x} = \frac{r^2}{E\,J}\,[T\,(k+1) + Q\cdot r]} \tag{41}$$

(41) ist die Differentialgleichung der Biegelinie. Da sie von dritter Ordnung ist, sind bei der Integration drei Konstante zu bestimmen, die die Bedingungen des räumlichen Trägers mit lotrechter Belastung erfüllen.

2.62 Biegelinie w für Gleichlast q

Für die Gleichlast q ist gemäß Gl. (14) mit $J = \text{const}$ und $\Theta = \text{const}$

$$Q_x = -A_1 + q\,r\,\varphi_x = q\,r\left(\varphi_x - \frac{\varphi}{2}\right) \tag{42}$$

und mit T_x nach Gl. (13) wird Gl. (41)

$$\begin{aligned}
\frac{d^3w}{d\varphi_x^3} + \frac{dw}{d\varphi_x} &= \frac{r^2}{E\,J}\left[q\,r^2\left(\sin\varphi_x - \tan\frac{\varphi}{2}\cos\varphi_x - \varphi_x + \frac{\varphi}{2}\right)(1+k) + q\,r^2\left(\varphi_x - \frac{\varphi}{2}\right)\right] \\
&= \frac{q\,r^4}{E\,J}\left[\left(\sin\varphi_x - \tan\frac{\varphi}{2}\cos\varphi_x\right)(1+k) + k\left(\frac{\varphi}{2} - \varphi_x\right)\right] \\
&= \Gamma = \text{Störfunktion} \tag{43}
\end{aligned}$$

Damit ist die allgemeine Differentialgleichung der Biegelinie für die Gleichlast $q = \text{const}$ angeschrieben. Das allgemeine Integral dieser Gleichung hat die Form

$$w = B + L \tag{44}$$

wobei B das allgemeine Integral der zugehörigen homogenen Differentialgleichung und L ein partikuläres Integral der gegebenen Gleichung ist, welches die Störfunktion Γ erfaßt.

Die homogene Differentialgleichung lautet:

$$\frac{d^3w}{d\varphi_x^3} + \frac{dw}{d\varphi_x} = 0 \tag{43a}$$

und ihre charakteristische Gleichung

$$u(\lambda) = \lambda^3 + \lambda = 0 \tag{45}$$

mit den Wurzeln

$$\lambda_1 = 0 ; \qquad \lambda_2 = + i ; \qquad \lambda_3 = - i$$

Die allgemeine Gleichung für B lautet:

$$B = b_1\, e^{\lambda_1 \varphi_x} + b_2\, e^{\lambda_2 \varphi_x} + b_3\, e^{\lambda_3 \varphi_x} = b_1 + b_2\, e^{i\varphi_x} + b_3\, e^{-i\varphi_x} \tag{46}$$

mit eingesetzten Wurzeln λ.

Mit

$$e^{i\varphi_x} = \cos \varphi_x + i \sin \varphi_x \quad \text{und}$$
$$e^{-i\varphi_x} = \cos \varphi_x - i \sin \varphi_x \quad \text{wird}$$
$$B = b_1 + b_2 (\cos \varphi_x + i \sin \varphi_x) + b_3 (\cos \varphi_x - i \sin \varphi_x)$$

Mit der Einführung neuer Konstanten ist das allgemeine Integral der homogenen Differentialgleichung:

$$B = B_1 + B_2 \cos \varphi_x + B_3 \sin \varphi_x \tag{47}$$

Die allgemeine Lösung des Partikulärintegrals ist

$$L = \frac{e^{\lambda_1 \varphi_x}}{u'(\lambda_1)} \int \Gamma\, e^{-\lambda_1 \varphi_x}\, d\varphi_x + \frac{e^{\lambda_2 \varphi_x}}{u'(\lambda_2)} \int \Gamma\, e^{-\lambda_2 \varphi_x}\, d\varphi_x + \frac{e^{\lambda_3 \varphi_x}}{u'(\lambda_3)} \int \Gamma\, e^{-\lambda_3 \varphi_x}\, d\varphi_x$$
$$= L_1 + L_2 + L_3 \tag{48}$$

Berechnung der Teilintegrale der Gl. (48) mit

$$u'(\lambda) = 3\lambda^2 + 1 ; \quad u'(\lambda_1) = 1 ; \quad u'(\lambda_2) = - 2 ; \quad u'(\lambda_3) = - 2$$

$$L_1 = \frac{1}{1} \int \Gamma\, d\varphi_x \tag{49}$$

$$L_1 = \frac{q\, r^4}{E\, J} \left[\frac{k}{2} (\varphi \varphi_x - \varphi_x^2) - (1 + k) \left(\cos \varphi_x + \tan \frac{\varphi}{2} \sin \varphi_x \right) \right] \tag{50}$$

$$L_2 = \frac{e^{+i\varphi_x}}{- 2} \int \Gamma\, e^{-i\varphi_x}\, d\varphi_x = \frac{\cos \varphi_x + i \sin \varphi_x}{- 2} \cdot \frac{q\, r^4}{E\, J} \tag{51}$$

$$\times \int \left[\left(\sin \varphi_x - \tan \frac{\varphi}{2} \cos \varphi_x \right) (1 + k) + k \left(\frac{\varphi}{2} - \varphi_x \right) \right] [\cos \varphi_x - i \sin \varphi_x]\, d\varphi_x$$

$$= F_2 \int \left[(1 + k) \left(\sin \varphi_x \cos \varphi_x - \tan \frac{\varphi}{2} \cos^2 \varphi_x - i \sin^2 \varphi_x + i \tan \frac{\varphi}{2} \sin \varphi_x \cos \varphi_x \right) \right.$$

$$\left. + k \left(\frac{\varphi}{2} \cos \varphi_x - \varphi_x \cos \varphi_x - i \frac{\varphi}{2} \sin \varphi_x + i \varphi_x \sin \varphi_x \right) \right] d\varphi_x$$

$$= F_2 \left\{ (1 + k) \left[\frac{\sin^2 \varphi_x}{2} - \tan \frac{\varphi}{2} \left(\frac{\sin 2\varphi_x}{4} + \frac{\varphi_x}{2} \right) + i \frac{\sin 2\varphi_x}{4} - i \frac{\varphi_x}{2} \right. \right.$$

$$\left. + i \tan \frac{\varphi}{2} \left(\frac{\sin^2 \varphi_x}{2} \right) \right] + k \left[\frac{\varphi}{2} \sin \varphi_x - \varphi_x \sin \varphi_x - \cos \varphi_x \right.$$

$$\left. \left. + i \frac{\varphi}{2} \cos \varphi_x + i (\sin \varphi_x - \varphi_x \cos \varphi_x) \right] \right\}$$

Nach Kürzung, Umformung und Zusammenfassung

$$L_2 = - \frac{q\,r^4}{2\,E\,J} \left\{ \frac{(1+k)}{2} \left[i \sin \varphi_x - \tan \frac{\varphi}{2} \sin \varphi_x - \varphi_x \tan \frac{\varphi}{2} (\cos \varphi_x + i \sin \varphi_x) \right.\right.$$

$$\left.\left. + \varphi_x (\sin \varphi_x - i \cos \varphi_x) \right] + k \left[i \left(\frac{\varphi}{2} - \varphi_x \right) - 1 \right] \right\} \tag{52}$$

$$L_3 = \frac{e^{-i\varphi_x}}{-2} \int \Gamma\, e^{i\varphi_x}\, d\varphi_x = \frac{\cos \varphi_x - i \sin \varphi_x}{-2} \frac{q\,r^4}{E\,J} \tag{53}$$

$$\times \int \left[\left(\sin \varphi_x - \tan \frac{\varphi}{2} \cos \varphi_x \right) (1+k) + k \left(\frac{\varphi}{2} - \varphi_x \right) \right] \cdot [\cos \varphi_x + i \sin \varphi_x]\, d\varphi_x$$

Die Ausrechnung entsprechend L_2 liefert:

$$L_3 = - \frac{q\,r^4}{2\,E\,J} \left\{ \frac{(1+k)}{2} \left[- i \sin \varphi_x - \tan \frac{\varphi}{2} \sin \varphi_x - \varphi_x \tan \frac{\varphi}{2} (\cos \varphi_x - i \sin \varphi_x) \right.\right.$$

$$\left.\left. + \varphi_x (\sin \varphi_x + i \cos \varphi_x) \right] + k \left[i \left(\varphi_x - \frac{\varphi}{2} \right) - 1 \right] \right\} \tag{54}$$

Danach lautet die Gl. (48) mit (50). (52), (54)

$$L = \frac{q\,r^4}{E\,J} \left\{ \frac{k}{2} (\varphi\,\varphi_x - \varphi_x^2) - (1+k) \left(\cos \varphi_x + \tan \frac{\varphi}{2} \sin \varphi_x \right) \right.$$

$$- \frac{(1+k)}{4} \left[- \tan \frac{\varphi}{2} \sin \varphi_x - \varphi_x \tan \frac{\varphi}{2} (\cos \varphi_x + i \sin \varphi_x) \right.$$

$$+ \varphi_x (\sin \varphi_x - i \cos \varphi_x) - \tan \frac{\varphi}{2} \sin \varphi_x$$

$$\left.\left. - \varphi_x \tan \frac{\varphi}{2} (\cos \varphi_x - i \sin \varphi_x) + \varphi_x (\sin \varphi_x + i \cos \varphi_x) \right] + k \right\}$$

Mit $$e^{i\varphi_x} + e^{-i\varphi_x} = 2 \cos \varphi_x$$

nach endgültiger Umformung

$$L = \frac{q\,r^4}{E\,J} \left\{ k \left(1 + \frac{1}{2} \varphi\,\varphi_x + \frac{1}{2} \varphi_x^2 \right) - (1+k) \left[\frac{1}{2} \tan \frac{\varphi}{2} (\sin \varphi_x - \varphi_x \cos \varphi_x) \right.\right.$$

$$\left.\left. + \cos \varphi_x + \frac{1}{2} \varphi_x \sin \varphi_x \right] \right\} \tag{55}$$

Das allgemeine Integral hat nach Gl. (44) die Form

$$w = B_1 + B_2 \cos \varphi_x + B_3 \sin \varphi_x + L \tag{56}$$

Die Richtigkeit wird durch Differentiation überprüft.

$$\frac{dw}{d\varphi_x} = - B_2 \sin \varphi_x + B_3 \cos \varphi_x + \frac{q\,r^4}{E\,J} \left\{ k \left(\frac{\varphi}{2} - \varphi_x \right) - (1+k) \left[\frac{1}{2} \tan \frac{\varphi}{2} \right.\right.$$

$$\left.\left. \times \varphi_x \sin \varphi_x - \underbrace{\sin \varphi_x + \frac{1}{2} \sin \varphi_x}_{-\frac{1}{2} \sin \varphi_x} + \frac{1}{2} \varphi_x \cos \varphi_x \right] \right\} \tag{57}$$

$$\frac{d^2w}{d\varphi_x^2} = - B_2 \cos \varphi_x - B_3 \sin \varphi_x + \frac{q\,r^4}{E\,J} \left\{ - k - (1+k) \left[\frac{1}{2} \tan \frac{\varphi}{2} (\sin \varphi_x + \varphi_x \cos \varphi_x) \right.\right.$$

$$\left.\left. - \frac{1}{2} \varphi_x \sin \varphi_x \right] \right\} \tag{58}$$

$$\frac{d^3w}{d\varphi_x^3} = B_2 \sin \varphi_x - B_3 \cos \varphi_x + \frac{q\,r^4}{E\,J}\left\{ -(1+k)\left[\frac{1}{2}\tan\frac{\varphi}{2}\,(\cos\varphi_x + \cos\varphi_x - \varphi_x \sin\varphi_x) \right. \right.$$

$$\left. \left. -\frac{1}{2}\sin\varphi_x - \frac{1}{2}\,x\cos\varphi_x \right] \right\} \tag{59}$$

Mit (57) und (59) ergibt sich die Ausgangsdifferentialgleichung (43) wie leicht nachzuprüfen ist.

Bestimmung der Konstanten B_n ($n = 1, 2, 3$) in Gl. (56). Dafür gelten folgende Bedingungen:

$$1. \quad \varphi_x = 0 \ \rightarrow w = 0$$
$$2. \quad \varphi_x = \varphi \ \rightarrow w = 0$$
$$\left.\begin{array}{l} 3. \quad \varphi_x = 0 \\ 4. \quad \varphi_x = \varphi \end{array}\right\} \rightarrow \psi = 0$$
$$5. \quad \varphi_x = \frac{\varphi}{2} \rightarrow \Phi = 0$$

Aus Bedingung „1“ $\hspace{3cm} \varphi_x = 0$

$$w = 0 = B_1 + B_2 \cos\varphi_x + B_3 \sin\varphi_x + L$$

$$0 = B_1 + B_2 + \frac{q\,r^4}{E\,J}\,[k - (1+k)\cdot 1]$$

$$0 = B_1 + B_2 - \frac{q\,r^4}{E\,J} \tag{60}$$

Aus Bedingung „3“ $\hspace{3cm} \varphi_x = 0$

$$\psi = 0 = -\frac{d^2w}{r\,d\varphi_x^2} - \frac{M\,r}{E\,J} \quad \text{nach (35) mit (37)} \tag{61}$$

Mit (58) in (61) für $\varphi_x = 0$

$$\psi = 0 = +\frac{1}{r}\,B_2 + k\frac{q\,r^3}{E\,J}$$

$$B_2 = -k\frac{q\,r^4}{E\,J}. \tag{62}$$

Eingesetzt in Gl. (60)

$$0 = B_1 - k\frac{q\,r^4}{E\,J} - \frac{q\,r^4}{E\,J}$$

$$B_1 = \frac{q\,r^4}{E\,J}\,(1 + k) \tag{63}$$

Aus Bedingung „5“ $\hspace{3cm} \varphi_x = \frac{\varphi}{2}$

$$\Phi = 0 = \frac{dw}{r\,d\varphi_x} = \frac{1}{r}\left\{ -B_2 \sin\frac{\varphi}{2} + B_3 \cos\frac{\varphi}{2} \right.$$

$$\left. +\frac{q\,r^4}{E\,J}\left[-(1+k)\left(\frac{\varphi}{4}\tan\frac{\varphi}{2}\cdot\sin\frac{\varphi}{2} - \frac{1}{2}\sin\frac{\varphi}{2} + \frac{\varphi}{4}\cos\frac{\varphi}{2}\right)\right]\right\}$$

Mit Gl. (62)

$$\Phi = 0 = k\frac{q\,r^3}{E\,J}\sin\frac{\varphi}{2} + \frac{1}{r}\,B_3 \cos\frac{\varphi}{2}$$

$$+\frac{q\,r^3}{E\,J}\left[-(1+k)\left(\frac{\varphi}{4}\sin\frac{\varphi}{2}\tan\frac{\varphi}{2} + \frac{\varphi}{4}\cos\frac{\varphi}{2} - \frac{1}{2}\sin\frac{\varphi}{2}\right)\right]$$

$$B_3 = \frac{q\,r^4}{E\,J}\left[-k\tan\frac{\varphi}{2} + (1+k)\left(\frac{\varphi}{4}\tan^2\left(\frac{\varphi}{2}\right) + \frac{\varphi}{4} - \frac{1}{2}\tan\frac{\varphi}{2}\right)\right] \tag{64}$$

Die Bedingungen ‚‚2" und ‚‚4" liefern die Kontrolle, die zweckmäßig wegen des unterschiedlichen Aussehens der Gleichungen mit Zahlenwerten durchgeführt wird. Nach dem Einsetzen von (62), (63), (64) und (55) in (56) wird nach Zusammenfassung und Umformung

$$w = \frac{q\,r^4}{E\,J}\left\{\left(1 - \cos\varphi_x - \tan\frac{\varphi}{2}\sin\varphi_x\right)(1 + 2\,k) + \frac{k}{2}(\varphi\,\varphi_x - \varphi_x^2)\right.$$
$$\left. + \frac{(1 + k)}{2}\left[\frac{\varphi}{2}\left(1 + \tan^2\left(\frac{\varphi}{2}\right)\right)\sin\varphi_x + \tan\frac{\varphi}{2}\cdot\varphi_x\cos\varphi_x - \varphi_x\sin\varphi_x\right]\right\} \tag{65}$$

Die Kontrolle der Gl. (65) liefert für $\varphi_x = 0$ und $\varphi_x = \varphi$ die Durchbiegung $w = 0$ über den Auflagern.

Zur weiteren Kontrolle wird die Durchbiegung in der Trägermitte $\varphi_x = \dfrac{\varphi}{2}$ nach dem Ansatz von MOHR ausgerechnet.

$$E\,J\,w\left(\varphi_x = \frac{\varphi}{2}\right) = 2\cdot\int_0^{\varphi/2} M_x\,m_x\cdot r\,d\varphi_x + 2\,k\int_0^{\varphi/2} T_x\,t_x\,r\,d\varphi_x \tag{67}$$

Darin sind M_x und T_x die Momente aus Gleichlast q nach (12) und (13), und $m_x\,t_x$ die Momente aus Einzellast $P = 1$ in Trägermitte nach (22a) und (23a) für $P = 1$ und $\varphi_p = \dfrac{\varphi}{2}$.

Für $\varphi_x \leq \dfrac{\varphi}{2}$:

$$m_x\left(\varphi_p = \frac{\varphi}{2}\right) = r\,\frac{\sin\varphi_x}{2\cos\dfrac{\varphi}{2}} \tag{68}$$

$$t_x\left(\varphi_p = \frac{\varphi}{2}\right) = \frac{r}{2}\left[1 - \frac{\cos\varphi_x}{\cos\dfrac{\varphi}{2}}\right] \tag{69}$$

Gl. (67) mit (12), (13), (68), (69)

$$E\,J\,w\left(\varphi_x = \frac{\varphi}{2}\right) = q\,r^4\left\{\int_0^{\varphi/2}\left(\frac{\tan\dfrac{\varphi}{2}}{\cos\dfrac{\varphi}{2}}\sin^2\varphi_x - \frac{\sin^2\varphi_x}{\cos\dfrac{\varphi}{2}}\tan\frac{\varphi_x}{2}\right)d\varphi_x\right.$$

$$+ k\int_0^{\varphi/2}\left(\sin\varphi_x - \frac{\sin\varphi_x\cos\varphi_x}{\cos\dfrac{\varphi}{2}} - \tan\frac{\varphi}{2}\cos\varphi_x + \frac{\tan\dfrac{\varphi}{2}}{\cos\dfrac{\varphi}{2}}\cos^2\varphi_x\right.$$

$$\left.\left. + \frac{\cos\varphi_x}{\cos\dfrac{\varphi}{2}}\varphi_x - \frac{\cos\varphi_x}{\cos\dfrac{\varphi}{2}}\frac{\varphi}{2} - \varphi_x + \frac{\varphi}{2}\right)d\varphi_x\right\}$$

$$= q\,r^4 \left|_0^{\varphi/2}\right. \left\{ \frac{\tan\frac{\varphi}{2}}{\cos\frac{\varphi}{2}}\left(-\frac{1}{4}\sin 2\varphi_x + \frac{1}{2}\varphi_x\right) - \frac{1}{\cos\frac{\varphi}{2}}\left(-\cos\varphi_x - \frac{2}{1}\sin^2\varphi_x\right)\right.$$

$$+ k\left[-\cos\varphi_x - \frac{\sin^2\varphi_x}{2\cos\frac{\varphi}{2}} - \tan\frac{\varphi}{2}\sin\varphi_x + \frac{\tan\frac{\varphi}{2}}{\cos\frac{\varphi}{2}}\left(\frac{\sin 2\varphi_x}{4} + \frac{\varphi_x}{2}\right)\right.$$

$$\left.\left. + \frac{1}{\cos\frac{\varphi}{2}}(\varphi_x\sin\varphi_x + \cos\varphi_x) - \frac{\varphi}{2\cos\frac{\varphi}{2}}\sin\varphi_x - \frac{\varphi_x^2}{2} + \frac{\varphi}{2}\varphi_x\right]\right\}$$

$$E\,J\,w\left(\varphi_x = \frac{\varphi}{2}\right) = q\,r^4 \left\{\frac{\tan\frac{\varphi}{2}}{4\cos\frac{\varphi}{2}}(\varphi - \sin\varphi) + 1 - \frac{1}{\cos\frac{\varphi}{2}} + \frac{1}{2}\sin\frac{\varphi}{2}\tan\frac{\varphi}{2}\right.$$

$$+ k\left[1 - \cos\frac{\varphi}{2} - \frac{\sin^2\left(\frac{\varphi}{2}\right)}{2\cos\frac{\varphi}{2}} - \tan\frac{\varphi}{2}\sin\frac{\varphi}{2} + \frac{\tan\frac{\varphi}{2}}{4\cos\frac{\varphi}{2}}(\sin\varphi + \varphi)\right.$$

$$\left.\left. + \frac{\varphi}{2}\tan\frac{\varphi}{2} + 1 - \frac{1}{\cos\frac{\varphi}{2}} - \frac{\varphi}{2}\tan\frac{\varphi}{2} + \frac{\varphi^2}{8}\right]\right\}$$

2.63 Neigung Φ und Verwindung ψ der Biegelinie w für Gleichlast q

Aus Gl. (65) folgt durch Differentiation die Neigung der Biegelinie

$$\Phi = \frac{dw}{r\,d\varphi_x} = \frac{q\,r^3}{E\,J}\left\{\left(-\tan\frac{\varphi}{2}\cos\varphi_x + \sin\varphi_x\right)\left(\frac{1+3\,k}{2}\right) + k\left(\frac{\varphi}{2} - \varphi_x\right)\right.$$

$$+ \frac{1+k}{2}\left[\frac{\varphi}{2}\left(\tan^2\left(\frac{\varphi}{2}\right) + 1\right)\cos\varphi_x\right.$$

$$\left.\left. - \tan\frac{\varphi}{2}\varphi_x\sin\varphi_x - \varphi_x\cos\varphi_x\right]\right\} \tag{70}$$

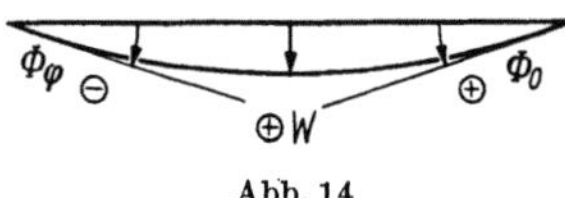

Abb. 14

An den Trägerenden ist für $\varphi_x = 0;\ \varphi$

$$\Phi\,(\varphi_x = 0) = \frac{q\,r^3}{E\,J}\left\{-\tan\frac{\varphi}{2}\left(\frac{1+3\,k}{2}\right) + k\cdot\frac{\varphi}{2} + \frac{1+k}{2}\left[\frac{\varphi}{2}\left(\tan^2\left(\frac{\varphi}{2}\right) + 1\right)\right]\right\} \tag{71}$$

$$\Phi\,(\varphi_x = \varphi) = \frac{q\,r^3}{E\,J}\left\{\left(-\tan\frac{\varphi}{2}\cos\varphi + \sin\varphi\right)\left(\frac{1+3\,k}{2}\right) - k\cdot\frac{\varphi}{2}\right.$$

$$\left. + \frac{1+k}{2}\left[\frac{\varphi}{2}\left(\tan^2\left(\frac{\varphi}{2}\right) + 1\right)\cos\varphi - \varphi\sin\varphi\tan\frac{\varphi}{2} - \varphi\cos\varphi\right]\right\} \tag{72}$$

$$\Phi\,(\varphi_x = 0) = -\,\Phi\,(\varphi_x = \varphi)$$

Nach (35) ist die Gleichung für die Verwindung

$$\psi = -\frac{d\Phi}{d\varphi_x} - \frac{M \cdot r}{EJ}$$

Mit Gl. (70) und (12)

$$\psi = -\frac{q\,r^3}{EJ}\left\{\left(+\tan\frac{\varphi}{2}\sin\varphi_x + \cos\varphi_x\right)\left(\frac{1+3\,k}{2}\right) - k\right.$$

$$+ \frac{1+k}{2}\left[-\frac{\varphi}{2}\left(\tan^2\left(\frac{\varphi}{2}\right)+1\right)\sin\varphi_x + \tan\frac{\varphi}{2}\left(-\sin\varphi_x - \varphi_x\cos\varphi_x\right)\right.$$

$$\left.\left. - \cos\varphi_x + \varphi_x\sin\varphi_x\right] - \sin\varphi_x\left(\tan\frac{\varphi}{2} - \tan\frac{\varphi_x}{2}\right)\right\}$$

$$\boxed{\begin{aligned}\psi = -\frac{q\,r^3}{EJ}\Big\{&(k-1)\cdot\tan\frac{\varphi}{2}\sin\varphi_x + k\,(\cos\varphi_x - 1)\\ &+ \frac{k+1}{2}\left[-\frac{\varphi}{2}\left(\tan^2\left(\frac{\varphi}{2}\right)+1\right)\sin\varphi_x - \tan\frac{\varphi}{2}\cdot\varphi_x\cos\varphi_x + \varphi_x\sin\varphi_x\right]\\ &+ \sin\varphi_x\tan\frac{\varphi_x}{2}\Big\}\end{aligned}} \qquad (73)$$

2.64 Biegelinie w für Einzellast $P(\varphi_p)$

Der Momentenverlauf für eine Einzellast in beliebiger Laststellung φ_p ist durch die Gl. (22a—b) und (23a—b) gegeben.

Die Durchbiegung des Trägers an der Stelle „φ_m" infolge einer Stellung der Last P in φ_p ist entsprechend Abb. 15 mit φ_p und φ_m unabhängig variabel:

$$EJ\,w\,(0 \leq \varphi_m \leq \varphi_p) = \int\limits_0^{\varphi_m} M_x\,m_x\,r\,d\varphi_x + k\int\limits_0^{\varphi_m} T_x\,t_x\,r\,d\varphi_x + \int\limits_{\varphi_m}^{\varphi_p} M_x\,m_x\,r\,d\varphi_x$$

$$+ k\int\limits_{\varphi_m}^{\varphi_p} T_x\,t_x\,r\,d\varphi_x + \int\limits_{\varphi_p}^{\varphi} M_x\,m_x\,r\,d\varphi_x + k\int\limits_{\varphi_p}^{\varphi} T_x\,t_x\,r\,d\varphi_x \qquad (74)$$

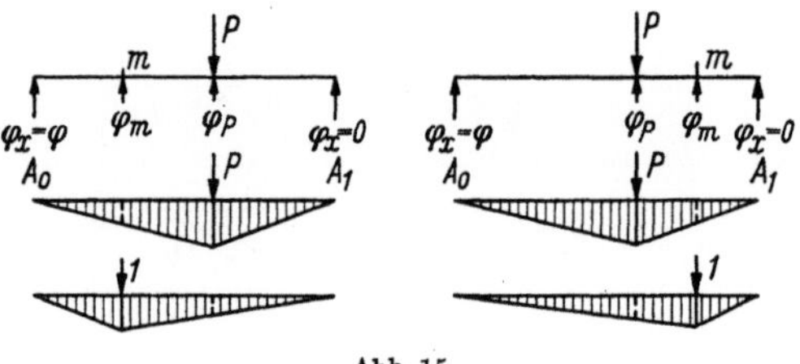

Abb. 15

$$EJ\,w\,(\varphi_p \leq \varphi_m \leq \varphi) = \int\limits_0^{\varphi_p} M_x\,m_x\,r\,d\varphi_x + k\int\limits_0^{\varphi_p} T_x\,t_x\,r\,d\varphi_x + \int\limits_{\varphi_p}^{\varphi_m} M_x\,m_x\,r\,d\varphi_x$$

$$+ k\int\limits_{\varphi_p}^{\varphi_m} T_x\,t_x\,r\,d\varphi_x + \int\limits_{\varphi_m}^{\varphi} M_x\,m_x\,r\,d\varphi_x + \int\limits_{\varphi_m}^{\varphi} T_x\,t_x\,r\,d\varphi_x \qquad (75)$$

In den Gln. (74), (75) sind M_x, T_x die Momente aus der Einzellast P und m_x, t_x die Momente aus der Einzellast „1" entsprechend Abb. 15. Die Momente m_x, t_x

liefern die Gln. (22) und (23) für $P = 1$ in φ_m.

$$\left.\begin{aligned}
m_x\,(0 \leq \varphi_x \leq \varphi_m) &= r\,\frac{\sin(\varphi - \varphi_m)}{\sin \varphi}\,\sin \varphi_x \\[2mm]
m_x\,(\varphi_m \leq \varphi_x \leq \varphi) &= r\left[\frac{\sin(\varphi - \varphi_m)}{\sin \varphi}\,\sin \varphi_x - \sin(\varphi_x - \varphi_m)\right]
\end{aligned}\right\} \quad (76\,\mathrm{a{-}b})$$

$$\left.\begin{aligned}
t_x\,(0 \leq \varphi_x \leq \varphi_m) &= r\left[1 - \frac{\varphi_m}{\varphi} - \frac{\sin(\varphi - \varphi_m)}{\sin \varphi}\,\cos \varphi_x\right] \\[2mm]
t_x\,(\varphi_m \leq \varphi_x \leq \varphi) &= r\left[\cos(\varphi_x - \varphi_m) - \frac{\varphi_m}{\varphi} - \frac{\sin(\varphi - \varphi_m)}{\sin \varphi}\,\cos \varphi_x\right]
\end{aligned}\right\} \quad (77\,\mathrm{a{-}b})$$

Gl. (74) mit (22), (23), (76), (77)

$$E\,J\,w\,(0 \leq \varphi_m \leq \varphi_p) = I_1 + I_3 + I_5 + k\,(I_2 + I_4 + I_6) \tag{78}$$

$$E\,J\,w\,(0 \leq \varphi_m \leq \varphi_p) = \int_0^{\varphi_m} P\,r\,\frac{\sin(\varphi - \varphi_p)}{\sin \varphi}\,\sin \varphi_x \cdot r\,\frac{\sin(\varphi - \varphi_m)}{\sin \varphi}\,\sin \varphi_x \cdot r\,d\varphi_x$$

$$+ \int_{\varphi_m}^{\varphi_p} P\,r\,\frac{\sin(\varphi - \varphi_p)}{\sin \varphi}\,\sin \varphi_x \cdot r\left[\frac{\sin(\varphi - \varphi_m)}{\sin \varphi}\,\sin \varphi_x - \sin(\varphi_x - \varphi_m)\right] r\,d\varphi_x$$

$$+ \int_{\varphi_p}^{\varphi} P\,r\left[\frac{\sin(\varphi - \varphi_p)}{\sin \varphi}\,\sin \varphi_x - \sin(\varphi_x - \varphi_p)\right]$$

$$\times\, r\left[\frac{\sin(\varphi - \varphi_m)}{\sin \varphi}\,\sin \varphi_x - \sin(\varphi_x - \varphi_m)\right] r\,d\varphi_x$$

$$+ k\int_0^{\varphi_m} P\,r\left[1 - \frac{\varphi_p}{\varphi} - \frac{\sin(\varphi - \varphi_p)}{\sin \varphi}\,\cos \varphi_x\right]$$

$$\times\, r\left[1 - \frac{\varphi_m}{\varphi} - \frac{\sin(\varphi - \varphi_m)}{\sin \varphi}\,\cos \varphi_x\right] r\,d\varphi_x$$

$$+ k\int_{\varphi_m}^{\varphi_p} P\,r\left[1 - \frac{\varphi_p}{\varphi} - \frac{\sin(\varphi - \varphi_p)}{\sin \varphi}\,\cos \varphi_x\right]$$

$$\times\, r\left[\cos(\varphi_x - \varphi_m) - \frac{\varphi_m}{\varphi} - \frac{\sin(\varphi - \varphi_m)}{\sin \varphi}\,\cos \varphi_x\right] r\,d\varphi_x$$

$$+ k\int_{\varphi_p}^{\varphi} P\,r\left[\cos(\varphi_x - \varphi_p) - \frac{\varphi_p}{\varphi} - \frac{\sin(\varphi - \varphi_p)}{\sin \varphi}\,\cos \varphi_x\right]$$

$$\times\, r\left[\cos(\varphi_x - \varphi_m) - \frac{\varphi_m}{\varphi} - \frac{\sin(\varphi - \varphi_m)}{\sin \varphi}\,\cos \varphi_x\right] r\,d\varphi_x$$

Die Ausrechnung der Einzelintegrale ergibt unter Beachtung der Integrationsgrenzen nach zweckmäßiger Zusammenfassung:

$$I_1 = P\,r^3 \int\limits_0^{\varphi_m} \frac{(\sin \varphi - \varphi_p)\sin (\varphi - \varphi_m)}{\sin^2 \varphi}\, \sin 2\,\varphi_x\, d\varphi_x$$

$$I_1 = P\,r^3 \frac{\sin (\varphi - \varphi_p)\sin (\varphi - \varphi_m)}{2 \sin^2 \varphi}\left(\varphi_m - \frac{1}{2}\sin 2\,\varphi_m\right) \tag{79}$$

$$I_3 = P\,r^3 \int\limits_{\varphi_m}^{\varphi_p}\left[\frac{\sin (\varphi - \varphi_p)\sin (\varphi - \varphi_m)}{\sin^2 \varphi}\sin^2 \varphi_x - \frac{\sin (\varphi - \varphi_p)}{\sin \varphi}\sin \varphi_x \sin (\varphi_x - \varphi_m)\right] d\varphi_x$$

$$I_3 = P\,r^3 \left\{ \frac{\sin (\varphi - \varphi_p)\sin (\varphi - \varphi_m)}{2 \sin^2 \varphi}\left[\varphi_p - \varphi_m - \frac{1}{2}(\sin 2\,\varphi_p - \sin 2\,\varphi_m)\right]\right.$$

$$- \frac{\sin (\varphi - \varphi_p)}{2 \sin \varphi}\left[\cos \varphi_m \left(\varphi_p - \varphi_m - \frac{1}{2}(\sin 2\,\varphi_p - \sin 2\,\varphi_m)\right)\right.$$

$$\left.\left. - \sin \varphi_m (\sin^2 \varphi_p - \sin^2 \varphi_m)\right]\right\} \tag{80}$$

Für $\varphi_m = \varphi_p$ ist $I_3 = 0$!

$$I_5 = P\,r^3 \int\limits_{\varphi_p}^{\varphi}\left[\frac{\sin (\varphi - \varphi_p)\sin (\varphi - \varphi_m)}{\sin^2 \varphi}\sin^2 \varphi_x - \frac{\sin (\varphi - \varphi_p)}{\sin \varphi}\sin \varphi_x \cdot \sin (\varphi_x - \varphi_m)\right.$$

$$\left. - \frac{\sin (\varphi - \varphi_m)}{\sin \varphi}\sin \varphi_x \cdot \sin (\varphi_x - \varphi_p) + \sin (\varphi_x - \varphi_p)\sin (\varphi_x - \varphi_m)\right] d\varphi_x$$

$$I_5 = P\,r^3 \left\{ \frac{\sin (\varphi - \varphi_p)\sin (\varphi - \varphi_m)}{2 \sin^2 \varphi}\left[\varphi - \varphi_p - \frac{1}{2}(\sin 2\,\varphi - \sin 2\,\varphi_p)\right]\right.$$

$$- \frac{\sin (\varphi - \varphi_p)}{2 \sin \varphi}\left[\cos \varphi_m \left(\varphi - \varphi_p - \frac{1}{2}(\sin 2\,\varphi - \sin 2\,\varphi_p)\right)\right.$$

$$\left. - \sin \varphi_m (\sin^2 \varphi - \sin^2 \varphi_p)\right]$$

$$- \frac{\sin (\varphi - \varphi_m)}{2 \sin \varphi}\left[\cos \varphi_p \left(\varphi - \varphi_p - \frac{1}{2}(\sin 2\,\varphi - \sin 2\,\varphi_p)\right)\right.$$

$$\left. - \sin \varphi_p (\sin^2 \varphi - \sin^2 \varphi_p)\right]$$

$$+ \frac{1}{2}\cos \varphi_p \cos \varphi_m \left(\varphi - \varphi_p - \frac{1}{2}(\sin 2\,\varphi - \sin 2\,\varphi_p)\right)$$

$$- \frac{1}{2}\sin (\varphi_m + \varphi_p)(\sin^2 \varphi - \sin^2 \varphi_p)$$

$$\left. + \frac{1}{2}\sin \varphi_p \sin \varphi_m \left(\varphi - \varphi_p + \frac{1}{2}(\sin 2\,\varphi - \sin 2\,\varphi_p)\right)\right\}$$

Eine weitere Zusammenfassung ist im Hinblick auf die Endzusammenfassung unzweckmäßig

$$I_2 = k\,P\,r^3 \int_0^{\varphi_m} \left\{ 1 - \frac{\varphi_m}{\varphi} - \frac{\sin(\varphi - \varphi_m)}{\sin\varphi}\cos\varphi_x - \frac{\varphi_p}{\varphi}\left[1 - \frac{\varphi_m}{\varphi} - \frac{\sin(\varphi - \varphi_m)}{\sin\varphi}\cos\varphi_x \right] \right.$$
$$\left. - \frac{\sin(\varphi - \varphi_p)}{\sin\varphi}\left[\cos\varphi_x - \frac{\varphi_m}{\varphi}\cos\varphi_x - \frac{\sin(\varphi - \varphi_m)}{\sin\varphi}\cos^2\varphi_x \right] \right\} d\varphi_x$$

$$I_2 = k\,P\,r^3 \left\{ \left[\varphi_m\left(1 - \frac{\varphi_m}{\varphi}\right) - \frac{\sin(\varphi - \varphi_m)}{\sin\varphi}\sin\varphi_m \right]\left(1 - \frac{\varphi_p}{\varphi}\right) \right.$$
$$\left. - \frac{\sin(\varphi - \varphi_p)}{\sin\varphi}\left[\sin\varphi_m\left(1 - \frac{\varphi_m}{\varphi}\right) - \frac{\sin(\varphi - \varphi_m)}{2\sin\varphi}\left(\varphi_m + \frac{1}{2}\sin 2\varphi_m\right) \right] \right\} \tag{82}$$

$$I_4 = k\,P\,r^3 \int_{\varphi_m}^{\varphi_p} \left\{ \left(1 - \frac{\varphi_p}{\varphi}\right)\left[\cos(\varphi_x - \varphi_m) - \frac{\varphi_m}{\varphi} - \frac{\sin(\varphi - \varphi_m)}{\sin\varphi}\cos\varphi_x \right] \right.$$
$$\left. - \frac{\sin(\varphi - \varphi_p)}{\sin\varphi}\left[\cos(\varphi_x - \varphi_m)\cos\varphi_x - \frac{\varphi_m}{\varphi}\cos\varphi_x - \frac{\sin(\varphi - \varphi_m)}{\sin\varphi}\cos^2\varphi_x \right] \right\} d\varphi_x$$

$$I_4 = k\,P\,r^3 \left\{ \left(1 - \frac{\varphi_p}{\varphi}\right)\left[\sin(\varphi_p - \varphi_m) - \frac{\varphi_m}{\varphi}(\varphi_p - \varphi_m) - \frac{\sin(\varphi - \varphi_m)}{\sin\varphi}(\sin\varphi_p - \sin\varphi_m) \right] \right.$$
$$- \frac{\sin(\varphi - \varphi_p)}{\sin\varphi}\left[\frac{1}{2}\left(\cos\varphi_m - \frac{\sin(\varphi - \varphi_m)}{\sin\varphi}\right)\left(\varphi_p - \varphi_m + \frac{1}{2}(\sin 2\varphi_p - \sin 2\varphi_m)\right) \right.$$
$$\left.\left. + \frac{1}{2}\sin\varphi_m(\sin^2\varphi_p - \sin^2\varphi_m) - \frac{\varphi_m}{\varphi}(\sin\varphi_p - \sin\varphi_m) \right] \right\} \tag{83}$$

Für $\varphi_m = \varphi_p$ ist $I_4 = 0$!

$$I_6 = k\,P\,r^3 \int_{\varphi_p}^{\varphi} \left\{ \cos(\varphi_x - \varphi_p)\cos(\varphi_x - \varphi_m) - \frac{\varphi_m}{\varphi}\cos(\varphi_x - \varphi_p) \right.$$
$$- \frac{\sin(\varphi - \varphi_m)}{\sin\varphi}\cos\varphi_x \cdot \cos(\varphi_x - \varphi_p) - \frac{\varphi_p}{\varphi}\cos(\varphi_x - \varphi_m) + \frac{\varphi_p\,\varphi_m}{\varphi^2}$$
$$+ \frac{\sin(\varphi - \varphi_m)}{\sin\varphi}\cos\varphi_x \cdot \frac{\varphi_p}{\varphi}$$
$$\left. - \frac{\sin(\varphi - \varphi_p)}{\sin\varphi}\left[\cos\varphi_x\cos(\varphi_x - \varphi_m) - \frac{\varphi_m}{\varphi}\cos\varphi_x - \frac{\sin(\varphi - \varphi_m)}{\sin\varphi}\cos^2\varphi_x \right] \right\} d\varphi_x$$

$$I_6 = k\,P\,r^3 \left\{ \frac{\varphi - \varphi_p}{2}\cos(\varphi_p - \varphi_m) + \frac{1}{4}\sin 2\varphi\cos(\varphi_p + \varphi_m) - \frac{1}{2}\sin\varphi_p\cos\varphi_m \right.$$
$$+ \frac{1}{2}\sin^2\varphi\sin(\varphi_p + \varphi_m) - \frac{\varphi_m}{\varphi}\sin(\varphi - \varphi_p) - \frac{\sin(\varphi - \varphi_m)}{2\sin\varphi}$$
$$\times \left[\cos\varphi_p\left(\varphi - \varphi_p + \frac{1}{2}\sin 2\varphi - \frac{1}{2}\sin 2\varphi_p\right) + \sin\varphi_p(\sin^2\varphi - \sin^2\varphi_p) \right]$$
$$- \frac{\varphi_p}{\varphi}\left[+ \sin(\varphi - \varphi_m)\frac{\sin\varphi_p}{\sin\varphi} - \sin(\varphi_p - \varphi_m) - \varphi_m\left(1 - \frac{\varphi_p}{\varphi}\right) \right]$$
$$- \frac{\sin(\varphi - \varphi_p)}{\sin\varphi}\left[\left(\frac{1}{2}\cos\varphi_m - \frac{\sin(\varphi - \varphi_m)}{2\sin\varphi}\right)\left(\varphi - \varphi_p + \frac{1}{2}\sin 2\varphi - \frac{1}{2}\sin 2\varphi_p\right) \right.$$
$$\left.\left. + \frac{1}{2}\sin\varphi_m(\sin^2\varphi - \sin^2\varphi_p) - \frac{\varphi_m}{\varphi}(\sin\varphi - \sin\varphi_p) \right] \right\} \tag{84}$$

Die Gln. (79) bis (84) für die Integrale I_1 bis I_6 in die Gl. (78) eingesetzt, liefern die Gleichung der Biegelinie des Bereiches $0 \leq \varphi_m \leq \varphi_p$ nach Zusammenfassung:

$$E J w \,(0 \leq \varphi_m \leq \varphi_p) = P\, r^3 \Big\{ - \frac{\sin(\varphi - \varphi_p)}{2 \sin \varphi} \Big[\cos \varphi_m \,(\varphi - \varphi_m) + \sin \varphi_m$$

$$- \sin \varphi \cos(\varphi - \varphi_m) - \frac{\sin(\varphi - \varphi_m)}{\sin \varphi} \Big(\varphi - \frac{1}{2} \sin 2\varphi \Big) \Big]$$

$$- \frac{\sin(\varphi - \varphi_m)}{2 \sin \varphi} \Big[\cos \varphi_p \,(\varphi - \varphi_p) + \sin \varphi_p - \sin \varphi \cdot \cos(\varphi - \varphi_p) \Big]$$

$$+ \frac{1}{2} \Big[\cos(\varphi_p - \varphi_m) \,(\varphi - \varphi_p) - \sin(\varphi_p + \varphi_m) \,(\sin^2 \varphi - \sin^2 \varphi_p)$$

$$- \frac{1}{2} \cos(\varphi_p + \varphi_m) \,(\sin 2\varphi - \sin 2\varphi_p) \Big]$$

$$+ k \Big[\!\!\Big[- \frac{\sin(\varphi - \varphi_p)}{\sin \varphi} \Big[- \frac{\sin(\varphi - \varphi_m)}{2 \sin \varphi} \Big(\varphi + \frac{1}{2} \sin 2\varphi \Big)$$

$$+ \frac{1}{2} \big[\cos \varphi_m \,(\varphi - \varphi_m) + \sin \varphi \cos(\varphi - \varphi_m) + \sin \varphi_m \big] \Big]$$

$$- \frac{\sin(\varphi - \varphi_m)}{2 \sin \varphi} \Big[\cos \varphi_p \,(\varphi - \varphi_p) - \sin \varphi_p + \sin \varphi \cdot \cos(\varphi - \varphi_p) \Big]$$

$$+ \varphi_m \Big(1 - \frac{\varphi_p}{\varphi} \Big) - \sin(\varphi - \varphi_m) \frac{\sin \varphi_p}{\sin \varphi} + \sin(\varphi_p - \varphi_m) + \frac{1}{2}(\varphi - \varphi_p) \cos(\varphi_p - \varphi_m)$$

$$+ \frac{1}{4} \sin 2\varphi \cos(\varphi_p + \varphi_m) - \frac{1}{2} \sin \varphi_p \cos \varphi_m + \frac{1}{2} \sin^2 \varphi \sin(\varphi_p + \varphi_m) \Big]\!\!\Big] \Big\} \quad (85)$$

Gl. (75) mit (22), (23), (76) (77)

$$E J w \,(\varphi_p \leq \varphi_m \leq \varphi) = I_7 + I_9 + I_{11} + k\,(I_8 + I_{10} + I_{12}) \qquad (86)$$

$$E J w \,(\varphi_p \leq \varphi_m \leq \varphi) = \int\limits_0^{\varphi_p} P \cdot r \, \frac{\sin(\varphi - \varphi_p)}{\sin \varphi} \sin \varphi_x \cdot r \, \frac{\sin(\varphi - \varphi_m)}{\sin \varphi} \sin \varphi_x \cdot r \, d\varphi_x$$

$$+ \int\limits_{\varphi_p}^{\varphi_m} P\, r \Big[\frac{\sin(\varphi - \varphi_p)}{\sin \varphi} \sin \varphi_x - \sin(\varphi_x - \varphi_p) \Big] \cdot r \, \frac{\sin(\varphi - \varphi_m)}{\sin \varphi} \sin \varphi_x \cdot r \, d\varphi_x$$

$$+ \int\limits_{\varphi_m}^{\varphi} P\, r \Big[\frac{\sin(\varphi - \varphi_p)}{\sin \varphi} \sin \varphi_x - \sin(\varphi_x - \varphi_p) \Big]$$

$$\times r \Big[\frac{\sin(\varphi - \varphi_m)}{\sin \varphi} \sin \varphi_x - \sin(\varphi_x - \varphi_m) \Big] \cdot r \, d\varphi_x$$

$$+ k \int\limits_0^{\varphi_p} P\, r \Big[1 - \frac{\varphi_p}{\varphi} - \frac{\sin(\varphi - \varphi_p)}{\sin \varphi} \cos \varphi_x \Big] \cdot r \Big[1 - \frac{\varphi_m}{\varphi} - \frac{\sin(\varphi - \varphi_m)}{\sin \varphi} \cos \varphi_x \Big] r \, d\varphi_x$$

$$+ k \int\limits_{\varphi_p}^{\varphi_m} P\, r \Big[\cos(\varphi_x - \varphi_p) - \frac{\varphi_p}{\varphi} - \frac{\sin(\varphi - \varphi_p)}{\sin \varphi} \cos \varphi_x \Big]$$

$$\times r \Big[1 - \frac{\varphi_m}{\varphi} - \frac{\sin(\varphi - \varphi_m)}{\sin \varphi} \cos \varphi_x \Big] r \, d\varphi_x$$

$$+ k \int\limits_{\varphi_m}^{\varphi} P\, r \Big[\cos(\varphi_x - \varphi_p) - \frac{\varphi_p}{\varphi} - \frac{\sin(\varphi - \varphi_p)}{\sin \varphi} \cos \varphi_x \Big]$$

$$\times r \Big[\cos(\varphi_x - \varphi_m) - \frac{\varphi_m}{\varphi} - \frac{\sin(\varphi - \varphi_m)}{\sin \varphi} \cos \varphi_x \Big] r \, d\varphi_x$$

Für die Einzelintegrale sind die unbestimmten Integrale $\bar{I}_7 = \bar{I}_1$; $\bar{I}_{11} = \bar{I}_5$; $\bar{I}_8 = \bar{I}_2$; $\bar{I}_{12} = \bar{I}_6$. Es ändern sich nur die Grenzen des bestimmten Integrals. Die unbestimmten Integrale $\bar{I}_9$ und $\bar{I}_3$, sowie $\bar{I}_{10}$ und $\bar{I}_4$ unterscheiden sich außerdem durch Vertauschung der von φ_m und φ_p abhängigen Integralanteile. Diese Integrale der Mittelbereiche verschwinden voraussetzungsgemäß für $\varphi_m = \varphi_p$. Es genügt daher, die Endergebnisse der Einzelintegrale anzugeben:

$$I_7 = P\,r^3\, \frac{\sin(\varphi - \varphi_p)\sin(\varphi - \varphi_m)}{2\sin^2\varphi}\left(\varphi_p - \frac{1}{2}\sin 2\varphi_p\right) \tag{87}$$

$$\begin{aligned}
I_9 = P\,r^3\Bigg\{ &\frac{\sin(\varphi - \varphi_p)\sin(\varphi - \varphi_m)}{2\sin^2\varphi}\left[\varphi_m - \varphi_p - \frac{1}{2}(\sin 2\varphi_m - \sin 2\varphi_p)\right] \\
&- \frac{\sin(\varphi - \varphi_m)}{\sin\varphi}\left[\cos\varphi_p\left(\varphi_m - \varphi_p - \frac{1}{2}(\sin 2\varphi_m - \sin 2\varphi_p)\right)\right. \\
&\left.\left. - \sin\varphi_p\,(\sin^2\varphi_m - \sin^2\varphi_p)\right]\right\}
\end{aligned} \tag{88}$$

$$\begin{aligned}
I_{11} = P\,r^3\Bigg\{ &\frac{\sin(\varphi - \varphi_p)\sin(\varphi - \varphi_m)}{2\sin^2\varphi}\left[\varphi - \varphi_m - \frac{1}{2}(\sin 2\varphi - \sin 2\varphi_m)\right] \\
&- \frac{\sin(\varphi - \varphi_p)}{2\sin\varphi}\left[\cos\varphi_m\left(\varphi - \varphi_m - \frac{1}{2}(\sin 2\varphi - \sin 2\varphi_m)\right)\right. \\
&\left. - \sin\varphi_m\,(\sin^2\varphi - \sin^2\varphi_m)\right] - \frac{\sin(\varphi - \varphi_m)}{2\sin\varphi} \\
&\times\left[\cos\varphi_p\left(\varphi - \varphi_m - \frac{1}{2}(\sin 2\varphi - \sin 2\varphi_m)\right) - \sin\varphi_p\,(\sin^2\varphi - \sin^2\varphi_m)\right] \\
&+ \frac{1}{2}\cos\varphi_p\cos\varphi_m\left(\varphi - \varphi_m - \frac{1}{2}(\sin 2\varphi - \sin 2\varphi_m)\right) \\
&+ \frac{1}{2}\sin\varphi_p\sin\varphi_m\left(\varphi - \varphi_m + \frac{1}{2}(\sin 2\varphi - \sin 2\varphi_m)\right) \\
&- \frac{1}{2}\sin(\varphi_m + \varphi_p)\,(\sin^2\varphi - \sin^2\varphi_p)\Bigg\}
\end{aligned} \tag{89}$$

$$\begin{aligned}
I_8 = k\,P\,r^3\Bigg\{ &\left(1 - \frac{\varphi_p}{\varphi}\right)\left[\varphi_p\left(1 - \frac{\varphi_m}{\varphi}\right) - \frac{\sin(\varphi - \varphi_m)}{\sin\varphi}\sin\varphi_p\right] \\
&- \frac{\sin(\varphi - \varphi_p)}{\sin\varphi}\left[\sin\varphi_p\left(1 - \frac{\varphi_m}{\varphi}\right) - \frac{\sin(\varphi - \varphi_m)}{2\sin\varphi}\left(\varphi_p + \frac{1}{2}\sin 2\varphi_p\right)\right]\Bigg\}
\end{aligned} \tag{90}$$

$$\begin{aligned}
I_{10} = k\,P\,r^3\Bigg\{ &\left(1 - \frac{\varphi_m}{\varphi}\right)\left[\sin(\varphi_m - \varphi_p) - \frac{\varphi_p}{\varphi}(\varphi_m - \varphi_p) - \frac{\sin(\varphi - \varphi_p)}{\sin\varphi}(\sin\varphi_m - \sin\varphi_p)\right] \\
&- \frac{\sin(\varphi - \varphi_m)}{\sin\varphi}\left[\frac{1}{2}\left(\cos\varphi_p - \frac{\sin(\varphi - \varphi_p)}{\sin\varphi}\right)\right. \\
&\times\left(\varphi_m - \varphi_p + \frac{1}{2}(\sin 2\varphi_m - \sin 2\varphi_p)\right) \\
&\left. + \frac{1}{2}\sin\varphi_p\,(\sin^2\varphi_m - \sin^2\varphi_p) - \frac{\varphi_p}{\varphi}(\sin\varphi_m - \sin\varphi_p)\right]\Bigg\}
\end{aligned} \tag{91}$$

$$
\begin{aligned}
I_{12} = k\,P\,r^3 \Big\{ &\frac{\varphi - \varphi_m}{2}\cos(\varphi_p - \varphi_m) + \frac{1}{4}\cos(\varphi_p + \varphi_m)\,[\sin 2\varphi - \sin 2\varphi_m] \\
&+ \frac{1}{2}\sin(\varphi_p + \varphi_m)\,[\sin^2\varphi - \sin^2\varphi_m] - \frac{\varphi_m}{\varphi}\,[\sin(\varphi - \varphi_p) - \sin(\varphi_m - \varphi_p)] \\
&- \frac{\sin(\varphi - \varphi_m)}{2\sin\varphi}\Big[\cos\varphi_p\Big(\varphi - \varphi_m + \frac{1}{2}(\sin 2\varphi - \sin 2\varphi_m)\Big) \\
&+ \sin\varphi_p\,(\sin^2\varphi - \sin^2\varphi_m)\Big] \\
&- \frac{\varphi_p}{\varphi}\Big[+\sin(\varphi - \varphi_m)\frac{\sin\varphi_m}{\sin\varphi} - \varphi_m\Big(1 - \frac{\varphi_m}{\varphi}\Big)\Big] \\
&- \frac{\sin(\varphi - \varphi_p)}{\sin\varphi}\Big[\frac{1}{2}\Big(\cos\varphi_m - \frac{\sin(\varphi - \varphi_m)}{\sin\varphi}\Big)\Big(\varphi - \varphi_m + \frac{1}{2}(\sin 2\varphi - \sin 2\varphi_m)\Big) \\
&+ \frac{1}{2}\sin\varphi_m\,(\sin^2\varphi - \sin^2\varphi_m) - \frac{\varphi_m}{\varphi}(\sin\varphi - \sin\varphi_m)\Big] \Big\}
\end{aligned}
\tag{92}
$$

Die Gln. (87) bis (92) für die Integrale I_7 bis I_{12} in die Gl. (86) eingesetzt, liefern die Gleichung der Biegelinie des Bereiches $\varphi_p \leq \varphi_m \leq \varphi$ nach Zusammenfassung:

$$
\begin{aligned}
E\,J\,w\,(\varphi_p \leq \varphi_m \leq \varphi) = P\,r^3 \Big\{ &-\frac{\sin(\varphi - \varphi_m)}{2\sin\varphi}\Big[\cos\varphi_p\,(\varphi - \varphi_p) + \sin\varphi_p \\
&- \sin\varphi \cdot \cos(\varphi - \varphi_p) - \frac{\sin(\varphi - \varphi_p)}{\sin\varphi}\Big(\varphi - \frac{1}{2}\sin 2\varphi\Big)\Big] \\
&- \frac{\sin(\varphi - \varphi_p)}{2\sin\varphi}\,[\cos\varphi_m\,(\varphi - \varphi_m) + \sin\varphi_m - \sin\varphi\cos(\varphi - \varphi_m)] \\
&+ \frac{1}{2}\Big[(\varphi - \varphi_m)\cos(\varphi_m - \varphi_p) - \frac{1}{2}(\sin 2\varphi - \sin 2\varphi_m)\cos(\varphi_m + \varphi_p) \\
&- \sin(\varphi_m + \varphi_p)\,(\sin^2\varphi - \sin^2\varphi_m)\Big] \\
&+ k\Big[-\frac{\sin(\varphi - \varphi_p)}{2\sin\varphi}\Big[-\frac{\sin(\varphi - \varphi_m)}{\sin\varphi}\Big(\varphi + \frac{1}{2}\sin 2\varphi\Big) \\
&+ (\varphi - \varphi_m)\cos\varphi_m + \sin\varphi\cos(\varphi - \varphi_m) + \sin\varphi_m\Big] \\
&- \frac{\sin(\varphi - \varphi_m)}{2\sin\varphi}\,[(\varphi - \varphi_p)\cos\varphi_p + \sin\varphi_p + \sin\varphi\cos(\varphi - \varphi_p)] \\
&+ \varphi_p\Big(1 - \frac{\varphi_m}{\varphi}\Big) + \sin(\varphi_m - \varphi_p) \\
&+ \frac{1}{2}(\varphi - \varphi_m)\cos(\varphi_m - \varphi_p) + \frac{1}{4}\cos(\varphi_p + \varphi_m)\,[\sin 2\varphi - \sin 2\varphi_m] \\
&+ \frac{1}{2}\sin(\varphi_p + \varphi_m)\,[\sin^2\varphi - \sin^2\varphi_m]\Big]\Big\}
\end{aligned}
\tag{93}
$$

Für $\varphi_m = \varphi_p = \dfrac{\varphi}{2}$ wird Gl (85) = (93) wie sich durch Vergleich sofort feststellen läßt.

Da häufig die Durchbiegungen unter der Einzellast selbst von Bedeutung sind, z. B. bei der Bestimmung des statisch unbestimmten Einflusses von punktförmigen

Stützen, die den Träger nicht auf Torsion einspannen, werden nachstehend die Gleichungen für die Durchbiegung unter einer Einzellast in Trägermitte und unter einer Einzellast in beliebiger Stellung angegeben. Bei mehreren Lasten sind die Teildurchbiegungen der einzelnen Lasten wie üblich zu superponieren und für mehrere Zwischenstützen lassen sich die statisch unbestimmten Größen in gewohnter Weise am statisch unbestimmten Grundsystem des an den Enden auf Torsion eingespannten Einfeldträgers finden.

2.641 Durchbiegung w unter der Einzellast P für $\varphi_m = \varphi_p = \dfrac{\varphi}{2}$. Die Durchbiegung läßt sich aus den Gln. (85) und (93) durch Einsetzen von $\varphi_m = \varphi_p = \dfrac{\varphi}{2}$ gewinnen. Der Weg über die direkte Integration nach dem MOHRschen Ansatz ist jedoch kürzer:

$$E\,J\,w\left(\varphi_m = \varphi_p = \frac{\varphi}{2}\right) = 2\int\limits_0^{\varphi/2} M_x\,m_x\,r\,d\varphi_x + 2\,k\int\limits_0^{\varphi/2} T_x\,t_x\,r\,d\varphi_x \qquad (94)$$

Darin sind wieder M_x und T_x die Momente aus der Einzellast P nach (22) und (23) und $m_x,\,t_x$ die entsprechenden Momente infolge $P = 1$ nach (76) und (77).

$$E\,J\,w\left(\varphi_m = \varphi_p = \frac{\varphi}{2}\right) = 2\,P\,r^3 \int\limits_0^{\varphi/2} \frac{\sin^2\varphi_x}{4\cos^2\left(\dfrac{\varphi}{2}\right)}\,d\varphi_x + 2\,k\,P\,r^3 \int\limits_0^{\varphi/2}\left[\frac{1}{2} - \frac{\cos\varphi_x}{2\cos\dfrac{\varphi}{2}}\right]^2 d\varphi_x$$

$$= P\,r^3\left\{\int\limits_0^{\varphi/2}\frac{\sin^2\varphi_x}{2\cos^2\left(\dfrac{\varphi}{2}\right)}\,d\varphi_x + k\int\limits_0^{\varphi/2}\left(\frac{1}{2} - \frac{\cos\varphi_x}{\cos\dfrac{\varphi}{2}} + \frac{\cos^2\varphi_x}{2\cos^2\left(\dfrac{\varphi}{2}\right)}\right)d\varphi_x\right\}$$

$$\boxed{E\,J\,w\left(\varphi_m = \varphi_p = \frac{\varphi}{2}\right) = P\,r^3\left\{\frac{1}{8\cos^2\left(\dfrac{\varphi}{2}\right)}(\varphi - \sin\varphi) + k\left[\frac{\varphi}{4} - \tan\frac{\varphi}{2} + \frac{1}{8\cos^2\left(\dfrac{\varphi}{2}\right)}(\varphi + \sin\varphi)\right]\right\}} \qquad (95)$$

Diese Gleichung liefert zugleich eine Kontrolle für die Mittendurchbiegung von (85) und (93) für mittige Laststellung.

2.642 Durchbiegung w unter der Einzellast P an beliebiger Stelle $\varphi_m = \varphi_p$. Die Durchbiegung unter einer Einzellast an beliebiger Stelle liefert (85) für $\varphi_m = \varphi_p$. Zur Kontrolle wird der Weg der direkten Integration angegeben.

$$E\,J\,w\,(\varphi_m = \varphi_p) = \int\limits_0^{\varphi_p} + \int\limits_{\varphi_p}^{\varphi} M_x\,m_x\,r\,d\varphi_x + k\int\limits_0^{\varphi_p} + k\int\limits_{\varphi_p}^{\varphi} T_x\,t_x\,r\,d\varphi_x \qquad (96)$$

M_x und T_x nach (22) und (23), m_x und t_x nach (76) und (77).

$$E J w (\varphi_m = \varphi_p) = P r^3 \left\{ \int_0^{\varphi_p} \left(\frac{\sin (\varphi - \varphi_p)}{\sin \varphi} \sin \varphi_x \right)^2 d\varphi_x \right.$$

$$+ \int_{\varphi_p}^{\varphi} \left(\frac{\sin (\varphi - \varphi_p)}{\sin \varphi} \sin \varphi_x - \sin (\varphi_x - \varphi_p) \right)^2 d\varphi_x + k \int_0^{\varphi_p} \left[1 - \frac{\varphi_p}{\varphi} - \frac{\sin (\varphi - \varphi_p)}{\sin \varphi} \cos \varphi_x \right]^2 d\varphi_x$$

$$\left. + k \int_{\varphi_p}^{\varphi} \left[\cos (\varphi_x - \varphi_p) - \frac{\varphi_p}{\varphi} - \frac{\sin (\varphi - \varphi_p)}{\sin \varphi} \cos \varphi_x \right]^2 d\varphi_x \right\}$$

$$E J w (\varphi_m = \varphi_p) = P r^3 \left\{ I_{13} + I_{15} + k (I_{14} + I_{16}) \right\} \tag{97}$$

Nach Ausrechnung der Intergrale gemäß der entsprechenden Integrale des Abschnittes 2.64 und abschließender Zusammenfassung ist

$$E J w (\varphi_m = \varphi_p) = P r^3 \left\{ \frac{\sin^2 (\varphi - \varphi_p)}{2 \sin^2 \varphi} \left(\varphi - \frac{1}{2} \sin 2 \varphi \right) - \frac{\sin (\varphi - \varphi_p)}{\sin \varphi} \right.$$

$$\times \left[\cos \varphi_p (\varphi - \varphi_p) + \sin \varphi_p - \sin \varphi \cos (\varphi - \varphi_p) \right]$$

$$+ \frac{1}{2} (\varphi - \varphi_p) - \frac{1}{4} \cos 2 \varphi_p (\sin 2 \varphi - \sin 2 \varphi_p)$$

$$- \frac{1}{2} \sin 2 \varphi_p (\sin^2 \varphi - \sin^2 \varphi_p)$$

$$+ k \left[- \frac{\sin (\varphi - \varphi_p)}{\sin \varphi} \left[\sin \varphi_p - \frac{1}{2} \sin (\varphi - \varphi_p) \left(\frac{\varphi}{\sin \varphi} + \cos \varphi \right) \right. \right.$$

$$+ (\varphi - \varphi_p) \cos \varphi_p + \sin \varphi \cos (\varphi - \varphi_p) \Big] + \frac{1}{2} (\varphi + \varphi_p)$$

$$\left. \left. - \frac{\varphi_p^2}{\varphi} + \frac{1}{4} \sin 2 \varphi \cos 2 \varphi_p + \frac{1}{2} \sin 2 \varphi_p \left(\sin^2 \varphi - \frac{1}{2} \right) \right] \right\} \tag{98}$$

Eine zusätzliche Kontrolle der Gl. (98) ist durch den Vergleich der Mittendurchbiegung unter mittiger Last mit (95) gegeben.

2.65 Neigung $\Phi(\varphi_m)$ und Verwindung $\psi(\varphi_m)$ der Biegelinie w für eine Einzellast $P(\varphi_p)$

Aus (85) und (93) folgt durch Differentiation die Neigung der Biegelinie an irgend einer Stelle φ_m aus der Laststellung $P(\varphi_p)$ für die Bereiche $0 \leq \varphi_m \leq \varphi_p$ und $\varphi_p \leq \varphi_m \leq \varphi$. (85) liefert nach Zusammenfassung:

$$E\,J\,\Phi\,(0 \le \varphi_m \le \varphi_p) = \frac{dw}{r\,d\varphi_m} = P\,r^2\bigg\{-\frac{\sin(\varphi-\varphi_p)}{2\sin\varphi}\Big[-(\varphi-\varphi_m)\sin\varphi_m$$

$$-\sin\varphi\sin(\varphi-\varphi_m) + \frac{\cos(\varphi-\varphi_m)}{\sin\varphi}\Big(\varphi-\frac{1}{2}\sin2\varphi\Big)\Big]$$

$$+\frac{\cos(\varphi-\varphi_m)}{2\sin\varphi}\big[(\varphi-\varphi_p)\cos\varphi_p + \sin\varphi_p - \sin\varphi\cos(\varphi-\varphi_p)\big]$$

$$+\frac{1}{2}\Big[(\varphi-\varphi_p)\sin(\varphi_p-\varphi_m) + \frac{1}{2}(\sin2\varphi - \sin2\varphi_p)\sin(\varphi_p+\varphi_m)$$

$$-\cos(\varphi_p+\varphi_m)(\sin^2\varphi - \sin^2\varphi_p)\Big]$$

$$+k\bigg[-\frac{\sin(\varphi-\varphi_p)}{2\sin\varphi}\Big[+\frac{\cos(\varphi-\varphi_m)}{\sin\varphi}\Big(\varphi+\frac{1}{2}\sin2\varphi\Big) - (\varphi-\varphi_m)\sin\varphi_m \qquad (99)$$

$$+\sin\varphi\cdot\sin(\varphi-\varphi_m)\Big] + \frac{\cos(\varphi-\varphi_m)}{2\sin\varphi}$$

$$\times\big[(\varphi-\varphi_p)\cos\varphi_p - \sin\varphi_p + \sin\varphi\cos(\varphi-\varphi_p)\big]$$

$$+1 - \frac{\varphi_p}{\varphi} + \cos(\varphi-\varphi_m)\frac{\sin\varphi_p}{\sin\varphi} - \cos(\varphi_p-\varphi_m)$$

$$+\frac{1}{2}(\varphi-\varphi_p)\sin(\varphi_p-\varphi_m) - \frac{1}{4}\sin2\varphi\sin(\varphi_p+\varphi_m)$$

$$+\frac{1}{2}\sin\varphi_p\sin\varphi_m + \frac{1}{2}\sin^2\varphi\cos(\varphi_p+\varphi_m)\bigg]\bigg]\bigg\}$$

Gl. (93) liefert nach Zusammenfassung:

$$E\,J\,\Phi\,(\varphi_p \le \varphi_m \le \varphi) = \frac{dw}{r\,d\varphi_m} = P\,r^2\bigg\{\frac{\cos(\varphi-\varphi_m)}{2\sin\varphi}\Big[(\varphi-\varphi_p)\cos\varphi_p$$

$$+\sin\varphi_p - \sin\varphi\cos(\varphi-\varphi_p) - \frac{\sin(\varphi-\varphi_p)}{\sin\varphi}\Big(\varphi-\frac{1}{2}\sin2\varphi\Big)\Big]$$

$$-\frac{\sin(\varphi-\varphi_p)}{2\sin\varphi}\Big[-(\varphi-\varphi_m)\sin\varphi_m - \sin\varphi\sin(\varphi-\varphi_m)\Big]$$

$$+\frac{1}{2}\Big[-(\varphi-\varphi_m)\sin(\varphi_m-\varphi_p) - \cos(\varphi_m-\varphi_p)$$

$$+\frac{1}{2}\sin(\varphi_p+\varphi_m)(\sin2\varphi + \sin2\varphi_m) + \cos(\varphi_p+\varphi_m)(\cos^2\varphi_m - \sin^2\varphi)\Big]$$

$$+k\bigg[-\frac{\sin(\varphi-\varphi_p)}{2\sin\varphi}\Big[\frac{\cos(\varphi-\varphi_m)}{\sin\varphi}\Big(\varphi+\frac{1}{2}\sin2\varphi\Big) \qquad (100)$$

$$-(\varphi-\varphi_m)\sin\varphi_m + \sin\varphi\sin(\varphi-\varphi_m)\Big]$$

$$+\frac{\cos(\varphi-\varphi_m)}{2\sin\varphi}\big[(\varphi-\varphi_p)\cos\varphi_p + \sin\varphi_p + \sin\varphi\cos(\varphi-\varphi_p)\big]$$

$$-\frac{\varphi_p}{\varphi} + \cos(\varphi_m-\varphi_p) + \frac{1}{2}\Big[-(\varphi-\varphi_m)\sin(\varphi_m-\varphi_p) - \cos(\varphi_m-\varphi_p)$$

$$-\frac{1}{2}\sin(\varphi_m+\varphi_p)(\sin2\varphi + \sin2\varphi_m)$$

$$+\cos(\varphi_p+\varphi_m)(\sin^2\varphi - \cos^2\varphi_m)\Big]\bigg]\bigg\}$$

An den Balkenenden ist die Winkeldrehung infolge Wanderlast $P(\varphi_p)$ für $\varphi_m = 0$ nach (99) und für $\varphi_m = \varphi$ nach (100) zu ermitteln. Eine Kontrolle liefert wieder die direkte Integration nach dem MOHRschen Ansatz mit jeweils $m = 1$ als Biegemoment am Trägerende.

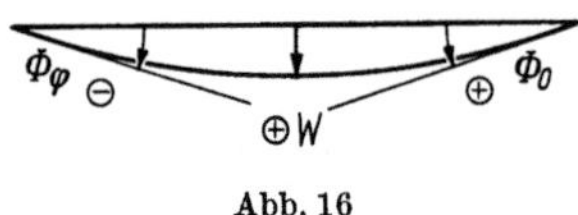

Abb. 16

$$\Phi\,(\varphi_m = 0) = \frac{P\,r^2}{E\,J}\left\{-\frac{\sin(\varphi - \varphi_p)}{2\sin\varphi}\left[-\sin^2\varphi + \cot\varphi\left(\varphi - \frac{1}{2}\sin 2\varphi\right)\right.\right.$$

$$+ \frac{1}{2}\cot\varphi\,[(\varphi - \varphi_p)\cos\varphi_p + \sin\varphi_p - \sin\varphi\cos(\varphi - \varphi_p)]$$

$$+ \frac{1}{2}\,[(\varphi - \varphi_p)\sin\varphi_p - \sin\varphi\cdot\sin(\varphi - \varphi_p)]$$

$$+ k\left[-\frac{\sin(\varphi - \varphi_p)}{2\sin\varphi}\left[\cot\varphi\left(\varphi + \frac{1}{2}\sin 2\varphi\right) + \sin^2\varphi\right]\right.$$

$$+ \frac{1}{2}\cot\varphi\,[(\varphi - \varphi_p)\cos\varphi_p + \sin\varphi_p + \sin\varphi\cos(\varphi - \varphi_p)]$$

$$+ \left(1 - \frac{\varphi_p}{\varphi}\right) - \cos\varphi_p + \frac{1}{2}(\varphi - \varphi_p)\sin\varphi_p + \frac{1}{2}\sin\varphi\sin(\varphi - \varphi_p)\left.\left.\left.\right]\right]\right\}\quad(101)$$

$$\Phi\,(\varphi_m = \varphi) = \frac{P\,r^2}{E\,J}\left\{\frac{1}{2\sin\varphi}\left[(\varphi - \varphi_p)\cos\varphi_p + \sin\varphi_p - \sin\varphi\cos(\varphi - \varphi_p)\right.\right.$$

$$- \frac{\sin(\varphi - \varphi_p)}{\sin\varphi}\left(\varphi - \frac{1}{2}\sin 2\varphi\right)\right]$$

$$+ \frac{1}{2}\,[-\cos(\varphi - \varphi_p) + \sin(\varphi + \varphi_p)\sin 2\varphi + \cos(\varphi + \varphi_p)\cos 2\varphi]$$

$$+ k\left[-\frac{\sin(\varphi - \varphi_p)}{2\sin^2\varphi}\left(\varphi + \frac{1}{2}\sin 2\varphi\right)\right.$$

$$+ \frac{1}{2\sin\varphi}\,[(\varphi - \varphi_p)\cos\varphi_p + \sin\varphi_p + \sin\varphi\cos(\varphi - \varphi_p)]$$

$$- \frac{\varphi_p}{\varphi} + \cos(\varphi - \varphi_p)$$

$$- \frac{1}{2}\,[+\cos(\varphi - \varphi_p) + \sin(\varphi + \varphi_p)\sin 2\varphi + \cos(\varphi + \varphi_p)\cos 2\varphi]\left.\left.\right]\right\}\quad(102)$$

Die Verwindung $\psi(\varphi_m)$ der Biegelinie w für die wandernde Einzellast $P(\varphi_p)$ ist wieder nach (35)

$$\psi = -\frac{d\Phi}{d\varphi_x} - \frac{M\cdot r}{E\,J}$$

Mit den differenzierten Gln. (99) und (100) für die beiden Bereiche $0 \leq \varphi_m \leq \varphi$ und $\varphi_p \leq \varphi_m \leq \varphi$ und den zugehörigen Gln. (22a, b) der Biegemomente M_x gilt nach Zusammenfassung:

$$E\,J\,\psi\,(0 \leq \varphi_m \leq \varphi_p) = -\,P\,r^2\left\{-\,\frac{\sin(\varphi-\varphi_p)}{2\sin\varphi}\left[\sin\varphi\cos(\varphi-\varphi_m)-(\varphi-\varphi_m)\right.\right.$$

$$\left.\times\cos\varphi_m-\sin\varphi_m+\frac{\sin(\varphi-\varphi_m)}{\sin\varphi}\left(\varphi-\frac{1}{2}\sin 2\varphi\right)\right]$$

$$+\,\frac{\sin(\varphi-\varphi_m)}{2\sin\varphi}\left[(\varphi-\varphi_p)\cos\varphi_p+\sin\varphi_p-\sin\varphi\cos(\varphi-\varphi_p)\right]$$

$$+\,\frac{1}{2}\left[-\,(\varphi-\varphi_p)\cos(\varphi_p-\varphi_m)\right.$$

$$\left.+\,\frac{1}{2}(\sin 2\varphi-\sin 2\varphi_p)\cos(\varphi_p+\varphi_m)+\sin(\varphi_p+\varphi_m)(\sin^2\varphi-\sin^2\varphi_p)\right]$$

$$+\,k\left[\!\!\left[-\,\frac{\sin(\varphi-\varphi_p)}{2\sin\varphi}\left[\frac{\sin(\varphi-\varphi_m)}{\sin\varphi}\left(\varphi+\frac{1}{2}\sin 2\varphi\right)\right.\right.\right.$$

$$\left.\left.+\sin\varphi_m-(\varphi-\varphi_m)\cos\varphi_m-\sin\varphi\cos(\varphi-\varphi_m)\right]\right.$$

$$+\,\frac{\sin(\varphi-\varphi_m)}{2\sin\varphi}\left[(\varphi-\varphi_p)\cos\varphi_p-\sin\varphi_p+\sin\varphi\cos(\varphi-\varphi_p)\right]$$

$$+\sin(\varphi-\varphi_m)\frac{\sin\varphi_p}{\sin\varphi}-\sin(\varphi_p-\varphi_m)-\frac{1}{2}(\varphi-\varphi_p)\cos(\varphi_p-\varphi_m)$$

$$-\,\frac{1}{4}\sin 2\varphi\cos(\varphi_p+\varphi_m)+\frac{1}{2}\sin\varphi_p\cos\varphi_m$$

$$\left.\left.-\,\frac{1}{2}\sin^2\varphi\sin(\varphi_p+\varphi_m)\right]\!\!\right]\right\} \tag{103}$$

$$E\,J\,\psi\,(\varphi_p \leq \varphi_m \leq \varphi) = -\,P\,r^2\left\{\frac{\sin(\varphi-\varphi_m)}{2\sin\varphi}\left[(\varphi-\varphi_p)\cos\varphi_p+\sin\varphi_p\right.\right.$$

$$\left.-\sin\varphi\cos(\varphi-\varphi_p)-\frac{\sin(\varphi-\varphi_p)}{\sin\varphi}\left(\varphi-\frac{1}{2}\sin 2\varphi\right)\right]$$

$$-\,\frac{\sin(\varphi-\varphi_p)}{2\sin\varphi}\left[-\,(\varphi-\varphi_m)\cos\varphi_m-\sin\varphi_m+\sin\varphi\cos(\varphi-\varphi_m)\right]$$

$$+\,\frac{1}{2}\left[-\,(\varphi-\varphi_m)\cos(\varphi_m-\varphi_p)\right.$$

$$\left.+\,\frac{1}{2}\cos(\varphi_p+\varphi_m)(\sin 2\varphi-\sin 2\varphi_m)+\sin(\varphi_p+\varphi_m)(\sin^2\varphi-\sin^2\varphi_m)\right]$$

$$+\,k\left[\!\!\left[-\,\frac{\sin(\varphi-\varphi_p)}{2\sin\varphi}\left[\frac{\sin(\varphi-\varphi_m)}{\sin\varphi}\left(\varphi+\frac{1}{2}\sin 2\varphi\right)\right.\right.\right.$$

$$\left.\left.-\,(\varphi-\varphi_m)\cos\varphi_m+\sin\varphi_m-\sin\varphi\cos(\varphi-\varphi_m)\right]\right.$$

$$+\,\frac{\sin(\varphi-\varphi_m)}{2\sin\varphi}\left[(\varphi-\varphi_p)\cos\varphi_p+\sin\varphi_p+\sin\varphi\cos(\varphi-\varphi_p)\right]$$

$$+\,\frac{1}{2}\left[-\,(\varphi-\varphi_m)\cos(\varphi_m-\varphi_p)-\sin(\varphi_m+\varphi_p)(\sin^2\varphi-\sin^2\varphi_m)\right.$$

$$\left.\left.\left.-\,\frac{1}{2}\cos(\varphi_m+\varphi_p)(\sin 2\varphi-\sin 2\varphi_m)\right]\!\!\right]\right\} \tag{104}$$

Für $\varphi_m = 0$ in (103) und $\varphi_m = \varphi$ in (104) ist gemäß Voraussetzung der starren Einspannung gegen Verdrehen $\psi = 0$!

2.66 Zusammenstellung der Neigungswinkel $\Phi(\varphi)$ über den Auflagern für q und $P(\varphi_p)$

Nach Gl (71) wird die Neigung Φ der Biegelinie für Gleichlast q über den Lagern in Tab. 9 (S. 117) für verschiedene Öffnungswinkel φ angegeben und die Abhängigkeit $\Phi(\varphi)$ in Tafel 13 (S. 152) gezeigt.

Da Φ sich aus zwei Anteilen zusammensetzt, dessen einer vom Verhältnis K, der Biegesteifigkeit zur Drillsteifigkeit, abhängt, werden beide mit „z" bezeichneten Anteile getrennt angegeben und dargestellt. In Tafel 13 entspricht der Verlauf von z_2 dem Verhältnis $k = 1$. Mit verändertem k-Wert würde sich die Kurve verzerren, ohne ihre Charakteristik, die dem Momentenverlauf für Gleichlast nach Tafel 1 ähnelt, zu ändern.

Entsprechend enthält Tab. 10 (S. 118) die Neigung Φ über den Auflagern für die Einzellaststellungen in den Zehntelpunkten des Trägers nach Gl. (101) für verschiedene φ und Tafel 14 (S. 153) macht die Abhängigkeiten $\Phi(\varphi)$ deutlich.

3. Der Träger auf zwei Stützen mit einem Biegemoment am Trägerende

An den Trägerenden (0; 1) greifen die Biegemomente $X_0 = X_1 = 1$ an (Abb. 17) Die Voraussetzungen für die Lagerung der Trägerenden entsprechen dem Kap. 2. Als statisch unbestimmte Größe wird wieder das Torsionsmoment Y_1 eingesetzt.

3.1 Statisch bestimmtes Grundsystem — Biegemoment $X_0 = 1$

Den Einfluß des statisch unbestimmten Torsionsmomentes $Y_1 = 1$ am statisch bestimmten Grundsystem (①-System Abb. 5) behandelt Abschn. 2.11. Die zugehörigen Schnittkräfte liefern die Gln. (1 b—c) und (2 a—b).

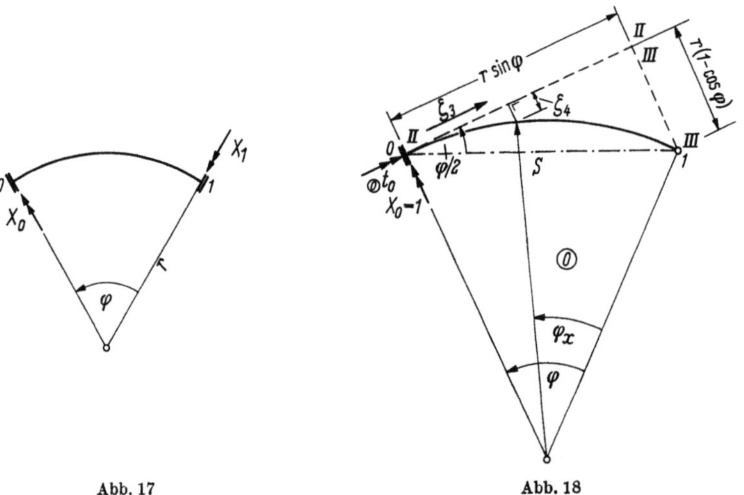

Abb. 17   Abb. 18

3.11 $X_0 = 1$ in A_0

Gemäß Abb. 18 ist

$$\zeta_3 = r \cdot \sin(\varphi - \varphi_x) \qquad \zeta_4 = r\,[1 - \cos(\varphi - \varphi_x)]$$

$$\Sigma M_{III-III} = 0 \qquad 1 + {}_{\circledcirc}A_0 \cdot r \sin \varphi = 0$$

$$ {}_{\circledcirc}A_0 = -\frac{1}{r \sin \varphi} \qquad {}_{\circledcirc}A_1 = +\frac{1}{r \sin \varphi} \tag{105a—b}$$

$$\Sigma M_{II-II} = 0$$

$$ {}_{\circledcirc}t_0 - {}_{\circledcirc}A_1 \cdot s \cdot \sin\left(\frac{\varphi}{2}\right) = 0; \qquad s = 2\,r \sin\frac{\varphi}{2}$$

$$ {}_{\circledcirc}t_0 = \frac{1}{r \sin \varphi}\,2\,r \sin^2 \frac{\varphi}{2} \qquad \text{mit (105\,b)}$$

$$ {}_{\circledcirc}t_0 = \tan\frac{\varphi}{2} \qquad \text{mit } \sin \varphi = 2 \sin\frac{\varphi}{2} \cos\frac{\varphi}{2} \tag{106}$$

$$\Sigma M_{s-s} = 0 \;\rightarrow\; \text{Kontrolle: } {}_{\circledcirc}t_0 \cos\frac{\varphi}{2} - 1 \cdot \sin\frac{\varphi}{2} = 0!$$

Die Schnittkräfte aus $X_0 = 1$ für die laufende Koordinate φ_x im $\circledcirc$-System sind mit ${}_{\circledcirc}A_1$ nach (105\,b):

$$ {}_{\circledcirc}M_x = {}_{\circledcirc}A_1\, r \cdot \sin\varphi_x = \frac{\sin\varphi_x}{\sin\varphi} \tag{107}$$

$$ {}_{\circledcirc}T_x = {}_{\circledcirc}A_1\, r\,(1 - \cos\varphi_x) = \frac{1 - \cos\varphi_x}{\sin\varphi} \tag{108}$$

3.12 Bestimmung der statisch Unbestimmten Y_1

Nach (9) ist die Verdrehung am Auflager A_1 infolge $Y_1 = 1$

$$E\,J\,\delta_{11} = k \quad r\,\varphi$$

Die entsprechende Verdrehung aus $X_0 = 1$ ist mit (1\,b—c) für ${}_{\textcircled{1}}m_x$; ${}_{\textcircled{1}}t_x$ und (107); (108) für ${}_{\circledcirc}M_x$; ${}_{\circledcirc}T_x$

$$E\,J\delta_{10} = k \int\limits_0^\varphi {}_{\textcircled{1}}t_x\,{}_{\circledcirc}T_x\, r\, d\varphi_x = k \cdot r \int\limits_0^\varphi \frac{1 - \cos\varphi_x}{\sin\varphi}\, d\varphi_x$$

$$E\,J\,\delta_{10} = \frac{k\,r}{\sin\varphi}\,(\varphi - \sin\varphi) \tag{109}$$

Die statisch Unbestimmte Y_1 ist mit (9) und (109)

$$Y_1\,\delta_{11} + \delta_{10} = 0$$

$$Y_1 = -\frac{\delta_{10}}{\delta_{11}} = -\frac{\varphi - \sin\varphi}{\varphi \sin\varphi} \tag{110}$$

3.2 Schnittkräfte aus $X_0 = 1$ im Hauptsystem

Da Y_1 nach (1\,b) kein Biegemoment erzeugt, errechnet sich das Biegemoment M_x nach (107)

$$M_x = \frac{\sin\varphi_x}{\sin\varphi} \tag{111}$$

Das Torsionsmoment T_x ist nach (108) und (1c) mit Y_1 nach (110)

$$T_x = \frac{1 - \cos \varphi_x}{\sin \varphi} + Y_1 \cdot 1$$

$$T_x = \frac{1}{\varphi} - \frac{\cos \varphi_x}{\sin \varphi} \tag{112}$$

Für $\varphi_x = 0$ ist $T_x = Y_1$!

Auflagerkräfte nach (105) und (2a—b) mit (110)

$$A_1 = {}_{\scriptscriptstyle \textcircled{0}}A_1 + Y_1 \; {}_{\scriptscriptstyle \textcircled{1}}A_1 = \frac{1}{r\,\varphi} \qquad A_0 = -\frac{1}{r\,\varphi} \tag{113a, b}$$

3.3 Statisch bestimmtes Grundsystem — Biegemoment $X_1 = 1$

3.31 $X_1 = 1$ in A_1

Gemäß Abschn. 3.1 nach Abb. 18 und Abb. 19

$$\Sigma\, M_{III-III} = 0 \qquad\qquad {}_{\scriptscriptstyle \textcircled{0}}A_0 \cdot r \sin \varphi - 1 \cos \varphi = 0$$

$$ {}_{\scriptscriptstyle \textcircled{0}}A_0 = \frac{1}{r \tan \varphi} \qquad\qquad {}_{\scriptscriptstyle \textcircled{0}}A_1 = -\frac{1}{r \tan \varphi} \tag{114a—b}$$

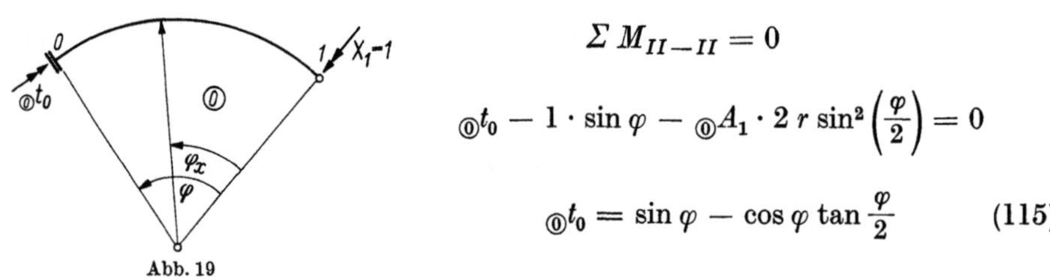

$$\Sigma\, M_{II-II} = 0$$

$$ {}_{\scriptscriptstyle \textcircled{0}}t_0 - 1 \cdot \sin \varphi - {}_{\scriptscriptstyle \textcircled{0}}A_1 \cdot 2\,r \sin^2\!\left(\frac{\varphi}{2}\right) = 0$$

$$ {}_{\scriptscriptstyle \textcircled{0}}t_0 = \sin \varphi - \cos \varphi \tan \frac{\varphi}{2} \tag{115}$$

Die Schnittkräfte aus $X_1 = 1$ für die laufende Koordinate φ_x im $\textcircled{0}$-System sind mit ${}_{\scriptscriptstyle \textcircled{0}}A_1$ nach (114b).

$$ {}_{\scriptscriptstyle \textcircled{0}}M_x = \cos \varphi_x - \frac{1}{\tan \varphi} \sin \varphi_x \tag{116}$$

$$ {}_{\scriptscriptstyle \textcircled{0}}T_x = \sin \varphi_x - \frac{1}{\tan \varphi} (1 - \cos \varphi_x) \tag{117}$$

3.32 Bestimmung der statisch Unbestimmten Y_1

Mit Gl. (9)

$$E\,J\,\delta_{11} = k\,r\,\varphi$$

Die entsprechende Verdrehung aus $X_1 = 1$ ist mit (1b—c) für ${}_{\scriptscriptstyle \textcircled{1}}m_x$; ${}_{\scriptscriptstyle \textcircled{1}}t_x$ und (116); (117) für ${}_{\scriptscriptstyle \textcircled{0}}M_x$; ${}_{\scriptscriptstyle \textcircled{0}}T_x$

$$E\,J\,\delta_{10} = k \int_0^{\varphi} {}_{\scriptscriptstyle \textcircled{1}}t_x \; {}_{\scriptscriptstyle \textcircled{0}}T_x \, r \, d\varphi_x = k\,r \int_0^{\varphi} \left(\sin \varphi_x - \frac{1}{\tan \varphi} + \frac{\cos \varphi_x}{\tan \varphi} \right) d\varphi_x$$

$$E\,J\,\delta_{10} = k\,r \left[1 - \frac{\varphi}{\tan \varphi} \right] \tag{118}$$

Mit (9) und (118)

$$Y_1 = -\frac{\delta_{10}}{\delta_{11}} = -\frac{1}{\varphi} + \frac{1}{\tan \varphi} \qquad (119)$$

3.4 Schnittkräfte aus $X_1 = 1$ im Hauptsystem

Da Y_1 ohne Einfluß auf das Biegemoment, ist M_x nach (116)

$$M_x = \cos \varphi_x - \frac{1}{\tan \varphi} \sin \varphi_x \qquad (120)$$

T_x nach (117) und (1 c) mit Y_1 nach (119)

$$T_x = \sin \varphi_x + \frac{\cos \varphi_x}{\tan \varphi} - \frac{1}{\varphi} \qquad (121)$$

Auflagerkräfte nach (114a—b) und (2a—b) mit (119)

$$\left.\begin{aligned} A_1 &= -\frac{1}{r \tan \varphi} + \frac{1}{r} Y_1 = -\frac{1}{r \varphi} \\ A_0 &= +\frac{1}{r \varphi} \end{aligned}\right\} \qquad (122\,a—b)$$

3.41 Zusammenstellung und Diskussion der Schnittkräfte

Wegen wechselseitiger Gleichheit erfolgt die Auswertung nur für den Lastfall $X_0 = 1$.

Tab. 11 (S. 121) beinhaltet die Biegemomente nach Gl. (111) für die Zehntelpunkte des Trägers in Abhängigkeit von φ. Diese Abhängigkeit wird in Tafel 15 (S. 154) für die Punkte 0, 2, 5, 8, 10 veranschaulicht. Den Momentenverlauf entlang des Trägers zeigt Tafel 16 (S. 155).

Es fällt auf, daß die Momentenfläche bis $\varphi = 180°$ zunehmend „ausbaucht" und die Momente entlang des Trägers größer als das eingeleitete Stabendmoment werden können. Der Momentenverlauf ist also nicht linear, wie beim geraden Träger. Für $\varphi = 180°$ siehe Abschn. 2.211.

Wächst der Öffnungwinkel über $\varphi = 180°$ hinaus, wechselt das Momentenvorzeichen und nur im Einleitungsbereich des Stabendmomentes bleibt das Moment positiv. Wird der Öffnungswinkel größer als $\varphi = 210°$, so weitet sich der positive Momentenbereich zunehmend aus bis etwa über die halbe Trägerlänge bei $\varphi = 330°$. Dabei nehmen die Größtmomente zunächst ab, um dann von etwa $\varphi = 240°$ bis 270° mit weiter zunehmendem Öffnungswinkel φ wieder zuzunehmen. Bei $\varphi = 360°$ wird das Moment anschauungsmäßig den Ring um seine Lagerachse drehen, so daß die Schnittkräfte imaginär werden.

Entsprechend vorstehendem wurde die Gl. (112) für die Torsionsmomente in Tab. 12 (S. 122) und den Tafeln 17 (S. 157) und 18 (S. 158) ausgewertet.

Die Torsionsmomente nehmen mit wachsendem Öffnungswinkel zu bis $\varphi = 180°$, wobei für $\varphi = 180°$ die Betrachtungen von 2.211 gelten. Wird $\varphi > 180°$, wechseln die Torsionsmomente ihr Vorzeichen und nehmen zunächst ab bis etwa $\varphi = 270°$, um dann wieder anzuwachsen. In der Nähe von $\varphi = 270°$ wird auch das zweite Torsionsendmoment positiv und weitet sich bis $\varphi < 360°$ zunehmend aus, so daß nur der mittlere Trägerteil negative Torsionsmomente behält.

3.5 Verformungen des Trägers

3.51 Biegelinie w für $X_0 = 1$

In die Differentialgleichung der Biegelinie (41) ist T_x nach (112) und $Q_x = -- A_1$ nach (113a) einzusetzen.

$$T_x = \frac{1}{\varphi} - \frac{\cos \varphi_x}{\sin \varphi} \qquad Q_x = - A_1 = - \frac{1}{r \varphi}$$

$$\frac{d^3 w}{d\varphi_x^3} + \frac{dw}{d\varphi_x} = \frac{r^2}{E\,J} \left[\left(\frac{1}{\varphi} - \frac{\cos \varphi_x}{\sin \varphi} \right) (1 + k) - \frac{1}{\varphi} \right]$$

$$= \frac{r^2}{E\,J} \left[\frac{k}{\varphi} - (1 + k) \frac{\cos \varphi_x}{\sin \varphi} \right]$$

$$= {}_\otimes \Gamma_0 \tag{123}$$

Für diese Differentialgleichung der Biegelinie des Momentes $X_0 = 1$ hat das allgemeine Integral wieder die Form der Gl. (44) .

Das allgemeine Integral der homogenen Differentialgleichung (43a) ist damit durch (47) gegeben.

$$\frac{d^3 w}{d\varphi_x^3} + \frac{dw}{d\varphi_x} = 0$$

$$_\otimes B_0 = {}_\otimes B_{01} + {}_\otimes B_{02} \cos \varphi_x + {}_\otimes B_{03} \sin \varphi_x \tag{124}$$

Der Index $\otimes$ soll auf die Abhängigkeit vom Stabendmoment X hinweisen und der Index „0“ auf den Angriffspunkt des Momentes am Auflager „0“. Die übrigen Indizes und Bezeichnungen entsprechen Abschn. 2.62.

Die allgemeine Lösung des Partikulärintegrals ist nach (48)

$$_\otimes L_0 = {}_\otimes L_{01} + {}_\otimes L_{02} + {}_\otimes L_{03} \tag{125}$$

Die Berechnung der Teilintegrale der Gl. (125) erfolgt entsprechend den Ansätzen (49), (51), (53)

$$_\otimes L_{01} = \frac{1}{1} \int {}_\otimes \Gamma_0 \, d\varphi_x \;= \frac{r^2}{E\,J} \int \left[\frac{k}{\varphi} - (1 + k) \frac{\cos \varphi_x}{\sin \varphi} \right] d\varphi_x \tag{126}$$

$$_\otimes L_{01} = \frac{r^2}{E\,J} \left[k \frac{\varphi_x}{\varphi} - (1 + k) \frac{\sin \varphi_x}{\sin \varphi} \right] \tag{127}$$

$$_\otimes L_{02} = \frac{e^{i\varphi_x}}{-2} \int {}_\otimes \Gamma_0 \, e^{-i\varphi_x} \, d\varphi_x = \frac{\cos \varphi_x + i \sin \varphi_x}{-2} \cdot \frac{r^2}{E\,J}$$

$$\times \int \left[\frac{k}{\varphi} - (1 + k) \frac{\cos \varphi_x}{\sin \varphi} \right] [\cos \varphi_x - i \sin \varphi_x] \, d\varphi_x \tag{128}$$

$$_\otimes L_{02} = - \frac{r^2}{2\,E\,J} \left\{ i \frac{k}{\varphi} - \frac{(1 + k)}{\sin \varphi} \left[\left(\frac{1}{4} \sin 2\,\varphi_x + \frac{\varphi_x}{2} \right) \right. \right.$$

$$\left. \left. \times (\cos \varphi_x + i \sin \varphi_x) + \frac{1}{2} \sin^2 \varphi_x (\sin \varphi_x - i \cos \varphi_x) \right] \right\} \tag{129}$$

$$_\otimes L_{03} = \frac{e^{-i\varphi_x}}{-2} \int {}_\otimes \Gamma_0 \, e^{i\varphi_x} \, d\varphi_x$$

$$= \frac{\cos \varphi_x - i \sin \varphi_x}{-2} \cdot \frac{r^2}{E\,J} \int \left[\frac{k}{\varphi} - (1 + k) \frac{\cos \varphi_x}{\sin \varphi} \right]$$

$$\times [\cos \varphi_x + i \sin \varphi_x] \, d\varphi_x \tag{130}$$

$$\otimes L_{03} = -\frac{r^2}{2\,E\,J}\left\{-i\,\frac{k}{\varphi} - \frac{(1+k)}{\sin\varphi}\left[\left(\frac{1}{4}\sin 2\,\varphi_r + \frac{\varphi_x}{2}\right)\right.\right.$$

$$\left.\left. \times\,(\cos\varphi_x - i\,\sin\varphi_x) + \frac{1}{2}\sin^2\varphi_x\,(i\,\cos\varphi_x + \sin\varphi_x)\right]\right\} \tag{131}$$

Danach lautet die Gl. (125) mit (127), (129), (131) nach einigen Umformungen und Zusammenfassung.

$$\otimes L_0 = \frac{r^2}{E\,J}\left\{k\,\frac{\varphi_x}{\varphi} + \frac{(1+k)}{2\sin\varphi}\,(\varphi_x\cos\varphi_x - \sin\varphi_x)\right\} \tag{132}$$

Damit ist das allgemeine Integral nach (44) mit (132)

$$w = \otimes B_0 + \otimes L_0 = \otimes B_{01} + \otimes B_{02}\cos\varphi_x + \otimes B_{03}\sin\varphi_x + \otimes L_0 \tag{123}$$

Kontrollle des allgemeinen Integrals durch Differentiation.

$$\frac{dw}{d\varphi_x} = -\otimes B_{02}\sin\varphi_x + \otimes B_{03}\cos\varphi_x + \frac{r^2}{E\,J}\left\{\frac{k}{\varphi} + \frac{(1+k)}{2\sin\varphi}\,(-\varphi_x\sin\varphi_x)\right\} \tag{134}$$

$$\frac{d^2w}{d\varphi_x{}^2} = \otimes B_{02}\cos\varphi_x - \otimes B_{03}\sin\varphi_x + \frac{r^2}{E\,J}$$

$$\times\left\{\frac{(1+k)}{2\sin\varphi}\,(-\sin\varphi_x - \varphi_x\cos\varphi_x)\right\} \tag{135}$$

$$\frac{d^3w}{d\varphi_x{}^3} = -\otimes B_{02}\sin\varphi_x - \otimes B_{03}\cos\varphi_x + \frac{r^2}{E\,J}$$

$$\times\left\{\frac{(1+k)}{2\sin\varphi}\,(-2\cos\varphi_x + \varphi_x\sin\varphi_x)\right\} \tag{136}$$

Mit (134) und (136) ergibt sich die Ausgangsdifferentialgleichung (123). Bestimmung der Konstanten $\otimes B_{0n}$ $(n = 1, 2\, , 3)$ in Gl. (133) aus folgenden Bedingungen.

$$\left.\begin{array}{l}1.\ \varphi_x = 0\\2.\ \varphi_x = \varphi\end{array}\right\} \rightarrow w = 0$$

$$\left.\begin{array}{l}3.\ \varphi_x = 0\\4.\ \varphi_x = \varphi\end{array}\right\} \rightarrow \psi = 0$$

Aus Bedingung „1". $\varphi_x = 0$

$$w = 0 = \otimes B_{01} + \otimes B_{02}\cos\varphi_x + \otimes B_{03}\sin\varphi_x + \otimes L_0 = \otimes B_{01} + \otimes B_{02} + \frac{r^2}{E\,J}\,[0]$$

$$\otimes B_{01} = -\otimes B_{02} \tag{137}$$

Aus Bedingung „3". $\varphi_x = 0$

$$\psi = 0 = -\frac{d^2w}{r\,d\varphi_x{}^2} - \frac{M\cdot r}{E\,J} \qquad \text{nach (35) mit (37)}$$

$$= \frac{1}{r}\,(\otimes B_{02}\cos\varphi_x + \otimes B_{03}\sin\varphi_x) + \frac{r}{E\,J}\,[0] - \frac{M\cdot r}{E\,J}$$

$$\otimes B_{02} = 0 \qquad \text{mit } M = 0 \text{ nach (111)} \tag{138}$$

$$\otimes B_{01} = 0 \qquad \text{folgt aus (137)} \tag{139}$$

Aus Bedingung „2". $\varphi_x = \varphi$

$$w = 0 = {}_\otimes B_{03} \sin \varphi + \frac{r^2}{EJ}\left\{k + \frac{1+k}{2\sin\varphi}(\varphi\cos\varphi - \sin\varphi)\right\}$$

$$_\otimes B_{03} = -\frac{r^2}{EJ}\left[\frac{1}{2\sin\varphi}(k - 1 + (1+k)\,\varphi\cot\varphi)\right] \tag{140}$$

Die Kontrolle liefert für Bedingung „4" $\psi = 0$ mit (138), (140) und (111) für $\varphi_x = \varphi$.

Die Gleichung der Biegelinie ist nach (133) mit (138), (139), (140) und (132)

$$w = \frac{r^2}{EJ}\left\{k\left(\frac{\varphi_x}{\varphi} - \frac{\sin\varphi_x}{\sin\varphi}\right) - \frac{1+k}{2\sin\varphi}(\varphi\cot\varphi\sin\varphi_x - \varphi_x\cos\varphi_x)\right\} \tag{141}$$

3.52 Biegelinie w für $X_1 = 1$

In die Differentialgleichung der Biegelinie (41) ist T_x nach (121) und $Q_x = -A_1$ nach (122a) einzusetzen.

$$T_x = \sin\varphi_x + \frac{\cos\varphi_x}{\tan\varphi} - \frac{1}{\varphi} \qquad Q_x = -A_1 = \frac{1}{r\,\varphi}$$

$$\frac{d^3\omega}{d\varphi_x{}^3} + \frac{d\omega}{d\varphi_x} = \frac{r^2}{EJ}\left[\left(\sin\varphi_x + \frac{\cos\varphi_x}{\tan\varphi} - \frac{1}{\varphi}\right)(1+k) + \frac{1}{\varphi}\right]$$

$$= \frac{r^2}{EJ}\left[(1+k)\left(\sin\varphi_x + \frac{\cos\varphi_x}{\tan\varphi}\right) - \frac{k}{\varphi}\right]$$

$$= {}_\otimes\Gamma_1 \tag{142}$$

Das allgemeine Integral der vorliegenden Biegelinie für $X_1 = 1$ hat wieder die Form der Gl. (44). Das allgemeine Integral der homogenen Differentialgleichung ist gemäß (124) mit dem Index „1" für „0" entsprechend dem Angriffspunkt des Stabendmomentes X_1.

$$_\otimes B_1 = {}_\otimes B_{11} + {}_\otimes B_{12}\cos\varphi_x + {}_\otimes B_{13}\sin\varphi_x \tag{143}$$

Die allgemeine Lösung des Partikulärintegrals ist entsprechend (125)

$$_\otimes L_1 = {}_\otimes L_{11} + {}_\otimes L_{12} + {}_\otimes L_{13} \tag{144}$$

Die Berechnung der Teilintegrale der Gl. (144) erfolgt entsprechend den Ansätzen (49), (51), (53).

$$_\otimes L_{11} = \frac{1}{1}\int {}_\otimes\Gamma_1\,d\varphi_x = \frac{r^2}{EJ}\left[-\frac{k}{\varphi} + (1+k)\left(\sin\varphi_x + \frac{\cos\varphi_x}{\tan\varphi}\right)\right]d\varphi_x \tag{145}$$

$$_\otimes L_{11} = \frac{r^2}{EJ}\left[-k\frac{\varphi_x}{\varphi} + (1+k)\left(\frac{\sin\varphi_x}{\tan\varphi} - \cos\varphi_x\right)\right] \tag{146}$$

$$_\otimes L_{12} = \frac{e^{i\varphi_x}}{-2}\int {}_\otimes\Gamma_1\,e^{-i\varphi_x}\,d\varphi_x = F_3\int\left[-\frac{k}{\varphi}(\cos\varphi_x - i\sin\varphi_x) + (1+k)\right.$$

$$\left. \times\left(\sin\varphi_x\cos\varphi_x - i\cdot\sin^2\varphi_x + \frac{\cos^2\varphi_x}{\tan\varphi} - \frac{i\sin\varphi_x\cos\varphi_x}{\tan\varphi}\right)\right]d\varphi_x \tag{147}$$

Mit F_3 nach $_\otimes L_{02}$

$$_\otimes L_{12} = -\frac{r^2}{2\,E\,J}\left\{-\frac{i\,k}{\varphi} + (1+k)\left[\frac{1}{2}\left(\cos\varphi_x + i\sin\varphi_x\right)\right.\right.$$
$$\times\left(\sin{}^2\varphi_x + \frac{1}{2\tan\varphi}\sin 2\,\varphi_x + \frac{\varphi_x}{\tan\varphi}\right)$$
$$\left.\left.+ \frac{1}{2}\left(i\cos\varphi_x - \sin\varphi_x\right)\left(\frac{1}{2}\sin 2\varphi_x - \varphi_x - \frac{\sin{}^2\varphi_x}{\tan\varphi}\right)\right]\right\} \qquad (148)$$

$$_\otimes L_{13} = \frac{e^{-i\varphi_x}}{-2}\int {}_\otimes\Gamma_1\,e^{i\,\varphi_x}\,d\varphi_x$$
$$= F_4\int\left[-\frac{k}{\varphi}\left(\cos\varphi_x + i\sin\varphi_x\right) + (1+k)\right. \qquad (149)$$
$$\left.\times\left(\sin\varphi_x\cos\varphi_x + i\sin{}^2\varphi_x + \frac{\cos{}^2\varphi_x}{\tan\varphi} + i\,\frac{\cos\varphi_x\sin\varphi_x}{\tan\varphi}\right)\right]d\varphi_x$$

Mit F_4 nach $_\otimes L_{03}$

$$_\otimes L_{13} = -\frac{r^2}{2\,E\,J}\left\{+\frac{i\,k}{\varphi} + (1+k)\left[\frac{1}{2}\left(\cos\varphi_x - i\sin\varphi_x\right)\right.\right.$$
$$\times\left(\sin{}^2\varphi_x + \frac{1}{\tan\varphi}\left(\frac{1}{2}\sin 2\,\varphi_x + \varphi_x\right)\right)$$
$$\left.\left.+ \frac{1}{2}\left(i\cos\varphi_x + \sin\varphi_x\right)\left(-\frac{1}{2}\sin 2\,\varphi_x + \varphi_x + \frac{1}{\tan\varphi}\sin{}^2\varphi_x\right)\right]\right\} \qquad (150)$$

Danach lautet die Gl. (144) mit (146), (148), (150).

Nach Umformung und Zusammenfassung

$$_\otimes L_1 = \frac{r^2}{E\,J}\left\{-k\frac{\varphi_x}{\varphi} + (1+k)\left[\frac{1}{2\tan\varphi}\left(\sin\varphi_x - \varphi_x\cos\varphi_x\right) - \cos\varphi_x - \frac{\varphi_x}{2}\sin\varphi_x\right]\right\} \qquad (151)$$

und damit

$$w = {}_\otimes B_1 + {}_\otimes L_1 = {}_\otimes B_{11} + {}_\otimes B_{12}\cos\varphi_x + {}_\otimes B_{13}\sin\varphi_x + {}_\otimes L_1 \qquad (152)$$

Kontrolle des allgemienen Integrals durch Differentiation.

$$\frac{dw}{d\varphi_x} = -{}_\otimes B_{12}\sin\varphi_x + {}_\otimes B_{13}\cos\varphi_x + \frac{r^2}{E\,J}$$
$$\times\left\{-\frac{k}{\varphi} + (1+k)\left[\frac{1}{2\tan\varphi}\varphi_x\sin\varphi_x + \sin\varphi_x - \frac{1}{2}\left(\sin\varphi_x + \varphi_x\cos\varphi_x\right)\right]\right\} \qquad (153)$$

$$\frac{d^2w}{d\varphi_x^2} = -{}_\otimes B_{12}\cos\varphi_x - {}_\otimes B_{13}\sin\varphi_x + \frac{r^2}{E\,J}$$
$$\times\left\{(1+k)\left[\frac{1}{2\tan\varphi}\left(\sin\varphi_x + \varphi_x\cos\varphi_x\right) + \frac{\varphi_x}{2}\sin\varphi_x\right]\right\} \qquad (154)$$

$$\frac{d^3w}{d\varphi_x^3} = {}_\otimes B_{12}\sin\varphi_x - {}_\otimes B_{13}\cos\varphi_x + \frac{r^2}{E\,J}$$
$$\times\left\{(1+k)\left[\frac{1}{2\tan\varphi}\left(2\cos\varphi_x - \varphi_x\sin\varphi_x\right) + \frac{1}{2}\left(\sin\varphi_x + \varphi_x\cos\varphi_x\right)\right]\right\} \qquad (155)$$

Mit (153) und (155) ergibt sich die Ausgangsdifferentialgleichung (142).

Bestimmung der Konstanten $_\otimes B_{1n}$ $(n = 1, 2, 3)$ in Gl. (152) aus folgenden Bedingungen.

$$\begin{aligned}
&\text{1. } \varphi_x = 0 \\
&\text{2. } \varphi_x = \varphi
\end{aligned} \right\} \to w = 0$$

$$\begin{aligned}
&\text{3. } \varphi_x = 0 \\
&\text{4. } \varphi_x = \varphi
\end{aligned} \right\} \to \psi = 0$$

Aus Bedingung „1". $\varphi_x = 0$

$$w = 0 = {}_\otimes B_{11} + {}_\otimes B_{12} \cos \varphi_x + {}_\otimes B_{13} \sin \varphi_x + {}_\otimes L_1$$

$$= {}_\otimes B_{11} + {}_\otimes B_{12} + \frac{r^2}{EJ} \{(1 + k)(-1)\}$$

$$_\otimes B_{11} + {}_\otimes B_{12} = \frac{r^2}{EJ}(1 + k) \tag{156}$$

Aus Bedingung „3". $\varphi_x = 0$

$$\psi = 0 = -\frac{d^2 w}{r\, d\varphi_x^2} - \frac{M \cdot r}{EJ} \quad \text{nach (35) mit (37) und } M_x \text{ nach (120)}$$

$$= \frac{1}{r}\left({}_\otimes B_{12} \cos \varphi_x + {}_\otimes B_{13} \sin \varphi_x\right) - \frac{\cdot r}{EJ}[0] - \frac{r}{EJ}$$

$$_\otimes B_{12} = \frac{r^2}{EJ} \tag{157}$$

$$_\otimes B_{11} = \frac{r^2}{EJ} k \quad \text{nach (156) mit (157)} \tag{158}$$

Aus Bedingung „2". $\varphi_x = \varphi$

$$w = 0 = {}_\otimes B_{11} + {}_\otimes B_{12} \cos \varphi_x + {}_\otimes B_{13} \sin \varphi_x + {}_\otimes L_1$$

$$= \frac{r^2}{EJ}(k + \cos \varphi) + {}_\otimes B_{13} \sin \varphi + \frac{r^2}{EJ}$$

$$\times \left\{-k + (1 + k)\left[\frac{1}{2 \tan \varphi}(\sin \varphi - \varphi \cos \varphi) - \cos \varphi - \frac{\varphi}{2} \sin \varphi\right]\right\}$$

$$_\otimes B_{13} = -\frac{r^2}{2\,EJ}\left[(1 - k)\cot \varphi - (1 + k)\varphi(1 + \cot^2 \varphi)\right] \tag{159}$$

Die Kontrolle liefert für Bedingung „4" $\psi = 0$ mit (157), (159) und (120) für $\varphi_x = \varphi$.

Die Gleichung der Biegelinie ist nach (152) mit (157), (158), (159) und (151)

$$\boxed{\begin{aligned}
w = \frac{r^2}{EJ}\Bigg\{&k\left(1 - \frac{\varphi_x}{\varphi} - \cos \varphi_x + \cot \varphi \sin \varphi_x\right) + \frac{(1 + k)}{2} \\
&\times \left[\varphi(1 + \cot^2 \varphi) \sin \varphi_x - \cot \varphi \cdot \varphi_x \cos \varphi_x - \varphi_x \sin \varphi_x\right]\Bigg\}
\end{aligned}} \tag{160}$$

3.53 Neigung Φ der Biegelinie w für X_0; $X_1 = 1$

3.531 Φ für $X_0 = 1$. Aus (141) folgt durch Differentiation die Neigung der Biegelinie

$$\boxed{\Phi = \frac{dw}{r\, d\varphi_x} = \frac{r}{EJ}\left\{\frac{k}{\varphi} - \frac{(k - 1)}{2 \sin \varphi} \cos \varphi_x - \frac{(1 + k)}{2 \sin \varphi}(\varphi_x \sin \varphi_x + \varphi \cot \varphi \cos \varphi_x)\right\}} \tag{161}$$

An den Trägerenden ist für $\varphi_x = 0;\ \varphi$

$$\Phi\,(\varphi_x = 0) = \frac{r}{E\,J}\left\{\frac{k}{\varphi} - \frac{1}{2\sin\varphi}\left[k - 1 + (k+1)\,\varphi\cot\varphi\right]\right\} \tag{162}$$

$$\Phi\,(\varphi_x = \varphi) = \frac{r}{E\,J}\left\{\frac{k}{\varphi} - \frac{1}{2}\left[(k-1)\cot\varphi + (k+1)\,\varphi\,(1 + \cot^2\varphi)\right]\right\} \tag{163}$$

3.532 Φ für $X_1 = 1$. Aus (160) folgt durch Differentiation entsprechend

$$\Phi = \frac{d\omega}{r\,d\varphi_x} = \frac{r}{E\,J}\left\{k\left(-\frac{1}{\varphi} + \sin\varphi_x\right) + \frac{k-1}{2}\cot\varphi\cos\varphi_x + \frac{k+1}{2}\right.$$
$$\left. \times\left[\varphi(1 + \cot^2\varphi)\cos\varphi_x + \cot\varphi\cdot\varphi_x\sin\varphi_x - \sin\varphi_x - \varphi\cos\varphi_x\right]\right\} \tag{164}$$

An den Trägerenden ist für $\varphi_x = 0;\ \varphi$

$$\Phi\,(\varphi_x = 0) = \frac{r}{E\,J}\left\{-\frac{k}{\varphi} + \frac{(k-1)}{2}\cot\varphi + \frac{k+1}{2}\left[\varphi(1 + \cot^2\varphi)\right]\right\} \tag{165}$$

$$\Phi\,(\varphi_x = \varphi) = \frac{r}{E\,J}\left\{-\frac{k}{\varphi} + \frac{1}{2\sin\varphi}\left[k - 1 + (k+1)\,\varphi\cot\varphi\right]\right\} \tag{166}$$

Die Enddrehwinkel (162) und (166), sowie (163) und (165) sind absolut gleich, sie unterschieden sich nur im Vorzeichen.

3.54 Verwindung ψ der Biegelinie w für X_0; $X_1 = 1$

3.541 ψ für $X_0 = 1$. Nach (35) ist die Gleichung der Verwindung

$$\psi = -\frac{d\Phi}{d\varphi_x} - \frac{M\cdot r}{E\,J}$$

Mit (161) und (111) nach Umformung und Zusammenfassung

$$\psi = -\frac{r}{E\,J}\left\{-\frac{(k+1)}{2\sin\varphi}\,(\varphi_x\cos\varphi_x - \varphi\cot\varphi\sin\varphi_x)\right\} \tag{167}$$

3.542 ψ für $X_1 = 1$. Mit (164) und (120)

$$\psi = -\frac{r}{E\,J}\left\{\frac{1+k}{2}\left[-\varphi(1 + \cot^2\varphi)\sin\varphi_x + \varphi_x\cot\varphi\cos\varphi_x + \varphi_x\sin\varphi_x\right]\right\} \tag{168}$$

3.55 Neigungswinkel $\Phi(\varphi)$ über den Auflagern für $\overline{\overline{X}}$ und $\overline{X} = 1$

Da die Neigungswinkel Φ sich für X_0, X_1 wechselseitig nur im Vorzeichen unterscheiden, erfolgt die Auswertung für X_0 nach den Gl.n (162) und (163) in der Tab. 13 (S. 123). Die Abhängigkeit vom Öffnungswinkel φ veranschaulicht Tafel 19 (S. 160) für Φ_0 über dem Auflager „1" mit $\varphi_x = 0$. Die Einflußzahlen z_5 und z_6 gelten für ein Endmoment $\overline{X}$ am „abliegenden" Stabende und z_7, z_8 für $\overline{\overline{X}}$ am „anliegenden" Stabende. Der Enddrehwinkel Φ setzt sich entsprechend

Abschn. 2.66 aus je zwei Anteilen zusammen, von denen der zweite mit dem jeweils geraden Index „6" und „8" noch mit dem Verhältniswert „k" zu multiplizieren ist.

Für kleine Öffnungswinkel φ verhalten sich die Drehwinkel am an- und abliegenden Stabende ähnlich zueinander, wie am geraden Träger und der Einfluß der Krümmung ist noch gering. Mit der Zunahme von φ gewinnt aber der Krümmungseinfluß an Bedeutung und die beiden Enddrehwinkel Φ_0 und Φ_φ gleichen sich bis $\varphi \to 180°$ immer mehr einander an. Dies gilt auch zunächst für die Zunahme von φ über 180° hinaus, wobei $\varphi = 180°$ selbst ∞-Werte liefert. Während der anliegende Enddrehwinkel $\overline{\overline{\Phi}}$ naturgemäß bei gleichem Vorzeichen zunächst ab- und dann gegen $\varphi \to 360°$ wieder zunimmt, wechselt der abliegende Enddrehwinkel $\overline{\Phi}$ für die üblichen k-Werte sein Vorzeichen bei $270° < \varphi < 285°$.

4. Der Träger auf zwei Stützen mit einseitiger „Biege-Starreinspannung"

Der an seinen beiden Enden (0,1) torsionsfest eingespannte Träger ist zusätzlich an einem Ende mit X_0 oder X_1 auf Biegung starr eingespannt (Abb. 20 u. 21).

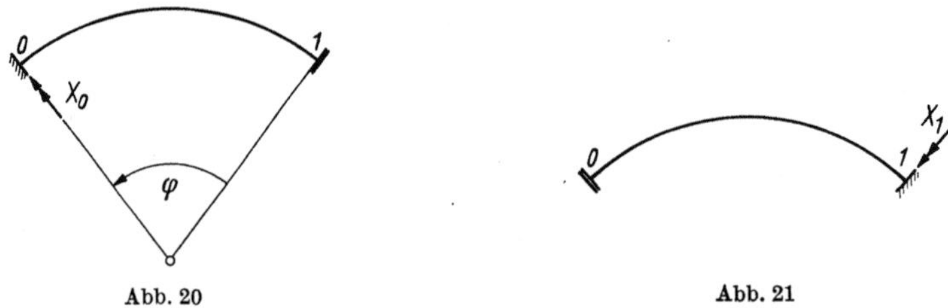

Abb. 20   Abb. 21

Zur Bestimmung der statisch unbestimmten Größe X_n wird das statisch unbestimmte Grundsystem des an seinen Enden biegefrei gelagerten Einfeldträgers (Kap. 2 u. 3) zu Grunde gelegt, so daß allein die Enddrehwinkel Φ über den Auflagern in die statisch unbestimmte Rechnung eingehen und der weitere Rechnungsgang analog dem des geraden Trägers verläuft.

Die in den folgenden Kapiteln benutzten Enddrehwinkel Φ und ihre Symbolik sind nachstehend zur besseren Übersicht zusammengestellt.

Der Fußindex „n" (n = 0, 1, 2, ...) unten rechts gibt jeweils den Auflagerpunkt an, für welchen der Drehwinkel angegeben ist. Außerdem ist mit „l" oder „r" gesagt, ob das Feld „links" oder „rechts" (entsprechend der Systemskizze) vom Auflager gemeint ist. Die Bezifferung der Auflagerpunkte erfolgt jeweils mit „0" beginnend von links nach rechts, die der Felder mit „1" beginnend. Die Bezeichnung der Öffnungswinkel φ deckt sich mit den zugehörigen Feldern, die Winkel φ_x laufen jedoch jeweils von rechts nach links mit o beginnend bis φ.

Der Fußindex unten links bezeichnet den zugehörigen Lastfall. Es bedeutet q = Gleichlast, q_i = Gleichlast im Feld i, entsprechend P_i = Einzellast im Feld i. $\otimes$ weist auf ein Stabendmoment hin, wobei ein Doppelquerstrich über dem Symbol ($\overline{\overline{\Phi}}$) den anliegenden und einfacher Querstrich ($\overline{\Phi}$) den abliegenden Enddrehwinkel bezeichnet.

Während der Platz rechts vom Kopf des Symbols für Potenzangaben frei bleibt, ist mit einem x links am Kopf ausgesagt, daß es sich um einen reduzierten Drehwinkel ohne die Anteile „P", „q" für die Belastung, „r" den Krümmungsradius und „EJ" die Steife handelt. Im Feld i mit den Stützen A_{i-1} und A_i ergeben sich folgende Enddrehwinkel $\Phi_{(i-1)r}$ und Φ_{il} mit Angabe der zugehörigen Gleichung in Klammern.

Gleichlast q:

$$_q\Phi_{(i-1)r} \rightarrow \varphi_{x_i} = \varphi_i \rightarrow (72)$$
$$_q\Phi_{il} \rightarrow \varphi_{x_i} = 0 \rightarrow (71)$$

Einzellast P in beliebiger Laststellung φ_p:

$$_p\Phi_{(i-1)r} \rightarrow \varphi_{x_i} = \varphi_i \rightarrow (102)$$
$$_p\Phi_{il} \rightarrow \varphi_{x_i} = 0 \rightarrow (101)$$

Stabendmoment $X_{i-1} = 1$:

$$_\otimes\overline{\overline{\Phi}}_{(i-1)r} \rightarrow \varphi_{x_i} = \varphi_i \rightarrow (163)$$
$$_\otimes\overline{\Phi}_{il} \rightarrow \varphi_{x_i} = 0 \rightarrow (162)$$

Stabendmoment $X_i = 1$:

$$_\otimes\overline{\Phi}_{(i-1)r} \rightarrow \varphi_{x_i} = \varphi_i \rightarrow (166)$$
$$_\otimes\overline{\overline{\Phi}}_{il} \rightarrow \varphi_{x_i} = 0 \rightarrow (165)$$

Die Stabenddrehwinkel sind in den zugehörigen Tabellen in Abhängigkeit vom Öffnungswinkel φ und die Gln. (101); (102) außerdem in Abhängigkeit von der veränderlichen Laststellung φ_p zusammengestellt, so daß sie auch unmittelbar für das Aufstellen der Einflußlinien benutzt werden können.

4.1 Schnittkräfte aus Gleichlast q

4.11 Einspannmomente X_0; X_1

Gemäß Abb. 20 ist nach Voraussetzung die Verdrehung am Auflager A_0

$$\Sigma \, \Phi_{0_r} \, (\varphi_{x_1} = \varphi_1) = 0 \quad \text{oder}$$

$$X_0 \, _\otimes\overline{\overline{\Phi}}_{0_r} + _q\Phi_{0_r} = 0 \tag{169}$$

Mit $\quad _q\Phi = \dfrac{q \, r^3}{EJ} \, _q^x\Phi \quad$ und $\quad _\otimes\overline{\overline{\Phi}} = \dfrac{r}{EJ} \, _\otimes^x\overline{\overline{\Phi}}$

$$\boxed{X_0 = - \, q \, r^2 \, \frac{_q^x\Phi_{0_r}}{_\otimes^x\overline{\overline{\Phi}}_{0_r}}} \tag{170}$$

enstprechend Abb. 21

$$\boxed{X_1 = - \, q \, r^2 \, \frac{_q^x\Phi_{1l}}{_\otimes^x\overline{\overline{\Phi}}_{1l}}} \tag{171}$$

4.12 Schnittkräfte bei Volleinspannung am Auflager A_0

Das Biegemoment M_x abhängig von φ_x ergibt sich aus der Gl. (12) für den nur auf Torsion an den Enden eingespannten Träger durch Hinzufügen der mit X_0 nach (170) vergrößerten Momente der Gl. (111), die für $X_0 = 1$ ebenfalls am Träger mit freier „Biege-Drehbarkeit" an den Enden ermittelt wurden.

Zur Unterscheidung von den endgültigen Momenten M_x wird das Lastmoment am statisch unbestimmten Grundsystem des Kap. 2 mit $_qM_x$ bzw. $_pM_x$ bezeichnet. Entsprechend ist das Moment des Kap. 3 am gleichen System infolge $X = 1$ mit $_\otimes\vec{M}_x$ und $_\otimes\overleftarrow{M}_x$ angegeben. Die Pfeilrichtung zeigt an, in welcher Richtung das Einspannmoment X_n auf das Feld einwirkt.

$$M_x = {}_qM_x + X_0 \,{}_\otimes\vec{M}_x \tag{172}$$

$$M_x = q\,r^2\left[{}^x_qM_x + {}^xX_0 \,{}_\otimes\vec{M}_x\right] \tag{173}$$

Mit $_qM_x$ (12); $_\otimes\vec{M}_x$ (111); X_0 (170), wobei die Klammerwerte die Bezugsgleichungen angeben.

Das Torsionsmoment wird analog:

$$T_x = {}_qT_x + X_0 \,{}_\otimes\vec{T}_x \tag{174}$$

$$T_x = q\,r^2\left[{}^x_qT_x + {}^xX_0 \,{}_\otimes\vec{T}_x\right] \tag{175}$$

Mit $_qT_x$ (13); $_\otimes\vec{T}_x$ (112); X_0 (170)

Auflagerkräfte:

$$A_0 = {}_qA_0 + X_0 \cdot {}_\otimes\overline{\overline{A}}_0 = q\,r\left(\frac{\varphi}{2} - \frac{1}{\varphi}\,{}^xX_0\right) \cdot \tag{176}$$

$$A_1 = {}_qA_1 + X_0 \cdot {}_\otimes\overline{A}_1 = q\,r\left(\frac{\varphi}{2} + \frac{1}{\varphi}\,{}^xX_0\right) \tag{177}$$

Mit $_qA_0$ (14), $_qA_1$ (14), $_\otimes\overline{\overline{A}}_0$ (113 b), $_\otimes\overline{A}_1$ (113 a), X_0 (170).

4.13 Schnittkräfte bei Volleinspannung am Auflager A_1

Entsprechend Abschn. 4.12

$$M_x = {}_qM_x + X_1 \,{}_\otimes\overleftarrow{M}_x \tag{178}$$

$$M_x = q\,r^2\left[{}^x_qM_x + {}^xX_1 \,{}_\otimes\overleftarrow{M}_x\right] \tag{179}$$

Mit $_qM_x$ (12); $_\otimes\overleftarrow{M}_x$ (120); X_1 (171),

$$T_x = {}_qT_x + X_1 \,{}_\otimes\overleftarrow{T}_x \tag{180}$$

$$T_x = q\,r^2\left[{}^x_qT_x + {}^xX_1 \,{}_\otimes\overleftarrow{T}_x\right] \tag{181}$$

Mit $_qT_x$ (13); $_\otimes\overleftarrow{T}_x$ (121); X_1 (171),

$$A_0 = {}_qA_0 + X_1 \,{}_\otimes\overline{A}_0 = q\,r\left(\frac{\varphi}{2} + \frac{1}{\varphi}\,{}^xX_1\right) \tag{182}$$

$$A_1 = {}_qA_1 + X_1 \,{}_\otimes\overline{\overline{A}}_1 = q\,r\left(\frac{\varphi}{2} - \frac{1}{\varphi}\,{}^xX_1\right) \tag{183}$$

Mit $_qA_0$ (14), $_qA_1$ (14); $_\otimes\overline{A}_0$ (122 b); $_\otimes\overline{\overline{A}}_1$ (122 a); X_1 (171)

4.2 Schnittkräfte aus der Wanderlast $P(\varphi_p)$ an der Stelle φ_x

Die Schnittkräfte an der Stelle φ_x infolge einer mit φ_p wandernden Last liefert für $P = 1$ zugleich die Einflußlinien.

4.21 Einspannmomente X_0; X_1

Nach Abb. 20 und 21

$$X_0 \, _\otimes\bar{\bar{\Phi}}_{0_r} + \, _p\Phi_{0_r} = 0 \tag{184}$$

Mit $\quad _p\Phi = \dfrac{P\,r^2}{E\,J} \, _p^x\Phi \quad$ und $\quad _\otimes\bar{\bar{\Phi}} = \dfrac{r}{E\,J} \, _\otimes^x\bar{\bar{\Phi}}$

$$\boxed{X_0 = -\,P\,r\,\dfrac{_p^x\Phi_{0_r}}{_\otimes^x\bar{\bar{\Phi}}_{0_r}}} \tag{185}$$

Entsprechend Abb. 21

$$\boxed{X_1 = -\,P\,r\,\dfrac{_p^x\Phi_{1_l}}{_\otimes^x\bar{\bar{\Phi}}_{1_l}}} \tag{186}$$

4.22 Schnittkräfte bei Volleinspannung am Auflager A_0

$$M_x\left(0 \le \varphi_x \le \varphi_p\right) = \, _pM_x + X_0 \, _\otimes\vec{M}_x \tag{187}$$

$$= P \cdot r\left[_p^x M_x + {}^x X_0 \, _\otimes\vec{M}_x\right] \tag{187a}$$

Mit $_pM_x$ (22a), $_\otimes\vec{M}_x$ (111); X_0 (185)

$$M_x\left(\varphi_p \le \varphi_x \le \varphi\right) = P\,r\left[_p^x M_x + {}^x X_0 \, _\otimes\vec{M}_x\right] \tag{187b}$$

Mit $_pM_x$ (22b), sonst wie (187)

$$T_x\begin{pmatrix} 0 \le \\ \varphi_p \le \end{pmatrix}\varphi_x\begin{pmatrix} \le \varphi_p \\ \le \varphi \end{pmatrix} = P\,r\left[_p^x T_x + {}^x X_0 \, _\otimes\vec{T}_x\right] \tag{188a—b}$$

Mit $_pT_x$ (23a) für $0 \le \varphi_x \le \varphi_p$ und $_pT_x$ (23b) für $\varphi_p \le \varphi_x \le \varphi$; $_\otimes\vec{T}_x$ (112); X_0 (185)

$$A_0 = \, _pA_0 + X_0 \, _\otimes\bar{\bar{A}}_0 = P\left(\dfrac{\varphi_p}{\varphi} - \dfrac{1}{\varphi}\,{}^x X_0\right) \tag{189}$$

$$A_1 = \, _pA_1 + X_0 \, _\otimes\bar{A}_1 = P\left(1 - \dfrac{\varphi_p}{\varphi} + \dfrac{1}{\varphi}\,{}^x X_0\right) \tag{190}$$

Mit $_pA_0$ (24b); $_pA_1$ (24a); $_\otimes\bar{A}_1$ (113a); $_\otimes\bar{\bar{A}}_0$ (113b); X_0 (185)

4.23 Schnittkräfte bei Volleinspannung am Auflager A_1

$$M_x\begin{pmatrix} 0 \le \\ \varphi_p \le \end{pmatrix}\varphi_x\begin{pmatrix} \le \varphi_p \\ \le \varphi \end{pmatrix} = P\,r\left[_p^x M_x + {}^x X_1 \, _\otimes\overleftarrow{M}_x\right] \tag{191a—b}$$

$$T_x\begin{pmatrix} 0 \le \\ \varphi_p \le \end{pmatrix}\varphi_x\begin{pmatrix} \le \varphi_p \\ \le \varphi \end{pmatrix} = P\,r\left[_p^x T_x + {}^x X_1 \, _\otimes\overleftarrow{T}_x\right] \tag{192a—b}$$

Mit $_pM_x$ (22a—b) für $\varphi_x \le \varphi_p$ und $\varphi_x \ge \varphi_p$; $_pT_x$ (23a, b)

X_1 (186); $_\otimes \overleftarrow{M}_x$ (120); $_\otimes \overleftarrow{T}_x$ (121)

$$A_0 = P \left(\frac{\varphi_p}{\varphi} + \frac{1}{\varphi} {}^x X_1 \right) \tag{193}$$

$$A_1 = P \left(1 - \frac{\varphi_p}{\varphi} - \frac{1}{\varphi} {}^x X_1 \right) \tag{194}$$

Mit $_p A_0$ (24 b), $_p A_1$ (24 a), X_1 (186), $_\otimes \overline{A}_0$ (122 b), $_\otimes \overline{\overline{A}}_1$ (122 a)

4.3 Zusammenstellung und Diskussion der Schnittkräfte

Die nach Gl. (170) errechneten Einspannmomente aus Gleichstreckenlast wurden in Tab. 14 (S. 125) für verschiedene „k" zusammengestellt und in Tafel 20 (S. 161) die Abhängigkeit von φ veranschaulicht. Tab. 15 (S. 126) enthält die Einspannmomente für eine wandernde Einzellast in den Zehntelpunkten des Trägers für $k = 1$ und $k = 10$. Die Abhängigkeit von φ für einige Laststellungen zeigt Tafel 21 (S. 162).

Für Gleichlast q nimmt das Einspannmoment mit wachsendem Öffnungswinkel φ zunächst „progressiv" zu, verlangsamt seinen Zuwachs, wenn $\varphi > 180°$ wird, um etwa für $220° \leq \varphi \leq 250°$, von „$k$" abhängig sein Maximum zu erreichen und dann bis $\varphi \to 360°$ auf „Null" abzufallen. Für den Bereich $0 \leq \varphi \leq 180°$ beträgt der Einfluß des Steifigkeitsverhältnisses „k" $= 1$ bis 10 auf das Einspannmoment maximal etwa 15%. Die Größtwerte liegen bei $90° \leq \varphi \leq 120°$. In dem Bereich $180° \leq \varphi \leq 360°$ ist die von „k" abhängige prozentuale Streuweite des Einspannmomentes mit $\sim 15\%$ etwa gleich. Jedoch ist der absolute Streubereich entsprechend dem größeren Einspannmoment ungleich größer. Für $\varphi = 180°$ und $\varphi = 360°$ ist das Einspannmoment statisch bestimmt zu errechnen, so daß das Steifigkeitsverhältnis hier ohne Einfluß ist, wie Tafel 20 zeigt. Für $\varphi = 180°$ ist $X = - q \pi r \cdot \eta$, wobei mit $\eta = \frac{2r}{\pi}$ dem Schwerpunktabstand des Halbkreisbogens wird:

$$\boxed{X = - 2\,q\,r^2}$$

ₛ Für $\varphi = 360°$ verschwindet das Einspannmoment, so daß der Kraftverlau de entsprechenden Trägers mit freier Biegedrehbarkeit an beiden Enden gilt.

Ein gleiches charakteristisches Verhalten zeigt der mit einer mittigen Einzellast belastete Träger (vgl. Tafel 21). Zum Vergleich wurde der Momentenverlauf $X(\varphi)$ für $\varphi_p = 2$ und 8 angegeben. Während für kleine Öffnungswinkel noch die Verhältnisse ähnlich dem geraden Träger sind, gleichen sich die Einspannmomente bis $\varphi \to 180°$ zunehmend einander an, um für $\varphi > 180°$ grundsätzlich voneinander abzuweichen. Für $\varphi_p = 2$ ändert X_0 für etwa $\varphi \approx 285°$ (abhängig von „k") sein Vorzeichen. Für $\varphi = 180°$ und $\varphi = 360°$ wird

$$\boxed{X = - P\,r \sin \varphi_p}$$

statisch bestimmt errechnet.

Für einige ausgezeichnete Öffnungswinkel φ wird für eine Gleichlast der Verlauf der Biegemoment in Tafel 24 (S. 164) und der Torsionsmomente in Tafel 25 (S. 165) für $k = 1, 10$ dargestellt. Für $\varphi = 180°$ wurden die Schnittkräfte punktweise graphisch in den Tafeln 22 und 23 (S. 163) ermittelt. Die Ergebnisse enthält Tab. 16 (S. 128).

Der Momentenverlauf für eine Einzellast in beliebiger Stellung wird durch Zusammenfügen der Flächen entsprechend den Tafeln 6, 8 und 10, 12 und den mit X_n verzerrten Flächen der Tafeln 16, 18 aus den zugehörigen Gleichungen gefunden.

Ebenfalls durch Überlagerung der zugehörigen Lasteinflußzahlen errechnen sich die Einflußlinien. Für $\varphi = 180°$ wurden die Einflußlinien für die Zehntelpunkte des Trägers in Tab. 17 (S. 129) angegeben und für einige Punkte in den Tafeln 26 und 27 (S. 166) veranschaulicht. Die Einflußzahlen der Tab. 17 wurden entsprechend dem auf der S. 163 in den Tafeln 22 und 23 gezeigten Verfahren ermittelt.

Das Verhalten der Auflagerkräfte $A_n(\varphi)$ zeigt Tafel 28 (S. 167) für Gleichlast q und Tafel 29 (S. 167) für verschiedene Einzellaststellungen. Um den Einfluß von „k" zu veranschaulichen, wurde der Verlauf für $k = 1$ und $k = 10$ angegeben.

4.4 Verformungen des Trägers

Die Gleichungen für die Verformungen werden wie bei der Schnittkraftermittlung aus den Einzelanteilen des statisch unbestimmten Grundsystems und der statisch unbestimmten Biegeeinspann — oder — endmomente des Trägers aufgebaut. Die so gewonnenen Gleichungen sind nicht nur bedeutend übersichtlicher als die explizite Form, sondern sie sind auch deshalb zweckmäßig, weil die Einzelanteile bereits in den vorhergehenden Abschnitten in Abhängigkeit vom Öffnungswinkel φ geschlossen, z. B. tabellarisch erfaßt und nur noch nach der durch die Gleichung gegebenen Anweisung zusammenzufassen sind.

Am Schluß der Gleichungen ist jeweils gesagt, aus welchen in Klammern angegebenen Teilgleichungen sich die Einzelanteile ergeben.

4.41 Biegelinie w für Gleichlast q

Mit $_qw = \dfrac{q\,r^4}{EJ}\,{}^x_qw$ und $\quad {}_\otimes\vec{w} = \dfrac{r^2}{EJ}\,{}^x_\otimes\vec{w}$ $\qquad$ (für $X_0 = 1$)

$$ {}_\otimes\overleftarrow{w} = \frac{r^2}{EJ}\,{}^x_\otimes\overleftarrow{w} \qquad \text{(für } X_1 = 1) $$

wird mit einem Volleinspannmoment X_0 bei A_0

$$ w = \frac{q\,r^4}{EJ}\left[{}^x_qw + {}^xX_0\,{}_\otimes\vec{w}\right] \tag{195} $$

und mit X_1 bei A_1

$$ w = \frac{q\,r^4}{EJ}\left[{}^x_qw + {}^xX_1\,{}_\otimes\overleftarrow{w}\right] \tag{196} $$

Mit $_q\vec{w}$ (65); $_\otimes\vec{w}$ (141); $_\otimes\overleftarrow{w}$ (160); X_0 (170); X_1 (171).

4.42 Neigung Φ und Verwindung ψ der Biegelinie w für Gleichlast q

Einspannmoment X_0

$$\text{Mit } {}_q\Phi = \frac{q\,r^3}{EJ}\,{}_q^x\Phi; \quad {}_q\psi = \frac{q\,r^3}{EJ}\,{}^x\psi_q$$

$$_\otimes\vec{\Phi} = \frac{r}{EJ}\,{}_\otimes^x\vec{\Phi}; \quad {}_\otimes\vec{\psi} = \frac{r}{EJ}\,{}_\otimes^x\vec{\psi}$$

$$\Phi = \frac{q\,r^3}{EJ}\left[{}_q^x\Phi + {}^xX_0\,{}_\otimes^x\vec{\Phi}\right] \tag{197}$$

$$\psi = \frac{q\,r^3}{EJ}\left[{}_q^x\psi + {}^xX_0\,{}_\otimes^x\vec{\psi}\right] \tag{198}$$

Einspannmoment X_1

$$\text{Entsprechend mit } {}_\otimes\overleftarrow{\Phi} = \frac{r}{EJ}\,{}_\otimes^x\overleftarrow{\Phi}; \quad {}_\otimes\overleftarrow{\psi} = \frac{r}{EJ}\,{}_\otimes^x\overleftarrow{\psi}$$

$$\Phi = \frac{q\,r^3}{EJ}\left[{}_q^x\Phi + {}^xX_1\,{}_\otimes^x\overleftarrow{\Phi}\right] \tag{199}$$

$$\psi = \frac{q\,r^3}{EJ}\left[{}_q^x\psi + {}^xX_1\,{}_\otimes^x\overleftarrow{\psi}\right] \tag{200}$$

In (197) bis (200) sind einzusetzen:

$$_q\Phi\ (70); \quad {}_\otimes\vec{\Phi}\ (161); \quad {}_\otimes\overleftarrow{\Phi}\ (164)$$

$$_q\psi\ (73); \quad {}_\otimes\vec{\psi}\ (167); \quad {}_\otimes\dot{\psi}\ (168)$$

$$X_0\ (170); \quad X_1\ (171)$$

4.43 Biegelinie w für Einzellast $P(\varphi_p)$

Einspannmoment X_0

$$\text{Mit } {}_pw = \frac{P\,r^3}{EJ}\,{}_p^xw$$

$$w\begin{pmatrix}0 \le\, \varphi_x \,\le \varphi_p \\ \varphi_p \le\, \varphi_x \,\le \varphi\end{pmatrix} = \frac{P\,r^3}{EJ}\left[{}_p^xw + {}^xX_0\,{}_\otimes^x\vec{w}\right] \tag{201}$$

Einspannmoment X_1

$$w\begin{pmatrix}0 \le\, \varphi_x \,\le \varphi_p \\ \varphi_p \le\, \varphi_x \,\le \varphi\end{pmatrix} = \frac{P\,r^3}{EJ}\left[{}_p^xw + {}^xX_1\,{}_\otimes^x\overleftarrow{w}\right] \tag{202}$$

Mit $_\otimes\vec{w}$ (141); $_\otimes\overleftarrow{w}$ (160); X_0 (185); X_1 (186) und $_pw$ (85); $_pw$ (93) für die beiden Bereiche $0 \le \varphi_x \le \varphi_p$ und $\varphi_p \le \varphi_x \le \varphi$.

4.44 Neigung Φ und Verwindung ψ der Biegelinie w für Einzellast $P(\varphi_p)$

Einspannmoment X_0

$$\text{Mit } {}_p\Phi = \frac{P\,r^2}{EJ}\,{}_p^x\Phi; \quad {}_p\psi = \frac{P\,r^2}{EJ}\,{}_p^x\psi$$

$$\Phi\begin{pmatrix}0 \le\, \varphi_x \,\le \varphi_p \\ \varphi_p \le\, \varphi_x \,\le \varphi\end{pmatrix} = \frac{P\,r^2}{EJ}\left[{}_p^x\Phi + {}^xX_0\,{}_\otimes^x\vec{\Phi}\right] \tag{203}$$

$$\psi\begin{pmatrix}0 \le\, \varphi_x \,\le \varphi_p \\ \varphi_p \le\, \varphi_x \,\le \varphi\end{pmatrix} = \frac{P\,r^2}{EJ}\left[{}_p^x\psi \,\cdot\, {}^xX_0\,{}_\otimes^x\vec{\psi}\right] \tag{204}$$

Einspannmoment X_1

$$\Phi \left(\begin{array}{c} 0 \leq \varphi_x \leq \varphi_p \\ \varphi_p \leq \varphi_x \leq \varphi \end{array}\right) = \frac{P\,r^2}{E\,J}\,[{}_p^{x}\Phi + {}^{x}X_1\,{}_{\otimes}^{x}\overset{\leftarrow}{\Phi}]\tag{205}$$

$$\psi \left(\begin{array}{c} 0 \leq \varphi_x \leq \varphi_p \\ \varphi_p \leq \varphi_x \leq \varphi \end{array}\right) = \frac{P\,r^2}{E\,J}\,[{}_p^{x}\psi + {}^{x}X_1\,{}_{\otimes}^{x}\overset{\leftarrow}{\psi}]\tag{206}$$

Mit ${}_{\otimes}\overset{\rightarrow}{\Phi}$ (161); ${}_{\otimes}\overset{\leftarrow}{\Phi}$ (164); ${}_{\otimes}\overset{\rightarrow}{\psi}$ (167); ${}_{\otimes}\overset{\leftarrow}{\psi}$ (168);

X_0 (185); X_1 (186) und für $0 \leq \varphi_x \leq \varphi_p \rightarrow {}_p\Phi$ (99);

${}_p\psi$ (103); $\varphi_p \leq \varphi_x \leq \varphi \rightarrow {}_p\Phi$ (100); ${}_p\psi$ (104).

5. Der Träger auf zwei Stützen mit starrer Biegeeinspannung an den Enden

5.1 Schnittkräfte aus Gleichlast q

5.11 Einspannmomente X_0; X_1

Am Auflager A_0 ist gemäß Einspannbedingung nach Abb. 22

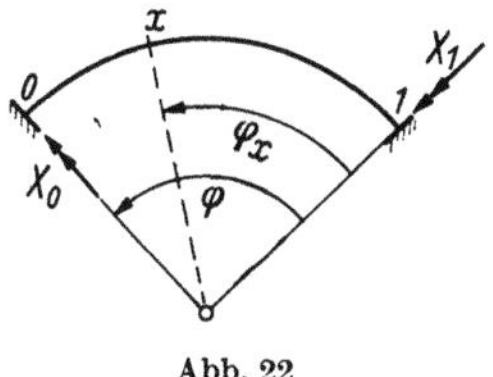

Abb. 22

$$X_0\,{}_{\otimes}\overset{=}{\Phi}_{0\,r} + X_1\,{}_{\otimes}\overset{-}{\Phi}_{0\,r} + {}_q\Phi_{0\,r} = 0\tag{207}$$

Da wegen Lastsymmetrie und $J = \text{const}$, $\Theta = \text{const}$ $X_0 = X_1$

$$X_0\,({}_{\otimes}\overset{=}{\Phi}_{0\,r} + {}_{\otimes}\overset{-}{\Phi}_{0\,r}) + {}_q\Phi_{0\,r} = 0\tag{208}$$

Danach

$$X_0 = X_1 = -\frac{{}_q\Phi_{0\,r}}{{}_{\otimes}\overset{=}{\Phi}_{0\,r} + {}_{\otimes}\overset{-}{\Phi}_{0\,r}}\tag{209a}$$

oder

$$\boxed{X_0 = X_1 = -\,q\,r^2\,\frac{{}_q^{x}\Phi_{0\,r}}{{}_{\otimes}^{x}\overset{=}{\Phi}_{0\,r} + {}_{\otimes}^{x}\overset{-}{\Phi}_{0\,r}}}\tag{209}$$

5.12 Schnittkräfte M_x; T_x; A_n

Biegemoment

$$M_x = q\,r^2\,[{}_q^{x}M_x + {}^{x}X_0\,({}_{\otimes}\vec{M}_x + {}_{\otimes}\overset{\leftarrow}{M}_x)]\tag{210}$$

Torsionsmoment

$$T_x = q\, r^2\, [{}_q^x T_x + {}^x X_0\, ({}_\otimes \vec{T}_x + {}_\otimes \overleftarrow{T}_x)] \tag{211}$$

Auflagerkräfte

$$A_0 = A_1 = \frac{1}{2}\, q\, r\, \varphi \tag{212}$$

Mit ${}_q M_x$ (12), ${}_q T_x$ (13), X_0 (209), ${}_\otimes \vec{M}_x$ (111), ${}_\otimes \overleftarrow{M}_x$ (120), $\vec{T}_x$ (112), $\overleftarrow{T}_x$ (121).

5.2 Schnittkräfte aus Wanderlast $P(\varphi_p)$ an der Stelle φ_x

5.21 Einspannmoment X_0; X_1

Gemäß Abb. 22 sind die Bedingungsgleichungen für die Volleinspannung an den Trägerenden:

$$\left|\begin{aligned}
X_0 \cdot {}_\otimes \overline{\overline{\Phi}}_{0r} + X_1\, {}_\otimes \overline{\Phi}_{0r} + {}_p \Phi_{0r} &= 0 \\
X_0 \cdot {}_\otimes \overline{\Phi}_{1l} + X_1\, {}_\otimes \overline{\overline{\Phi}}_{1l} + {}_p \Phi_{1l} &= 0
\end{aligned}\right. \tag{213a–b}$$

Für die Auflösung der Matrix (213) wird vorteilhaft die Determinantenlösung gewählt, da sie bei nur zwei Unbekannten eine direkte Ausrechnung derselben ermöglicht. Hierzu wird ${}_p \Phi$ auf die rechte Seite der Gleichungen gebracht.

$$X_0 = \frac{D_1}{D_I} = -\frac{{}_p\Phi_{0r}\, {}_\otimes\overline{\overline{\Phi}}_{1l} - {}_p\Phi_{1l}\, {}_\otimes\overline{\Phi}_{0r}}{{}_\otimes\overline{\overline{\Phi}}_{0r}\, {}_\otimes\overline{\overline{\Phi}}_{1l} - {}_\otimes\overline{\Phi}_{1l}\, {}_\otimes\overline{\Phi}_{0r}} \tag{214}$$

$$X_1 = \frac{D_2}{D_I} = -\frac{{}_p\Phi_{1l}\, {}_\otimes\overline{\overline{\Phi}}_{0r} - {}_p\Phi_{0r}\, {}_\otimes\overline{\Phi}_{1l}}{D_I} \tag{215}$$

Zur einfacheren Tabellenberechnung werden die Gln. (214), (215) umgeformt.

$$X_0 = -\frac{{}_p\Phi_{0r} - {}_p\Phi_{1l}\, \dfrac{{}_\otimes\overline{\Phi}_{0r}}{{}_\otimes\overline{\overline{\Phi}}_{1l}}}{{}_\otimes\overline{\overline{\Phi}}_{0r} - {}_\otimes\overline{\Phi}_{1l}\, \dfrac{{}_\otimes\overline{\Phi}_{0r}}{{}_\otimes\overline{\overline{\Phi}}_{1l}}} \tag{216}$$

$$X_1 = -\frac{{}_p\Phi_{1l} - {}_p\Phi_{0r}\, \dfrac{{}_\otimes\overline{\Phi}_{1l}}{{}_\otimes\overline{\overline{\Phi}}_{0r}}}{{}_\otimes\overline{\overline{\Phi}}_{1l} - {}_\otimes\overline{\Phi}_{0r}\, \dfrac{{}_\otimes\overline{\Phi}_{1l}}{{}_\otimes\overline{\overline{\Phi}}_{0r}}} \tag{217}$$

Für J; $\Theta = $ const über die Trägerlänge wird

$$ {}_\otimes\overline{\overline{\Phi}}_{0r} = {}_\otimes\overline{\overline{\Phi}}_{1l} \qquad \text{und} \qquad {}_\otimes\overline{\Phi}_{1l} = {}_\otimes\overline{\Phi}_{0r} \tag{218a–b}$$

Mit (218) gehen die Gln. (216) und (217) über in

$$X_0 = -\frac{{}_p\Phi_{0r} - {}_p\Phi_{1l}\, \dfrac{{}_\otimes\overline{\Phi}_{1l}}{{}_\otimes\overline{\overline{\Phi}}_{1l}}}{{}_\otimes\overline{\overline{\Phi}}_{1l} - \dfrac{{}_\otimes\overline{\Phi}_{1l}^2}{{}_\otimes\overline{\overline{\Phi}}_{1l}}} = \frac{D_{1\otimes}}{D_{I\otimes}} \tag{219}$$

$$X_1 = -\frac{{}_p\Phi_{1l} - {}_p\Phi_{0r}\, \dfrac{{}_\otimes\overline{\Phi}_{1l}}{{}_\otimes\overline{\overline{\Phi}}_{1l}}}{D_{I\otimes}} = \frac{D_{2\otimes}}{D_{I\otimes}} \tag{220}$$

Zur Vereinfachung der Gln. (216) und (217) werden nachfolgende Symbole eingeführt

$$\frac{1}{\otimes\overline{\overline{\Phi}}_{0\,r} - \otimes\overline{\Phi}_{1\,l}\,\dfrac{\otimes\overline{\Phi}_{0\,r}}{\otimes\overline{\overline{\Phi}}_{1\,l}}} = \alpha_{11}$$

$$\frac{1}{\otimes\overline{\overline{\Phi}}_{1\,l} - \otimes\overline{\Phi}_{0\,r}\,\dfrac{\otimes\overline{\Phi}_{1\,l}}{\otimes\overline{\overline{\Phi}}_{0\,r}}} = \alpha_{22}$$

$$-\,\alpha_{11}\,\frac{\otimes\overline{\Phi}_{0\,r}}{\otimes\overline{\overline{\Phi}}_{1\,l}} = \alpha_{12}$$

$$-\,\alpha_{22}\,\frac{\otimes\overline{\Phi}_{1\,l}}{\otimes\overline{\overline{\Phi}}_{0\,r}} = \alpha_{21}$$

(211 a—d)

Damit lauten endgültig die Gleichungen der Einspannmomente

$$X_0 = -\,\alpha_{11}\cdot {}_p\Phi_{0\,r} - \alpha_{12}\cdot {}_p\Phi_{1\,l}$$

(222)

$$X_1 = -\,\alpha_{21}\cdot {}_p\Phi_{0\,r} - \alpha_{22}\cdot {}_p\Phi_{1\,l}$$

(223)

Die Beiwerte α sind allein von φ abhängige „Konstante" für die Verdrehungen Φ an den Trägerenden aus den Einheitsmomenten $X_0 = 1$, $X_1 = 1$. Damit sind aber (222) und (223) die Einflußlinien der Endmomente, da der Einfluß der Wanderlast $P = 1$ durch die Endverdrehungen ${}_p\Phi$ gegeben ist.

Mit den Bedingungen (218) für J; $\Theta = $ const, wird

$$\alpha_{11} = \alpha_{22} \quad \text{und} \quad \alpha_{12} = \alpha_{21} \tag{224}$$

$$\text{Mit } \alpha_{11} = \frac{E\,J}{r}\,{}^x\alpha_{11} \quad \text{und} \quad \alpha_{12} = \frac{E\,J}{r}\,{}^x\alpha_{12} \tag{225}$$

lauten die Gleichungen der Einflußlinien für X_0 und X_1 aus (222) und (223)

$$X_0 = -\,P\cdot r\,[{}^x\alpha_{11}\,{}^x_p\Phi_{0\,r} + {}^x\alpha_{12}\,{}^x_p\Phi_{1\,l}]$$

(226)

$$X_1 = -\,P\,r\,[{}^x\alpha_{12}\,{}^x_p\Phi_{0\,r} + {}^x\alpha_{11}\,{}^x_p\Phi_{1\,l}]$$

(227)

Durch die Systemsymmetrie infolge J; $\Theta = $ const sind die beiden Einflußlinien antimetrisch, d. h. umgekehrt deckungsgleich.

5.22 Schnittkräfte M_x; T_x; A_n

$$M_x\begin{pmatrix}0 \le \\ \varphi_p \le\end{pmatrix}\varphi_x\begin{pmatrix}\le \varphi_p \\ \le \varphi\end{pmatrix} = P\,r\,[{}^x_p M_x + {}^x X_0\,{}_\otimes\vec{M}_x + {}^x X_1\,{}_\otimes\overleftarrow{M}_x]\quad \text{(228a—b)}$$

$$T_x\begin{pmatrix}0 \le \\ \varphi_p \le\end{pmatrix}\varphi_x\begin{pmatrix}\le \varphi_p \\ \le \varphi\end{pmatrix} = P\,r\,[{}^x_p T_x + {}^x X_0\,{}_\otimes\vec{T}_x + {}^x X_1\,{}_\otimes\overleftarrow{T}_x]\quad \text{(229a—b)}$$

Für $P = 1$ liefern (228) und (229) mit φ_x als fester und φ_p als laufender Koordinate die Einflußlinien für das Biegemoment M_x und das Torsionsmoment T_x, die aus den tabellarisch erfaßten Grundanteilen der Gleichungen einfach aufgebaut werden können.

Auflagerkräfte:

$$A_0 = P\frac{\varphi_p}{\varphi} + \frac{1}{r\,\varphi}\left(-X_0 + X_1\right)$$

$$A_0 = P\left[\frac{1}{\varphi}\left(\varphi_p - {}^\mathrm{x}X_0 + {}^\mathrm{x}X_1\right)\right] \tag{230}$$

$$A_1 = P\left(1 - \frac{\varphi_p}{\varphi}\right) + \frac{1}{r\,\varphi}\left(X_0 - X_1\right)$$

$$A_1 = P\left[1 - \frac{1}{\varphi}\left(\varphi_p - {}^\mathrm{x}X_0 + {}^\mathrm{x}X_1\right)\right] \tag{231}$$

In den Gln. 228 bis 231 errechnen sich die Einzelanteile nach

$${}_pM_x \text{ (22a—b)},\; {}_pT_x \text{ (23a—b)},\; {}_\otimes\vec{M}_x \text{ (111)},\; {}_\otimes\overleftarrow{M}_x \text{ (120)},\; {}_\otimes\vec{T}_x \text{ (112)},\; {}_\otimes\overleftarrow{T}_x \text{ (121)}$$

X_0 (226), X_1 (227) oder allgemein X_0 (222), X_1 (223).

5.3 Zusammenstellung und Diskussion der Schnittkräfte

Entsprechend Abschn. 4.3 wurde der Verlauf von $X_n(\varphi)$ in Tab. 18 (S. 130) und Tafel 30 (S. 168) für eine Gleichlast q und in Tab. 19 (S. 131) und Tafel 31 (S. 169) für eine Einzellast in den Zehntelpunkten angegeben.

Für Gleichlast q zeigen die Einspannmomente bis $\varphi = 180°$ das gleiche charakteristische Verhalten wie das Einspannmoment des einseitig eingespannten Trägers. Das Vorhandensein von Einspannungen an beiden Trägerenden verringert jedoch die Streubreite zwischen den Steifigkeitszahlen $k = 1$ und $k = 10$ auf maximal etwa 5% und die absolute Größe der Einspannmomente. Für $\varphi = 180°$ ist wieder statisch bestimmt $\boxed{X = -\,q\,r^2}$ die Hälfte der einseitigen Einspannung.

Für den Bereich $180° \leq \varphi \leq 360°$ unterscheidet sich der von φ abhängige Verlauf von X_n grundsätzlich von der einseitigen Einspannung. Die Endmomente des beiderseits eingespannten Trägers wachsen zwar zunächst mit zunehmendem Öffnungswinkel langsamer an als bei nur einseitiger Einspannung; das Maximum wird jedoch abhängig von k erst kurz vor oder bei $\varphi = 360°$ erreicht. Während bei einseitiger Einspannung die von k abhängige Spreizung der Kurven $X(\varphi)$ gegen $\varphi = 360°$ abnimmt, erreicht sie bei beidseitiger Einspannung bei $\varphi = 360°$ ihr Maximum von rd. 40% zwischen $k = 1$ und 10, bezogen auf $k = 1$. Dabei beträgt das größte Einspannmoment der beidseitigen Einspannung 80% des größten einseitigen Einspannmomentes!

Die Einspannmomente $X_n(\varphi)$ aus einer wandernden Einzellast $P(\varphi_p)$ zeigen nach Tafel 31 (S. 169) einen grundsätzlich anderen Verlauf als bei nur einseitiger Einspannung. Das Steifigkeitsverhältnis k bleibt bei $\varphi = 180°$ nur für eine mittige Laststellung mit $\boxed{X_{0,1} = -\,0,5\,P\,r}$ ohne Einfluß. Für diese Laststellung gleicht die Charakteristik des Kurvenverlaufes auch wieder der Gleichlast. Das Verhalten $X(\varphi)$ für andere Laststellungen wird durch die Angabe der Kurven für $\varphi_p = 2$ und 8 deutlich.

Der Verlauf der Biegemomente für eine Gleichlast wurde in Tafel 32 (S. 170) und der Torsionsmomente in Tafel 33 (S. 171) für die gleichen Öffnungswinkel φ dargestellt wie für die einseitige Endeinspannung. Durch Vergleich wird der Einfluß der zweiten Endeinspannung auf den Momentenverlauf über die Trägerlänge offensichtlich.

Der Momentenverlauf für eine Einzellast wird nach der in Abschnitt 4.3 gegebenen Anweisung gefunden. Das gleiche gilt für die Einflußlinien. Für $\varphi = 180°$ sind die Einflußlinien für die Zehntelpunkte des Trägers in Tab. 20 (S. 133) angegeben und für einige Punkte in den Tafeln 34 und 35 (S. 172) veranschaulicht, so daß auch hier ein direkter Vergleich mit der einseitigen Endeinspannung gegeben ist. Die Einflußlinien der Tab. 20 wurden wie im Abschn. 4.3 ermittelt.

Das Verhalten der Auflagerkräfte $A_n(\varphi)$ zeigt Tafel 36 (S. 169). Es fällt auf, daß die Auflagerreaktionen für eine Einzellast vom Öffnungswinkel φ fast unabhängig sind, ganz im Gegensatz zur einseitigen Einspannung. Der Zuwachs der Auflagerkräfte aus Gleichlast q ist linear mit dem Öffnungswinkel und von k unabhängig.

5.4 Verformungen des Trägers

5.41 w, Φ, ψ der Biegelinie für Gleichlast q

Biegelinie w in Abhängigkeit vom Öffnungswinkel φ mit den Einführungen des Abschn. 4.41

$$w = \frac{q\,r^4}{EJ}\,[{}_q^{\mathrm{x}}w + {}^{\mathrm{x}}X_0\,({}_{\otimes}^{\mathrm{x}}\vec{w} + {}_{\otimes}^{\mathrm{x}}\overleftarrow{w})] \tag{232}$$

Neigung Φ der Biegelinie w mit den Einführungen des Abschn. 4.42

$$\Phi = \frac{q\,r^3}{EJ}\,[{}_q^{\mathrm{x}}\Phi + {}^{\mathrm{x}}X_0\,({}_{\otimes}^{\mathrm{x}}\vec{\Phi} + {}_{\otimes}^{\mathrm{x}}\overleftarrow{\Phi})] \tag{233}$$

Verwindung ψ der Biegelinie w

$$\psi = \frac{q\,r^3}{EJ}\,[{}_q^{\mathrm{x}}\psi + {}^{\mathrm{x}}X_0\,({}_{\otimes}^{\mathrm{x}}\vec{\psi} + {}_{\otimes}^{\mathrm{x}}\overleftarrow{\psi})] \tag{234}$$

In (232) bis (234) sind einzusetzen:

$${}_q w\,(65),\quad {}_{\otimes}\vec{w}\,(141),\quad {}_{\otimes}\overleftarrow{w}\,(160),\quad X_0\,(209)$$

$${}_q \Phi\,(70),\quad {}_{\otimes}\vec{\Phi}\,(161),\quad {}_{\otimes}\overleftarrow{\Phi}\,(164)$$

$${}_q \psi\,(73),\quad {}_{\otimes}\vec{\psi}\,(167),\quad {}_{\otimes}\overleftarrow{\psi}\,(168)$$

5.42 w, Φ, ψ der Biegelinie für Einzellast $P(\varphi_p)$

Biegelinie w mit der Einführung in 4.43 für w_p

$$w\begin{pmatrix}0 \le\ \ \le\varphi_p\\\varphi_p \le \varphi_x \le \varphi\end{pmatrix} = \frac{P\,r^3}{EJ}\,[{}_p^{\mathrm{x}}w + {}^{\mathrm{x}}X_0\,{}_{\otimes}^{\mathrm{x}}\vec{w} + {}^{x}X_1\,{}_{\otimes}^{\mathrm{x}}\overleftarrow{w}] \tag{235}$$

Neigung Φ der Biegelinie w mit der Einführung in 4.44

$$\Phi\begin{pmatrix}0 \le\ \ \le\varphi_p\\\varphi_p \le \varphi_x \le \varphi\end{pmatrix} = \frac{P\,r^2}{EJ}\,[{}_p^{\mathrm{x}}\Phi + {}^{\mathrm{x}}X_0\,{}_{\otimes}^{\mathrm{x}}\vec{\Phi} + {}^{x}X_1\,{}_{\otimes}^{\mathrm{x}}\overleftarrow{\Phi}] \tag{236}$$

Verwindung ψ der Biegelinie w entsprechend

$$\psi \begin{pmatrix} 0 \leq & \leq \varphi_p \\ \varphi_p \leq & \varphi_x \leq \varphi \end{pmatrix} = \frac{P\,r^2}{E\,J} \left[{}_p^{\mathrm{x}}\psi + {}^{\mathrm{x}}X_0 \,{}_{\otimes}^{\mathrm{x}}\overrightarrow{\psi} + {}_{\mathrm{x}}X_1 \,{}_{\otimes}^{\mathrm{x}}\overleftarrow{\psi} \right] \tag{237}$$

In (235) bis (237) sind einzusetzen:

$${}_p w \begin{pmatrix} 85 \\ 93 \end{pmatrix}, \; {}_{\otimes}\overrightarrow{w}\,(141), \; {}_{\otimes}\overleftarrow{w}\,(160), \quad \begin{matrix} X_0\,(222),\, X_1\,(223) \\ \text{oder}\,(226) \qquad (227) \end{matrix}$$

$${}_p \Phi \begin{pmatrix} 99 \\ 100 \end{pmatrix}, \; {}_{\otimes}\overrightarrow{\Phi}\,(161), \; {}_{\otimes}\overleftarrow{\Phi}\,(164)$$

$${}_p \psi \begin{pmatrix} 103 \\ 104 \end{pmatrix}, \; {}_{\otimes}\overrightarrow{\psi}\,(167), \; {}_{\otimes}\overleftarrow{\psi}\,(168)$$

Für ${}_p w$, ${}_p \Phi$, ${}_p \psi$ gibt jeweils die obere Gleichung den Bereich $0 \leq \varphi_x \leq \varphi_p$ und die untere $\varphi_p \leq \varphi_x \leq \varphi$ an.

6. Der durchlaufende Träger auf drei Stützen mit freier „Biege-Drehbarkeit" an den Auflagern

Mit den Bezeichnungen der Abb. 23. Es wird das statisch unbestimmte Hauptsystem der zwei gekrümmten Einfeldträger mit freier „Biege-Drehbarkeit" an den Stützen zu Grunde gelegt und als Unbekannte das Biegemoment über der Mittelstütze X_1 nach Abb. 24 eingeführt. Da die Enddrehwinkel der beiden Felder über der Mittelstütze bereits in Tabellen vorliegen, läßt sich die Unbekannte unmittelbar für verschiedene $\varphi_1 : \varphi_2$ daraus bestimmen.

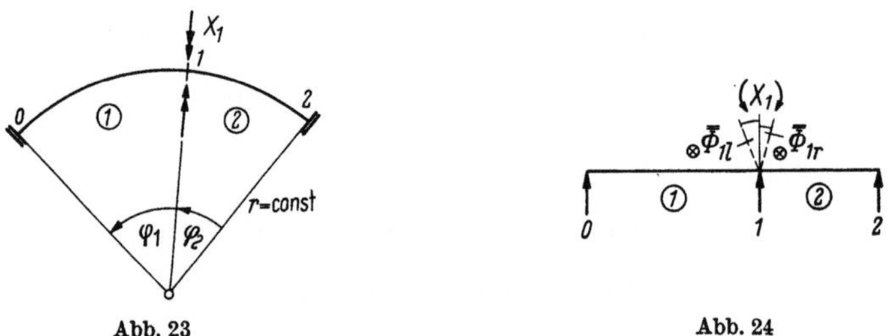

Abb. 23   Abb. 24

6.1 Schnittkräfte aus Gleichlast q

6.11 Stützenmoment X_1

$$X_1 \left({}_{\otimes}\overline{\overline{\Phi}}_{1l} + {}_{\otimes}\overline{\overline{\Phi}}_{\mathrm{z}r} \right) + {}_{q_1}\Phi_{1l} + {}_{q_2}\Phi_{1r} = 0 \tag{238}$$

Der Index bei q gibt das zugehörige Feld an. Im vorliegenden Fall ist vereinbarungsgemäß $q_1 = q_2$, folglich

$$\boxed{ X_1 = -\frac{{}_{q_1}\Phi_{1l} + {}_{q_2}\Phi_{1r}}{{}_{\otimes}\overline{\overline{\Phi}}_{1l} + {}_{\otimes}\overline{\overline{\Phi}}_{1r}} = -q\,r^2 \frac{{}_{q_1}^{\mathrm{x}}\Phi_{1l} + {}_{q_2}^{\mathrm{x}}\Phi_{1r}}{{}_{\otimes}^{\mathrm{x}}\overline{\overline{\Phi}}_{1l} + {}_{\otimes}^{\mathrm{x}}\overline{\overline{\Phi}}_{1r}} } \tag{239}$$

Wird $q_1 = q_2$, so wird q_1 herausgezogen und im Anteil q_2 das Verhältnis $\frac{q_2}{q_1}$ eingeführt. Sind außerdenm die Steifigkeiten $\frac{1}{EJ}$ und k feldweise verschieden, so bleibt die Gl. (239) gültig, wenn der gemeinsame Wert $\frac{1}{EJ_c}$ herausgezogen und der entsprechende Verhältniswert $\frac{J_c}{J_i}$ in den zugehörigen Drehwinkeln Φ genau wie k berücksichtigt bleibt. Dies gilt entsprechend für alle folgenden Abschnitte und für Durchlaufträger mit mehr Feldern.

6.12 Schnittkräfte M_x; T_x; A_n

Der Index „i" bei x_i weist auf das zugehörige Feld hin.
Biegemomente

$$M_{x_1} = q\, r^2 \left[{}^{x}_{q}M_{x_1} + {}^{x}X_1 \,\, {}_{\otimes}\overleftarrow{M}_{x_1}\right] \quad \text{mit } \varphi_{x_1} = 0 \rightarrow \varphi_1$$
$$M_{x_2} = q\, r^2 \left[{}^{x}_{q}M_{x_2} + {}^{x}X_1 \,\, {}_{\otimes}\overrightarrow{M}_{x_2}\right] \quad \text{mit } \varphi_{x_2} = 0 \rightarrow \varphi_2 \qquad (240\,a{-}b)$$

Torsionsmomente entsprechend

$$T_{x_1} = q\, r^2 \left[{}^{x}_{q}T_{x_1} + {}^{x}X_1 \,\, {}_{\otimes}\overleftarrow{T}_{x_1}\right] ; \quad T_{x_2} = q\, r^2 \left[{}^{x}_{q}T_{x_2} + {}^{x}X_1 \,\, {}_{\otimes}\overrightarrow{T}_{x_2}\right] \qquad (241\,a{-}b)$$

Auflagerkräfte

$$A_0 = q\, r \left[\frac{\varphi_1}{2} + \frac{1}{\varphi_1}{}^{x}X_1\right]$$
$$A_1 = q\, r \left[\frac{\varphi_1 + \varphi_2}{2} - \left(\frac{1}{\varphi_1} + \frac{1}{\varphi_2}\right){}^{x}X_1\right] \qquad (242\,a{-}c)$$
$$A_2 = q\, r \left[\frac{\varphi_2}{2} + \frac{1}{\varphi_2}{}^{x}X_1\right]$$

In (240) bis (242) sind einzusetzen

$$ {}_{q}M_{x_i}\,(12), \quad {}_{q}T_{x_i}\,(13), \quad {}_{\otimes}\overrightarrow{M}_{x_i}\,(111), \quad {}_{\otimes}\overleftarrow{M}_{x_i}\,(120)$$
$$ {}_{\otimes}\overrightarrow{T}_{x_i}\,(112), \quad {}_{\otimes}\overleftarrow{T}_{x_i}\,(121)$$
$$X_1\,(239)$$

6.2 Schnittkräfte aus Gleichlast q_i in einem Feld „i"

6.21 Gleichlast q_1 im Feld 1

Stützenmoment X_1

$$X_1 \left({}_{\otimes}\overline{\overline{\Phi}}_{1l} + {}_{\otimes}\overline{\overline{\Phi}}_{1r}\right) + {}_{q_1}\Phi_{1l} = 0 \qquad (243)$$

$$X_1 = -\frac{{}_{q_1}\Phi_{1l}}{{}_{\otimes}\overline{\overline{\Phi}}_{1l} + {}_{\otimes}\overline{\overline{\Phi}}_{1r}} = -q_1\, r^2 \frac{{}^{x}_{q_1}\Phi_{1l}}{{}^{x}_{\otimes}\overline{\overline{\Phi}}_{1l} + {}^{x}_{\otimes}\overline{\overline{\Phi}}_{1l}} = -q_1\, r^2 \frac{{}_{q_1}{}^{x}\Phi_{1l}}{{}^{x}N_1} \qquad (244)$$

Biegemomente

$$\left.\begin{aligned}
M_{x_1} &= q_1\, r^2 \left[{}^{x}_{q_1}M_{x_1} + {}^{x}X_1 \, {}_{\otimes}\overleftarrow{M}_{x_1} \right]\\
M_{x_2} &= q_1\, r^2 \left[\qquad\; + {}^{x}X_1 \, {}_{\otimes}\overleftarrow{M}_{x_2} \right]
\end{aligned}\right\} \qquad (245\,a—b)$$

Torsionsmomente

$$\left.\begin{aligned}
T_{x_1} &= q_1\, r^2 \left[{}^{x}_{q_1}T_{x_1} + {}^{x}X_1 \, {}_{\otimes}\overleftarrow{T}_{x_1} \right]\\
T_{x_2} &= q_1\, r^2 \left[\qquad\; + {}^{x}X_1 \, {}_{\otimes}\overleftarrow{T}_{x_2} \right]
\end{aligned}\right\} \qquad (246\,a—b)$$

Auflagerkräfte

$$\left|\;\begin{aligned}
A_0 &= q_1\, r \left[\frac{\varphi_1}{2} + \frac{1}{\varphi_1}\,{}^{x}X_1 \right]\\[2mm]
A_1 &= q_1\, r \left[\frac{\varphi_1}{2} - \left(\frac{1}{\varphi_1} + \frac{1}{\varphi_2}\right){}^{x}X_1 \right]\\[2mm]
A_2 &= q_1\, r \left[\qquad \frac{1}{\varphi_2}\,{}^{x}X_1 \right]
\end{aligned}\right. \qquad (247\,a—c)$$

In (245) bis (247) sind einzusetzen

$$ {}_{q_1}M_{x_1}\,(12), \quad {}_{q_1}T_{x_1}\,(13), \quad {}_{\otimes}\overrightarrow{M}_{x_i}\,(111), \quad {}_{\otimes}\overleftarrow{M}_{x_i}\,(120)$$
$$ {}_{\otimes}\overrightarrow{T}_{x_i}\,(112), \quad {}_{\otimes}\overleftarrow{T}_{x_i}\,(121)$$
$$ X_1\,(244)$$

6.22 Gleichlast q_2 im Feld 2

Entsprechend Abschn. 6.21 sind die Schnittkräfte:

$$ X_1\left({}_{\otimes}\overline{\overline{\Phi}}_{1l} + {}_{\otimes}\overline{\overline{\Phi}}_{1r}\right) + {}_{q_2}\Phi_{1r} = 0 \qquad (248)$$

$$\boxed{\; X_1 = -\,\frac{{}_{q_2}\Phi_{1r}}{{}_{\otimes}\overline{\overline{\Phi}}_{1l} + {}_{\otimes}\overline{\overline{\Phi}}_{1r}} = -\,q_2 r^2\,\frac{{}^{x}_{q_2}\Phi_{1r}}{{}^{x}_{\otimes}\overline{\overline{\Phi}}_{1l} + {}^{x}_{\otimes}\overline{\overline{\Phi}}_{1r}} \;} = -\,q_2 r^2\,\frac{{}^{x}_{q_2}\Phi_{1r}}{{}^{x}N_1} \qquad (249)$$

$$\left.\begin{aligned}
M_{x_1} &= q_2\, r^2 \left[\qquad\; + {}^{x}X_1 \, {}_{\otimes}\overleftarrow{M}_{x_1} \right]\\
M_{x_2} &= q_2\, r^2 \left[{}^{x}_{q_2}M_{x_2} + {}^{x}X_1 \, {}_{\otimes}\overrightarrow{M}_{x_2} \right]
\end{aligned}\right\} \qquad (250\,a—b)$$

$$\left.\begin{aligned}
T_{x_1} &= q_2\, r^2 \left[\qquad\; + {}^{x}X_1 \, {}_{\otimes}\overleftarrow{T}_{x_1} \right]\\
T_{x_2} &= q_2\, r^2 \left[{}^{x}_{q_2}T_{x_2} + {}^{x}X_1 \, {}_{\otimes}\overrightarrow{T}_{x_2} \right]
\end{aligned}\right\} \qquad (251\,a—b)$$

$$\left|\;\begin{aligned}
A_0 &= q_2\, r \left[\qquad + \frac{1}{\varphi_1}\,{}^{x}X_1 \right]\\[2mm]
A_1 &= q_2\, r \left[\frac{\varphi_2}{2} - \left(\frac{1}{\varphi_1} + \frac{1}{\varphi_2}\right){}^{x}X_1 \right]\\[2mm]
A_2 &= q_2\, r \left[\frac{\varphi_2}{2} + \frac{1}{\varphi_2}\,{}^{x}X_1 \right]
\end{aligned}\right. \qquad (252\,a—c)$$

In (250) bis (252) sind einzusetzen

$$_{q_2}M_{x_2}\ (12), \quad _{q_2}T_{x_2}\ (13), \quad _\otimes \vec{M}_{x_i}\ (111), \quad _\otimes \overleftarrow{M}_{x_i}\ (120)$$

$$_\otimes \vec{T}_{x_i}\ (112), \quad _\otimes \overleftarrow{T}_{x_i}\ (121)$$

$$X_1\ (249)$$

6.3 Schnittkräfte aus Wanderlast $P(\varphi_p)$ an der Stelle φ_x

6.31 Stützenmoment X_1

$$
\begin{aligned}
X_1\ (N_1) + {}_{P_1}\Phi_{1l} = 0 &\quad \rightarrow P(\varphi_{P_1})\ \text{im Feld 1} \\
X_1\ (N_1) + {}_{P_2}\Phi_{1r} = 0 &\quad \rightarrow P(\varphi_{P_2})\ \text{im Feld 2}
\end{aligned}
\right\} \qquad (253\,\mathrm{a-b})
$$

$$
\boxed{
\begin{aligned}
_{P_1}X_1 &= -\frac{_{P_1}\Phi_{1l}}{N_1} = -P \cdot r \frac{^x_{P_1}\Phi_{1l}}{^x N_1} \\
_{P_2}X_1 &= \qquad\quad = -P \cdot r \frac{^x_{P_2}\Phi_{1r}}{^x N_1}
\end{aligned}
}
\quad
\begin{aligned}
&\rightarrow P\ (\varphi_{P_1}) \\[2em]
&\rightarrow P\ (\varphi_{P_2})
\end{aligned}
\qquad (254\,\mathrm{a-b})
$$

$_p\Phi$ und N sind bereits in Tabellen für verschiedene φ geordnet.

6.32 Schnittkräfte M_x; T_x; A_n

Biegemomente für Laststellung im Feld 1

$$
\begin{aligned}
M_{x_1} &= P\,r \left[{}^x_{P_1}M_{x_1} + {}^x_{P_1}X_1\ _\otimes \overleftarrow{M}_{x_1} \right] \\
M_{x_2} &= P\,r \left[\qquad\quad + {}^x_{P_1}X_1\ _\otimes \vec{M}_{x_2} \right]
\end{aligned}
\right\} \qquad (255\,\mathrm{a-b})
$$

Laststellung im Feld 2

$$
\begin{aligned}
M_{x_1} &= P\,r \left[\qquad\quad + {}^x_{P_2}X_1\ _\otimes \overleftarrow{M}_{x_1} \right] \\
M_{x_2} &= P\,r \left[{}^x_{P_2}M_{x_2} + {}^x_{P_2}X_1\ _\otimes \vec{M}_{x_2} \right]
\end{aligned}
\right\} \qquad (255\,\mathrm{c-d})
$$

Torsionsmomente für Laststellung im Feld 1

$$
\begin{aligned}
T_{x_1} &= P\,r \left[{}^x_{P_1}T_{x_1} + {}^x_{P_1}X_1\ _\otimes \overleftarrow{T}_{x_1} \right] \\
T_{x_2} &= P\,r \left[\qquad\quad + {}^x_{P_1}X_1\ _\otimes \vec{T}_{x_2} \right]
\end{aligned}
\right\} \qquad (256\,\mathrm{a-b})
$$

Laststellung im Feld 2

$$
\begin{aligned}
T_{x_1} &= P\,r \left[\qquad\quad + {}^x_{P_2}X_1\ _\otimes \overleftarrow{T}_{x_1} \right] \\
T_{x_2} &= P\,r \left[{}^x_{P_2}T_{x_2} + {}^x_{P_2}X_1\ _\otimes \vec{T}_{x_2} \right]
\end{aligned}
\right\} \qquad (256\,\mathrm{c-d})
$$

Mit φ_x als fester und φ_p als wandernder Koordinate sind mit $P = 1$ die Einfluß-linien für M_x und T_x durch (255) und (256) gegeben.

Auflagerkräfte für P im Feld 1

$$\left.\begin{aligned}
A_0 &= P\left[\frac{1}{\varphi_1}\left(\varphi_p + {}_{P_1}^{\;x}X_1\right)\right] \\[4pt]
A_1 &= P\left[1 - \frac{\varphi_p}{\varphi_1} - \left(\frac{1}{\varphi_1} + \frac{1}{\varphi_2}\right){}_{P_1}^{\;x}X_1\right] \\[4pt]
A_2 &= P\left[\qquad \frac{1}{\varphi_2}\,{}_{p_1}^{\;x}X_1\right]
\end{aligned}\right\} \qquad (257\,\text{a—c})$$

P im Feld 2

$$\left.\begin{aligned}
A_0 &= P\left[\qquad \frac{1}{\varphi_1}\,{}_{p_2}^{\;x}X_1\right] \\[4pt]
A_1 &= P\left[\frac{\varphi_p}{\varphi_2} - \left(\frac{1}{\varphi_1} + \frac{1}{\varphi_2}\right){}_{p_2}^{\;x}X_1\right] \\[4pt]
A_2 &= P\left[1 - \frac{1}{\varphi_2}\left(\varphi_p - {}_{p_2}^{\;x}X_1\right)\right]
\end{aligned}\right\} \qquad (258\,\text{a—c})$$

In (255) bis (258) sind einzusetzen:

$$
{}_{p_1}M_{x_1}\,(22_b^a),\quad {}_{p_2}M_{x_2}\,(22_b^a),\quad {}_\otimes\vec{M}_{x_2}\,(111),\quad {}_\otimes\overleftarrow{M}_{x_1}\,(120)
$$

$$
{}_{p_1}T_{x_1}\,(23_b^a),\quad {}_{p_2}T_{x_2}\,(23_b^a),\quad {}_\otimes\vec{T}_{x_2}\,(112),\quad {}_\otimes\overleftarrow{T}_{x_1}\,(121)
$$

$$
{}_{p_1}X_1\,(254\,\text{a}),\quad {}_{p_2}X_1\,(254\,\text{b}).
$$

6.4 Verformungen des Trägers

6.41 Biegelinie w für Gleichlast q und Gleichlast q_i in einem Feld „i"

Biegelinie aus Gleichlast q für die beiden Bereiche $0 \leq \varphi_{x_1} \leq \varphi_1$ und $0 \leq \varphi_{x_2} \leq \varphi_2$

$$\left.\begin{aligned}
w_{x_1} &= \frac{q\,r^4}{E\,J}\left[{}_q^{\;x}w_{x_1} + {}_q^{\;x}X_1\,{}_\otimes^{\;x}\overleftarrow{w}_{x_1}\right] \\[4pt]
w_{x_2} &= \frac{q\,r^4}{E\,J}\left[{}_q^{\;x}w_{x_2} + {}_q^{\;x}X_1\,{}_\otimes^{\;x}\vec{w}_{x_2}\right]
\end{aligned}\right\} \qquad (259\,\text{a—b})$$

Gleichlast q_1 im Feld 1

$$\left.\begin{aligned}
w_{x_1} &= \frac{q_1\,r^4}{E\,J}\left[{}_{q_1}^{\;x}w_{x_1} + {}_{q_1}^{\;x}X_1\,{}_\otimes^{\;x}\overleftarrow{w}_{x_1}\right] \\[4pt]
w_{x_2} &= \frac{q_1\,r^4}{E\,J}\left[\qquad {}_{q_1}^{\;x}X_2\,{}_\otimes^{\;x}\vec{w}_{x_2}\right]
\end{aligned}\right\} \qquad (260\,\text{a—b})$$

Gleichlast q_2 im Feld 2

$$\left.\begin{aligned}
w_{x_1} &= \frac{q_2\,r^4}{E\,J}\left[\qquad + {}_{q_2}^{\;x}X_1\,{}_\otimes^{\;x}\overleftarrow{w}_{x_1}\right] \\[4pt]
w_{x_2} &= \frac{q_2\,r^4}{E\,J}\left[{}_{q_2}^{\;x}w_{x_2} + {}_{q_2}^{\;x}X_1\,{}_\otimes^{\;x}\vec{w}_{x_2}\right]
\end{aligned}\right\} \qquad (261\,\text{a—b})$$

6.42 Neigung Φ und Verwindung ψ der Biegelinie w aus Gleichlast q und q_i in einem Feld „i"

Gleichlast q—Neigung der Biegelinie

$$\left.\begin{aligned}\Phi_{x_1} &= \frac{q\,r^3}{EJ}\,[{}^{x}_{q}\Phi_{x_1} + {}^{x}_{q}X_1 \overset{\leftarrow}{{}^{x}_{\otimes}\Phi}_{x_1}]\\[2mm]\Phi_{x_2} &= \frac{q\,r^3}{EJ}\,[{}^{x}_{q}\Phi_{x_2} + {}^{x}_{q}X_1 \overset{\rightarrow}{{}^{x}_{\otimes}\Phi}_{x_2}]\end{aligned}\right\} \qquad (262\,\text{a}-\text{b})$$

Verwindung der Biegelinie

$$\left.\begin{aligned}\psi_{x_1} &= \frac{q\,r^3}{EJ}\,[{}^{x}_{q}\psi_{x_1} + {}^{x}_{q}X_1 \overset{\leftarrow}{{}^{x}_{\otimes}\psi}_{x_1}]\\[2mm]\psi_{x_2} &= \frac{q\,r^3}{EJ}\,[{}^{x}_{q}\psi_{x_2} + {}^{x}_{q}X_1 \overset{\rightarrow}{{}^{x}_{\otimes}\psi}_{x_2}]\end{aligned}\right\} \qquad (263\,\text{a}-\text{b})$$

Gleichlast q_1 in Feld 1 — Neigung der Biegelinie

$$\left.\begin{aligned}\Phi_{x_1} &= \frac{q_1\,r^3}{EJ}\,[{}^{x}_{q_1}\Phi_{x_1} + {}^{x}_{q_1}X_1 \overset{\leftarrow}{{}^{x}_{\otimes}\Phi}_{x_1}]\\[2mm]\Phi_{x_2} &= \frac{q_1\,r^3}{EJ}\,[\qquad + {}^{x}_{q_1}X_1 \overset{\rightarrow}{{}^{x}_{\otimes}\Phi}_{x_2}]\end{aligned}\right\} \qquad (246\,\text{a}-\text{b})$$

Verwindung der Biegelinie

$$\left.\begin{aligned}\psi_{x_1} &= \frac{q_1\,r^3}{EJ}\,[{}^{x}_{q_1}\psi_{x_1} + {}^{x}_{q_1}X_1 \overset{\leftarrow}{{}^{x}_{\otimes}\psi}_{x_1}]\\[2mm]\psi_{x_2} &= \frac{q_1\,r^3}{EJ}\,[\qquad + {}^{x}_{q_1}X_1 \overset{\rightarrow}{{}^{x}_{\otimes}\psi}_{x_2}]\end{aligned}\right\} \qquad (265\,\text{a}-\text{b})$$

Gleichlast q_2 in Feld 2 — Neigung der Biegelinie

$$\left.\begin{aligned}\Phi_{x_1} &= \frac{q_2\,r^3}{EJ}\,[\qquad + {}^{x}_{q_2}X_1 \overset{\leftarrow}{{}^{x}_{\otimes}\Phi}_{x_1}]\\[2mm]\Phi_{x_2} &= \frac{q_2\,r^3}{EJ}\,[{}^{x}_{q_2}\Phi_{x_2} + {}^{x}_{q_2}X_1 \overset{\rightarrow}{{}^{x}_{\otimes}\Phi}_{x_2}]\end{aligned}\right\} \qquad (266\,\text{a}-\text{b})$$

Verwindung der Biegelinie

$$\left.\begin{aligned}\psi_{x_1} &= \frac{q_2\,r^3}{EJ}\,[\qquad + {}^{x}_{q_2}X_1 \overset{\leftarrow}{{}^{x}_{\otimes}\psi}_{x_1}]\\[2mm]\psi_{x_2} &= \frac{q_2\,r^3}{EJ}\,[{}^{x}_{q_2}\psi_{x_2} + {}^{x}_{q_2}X_1 \overset{\rightarrow}{{}^{x}_{\otimes}\psi}_{x_2}]\end{aligned}\right\} \qquad (267\,\text{a}-\text{b})$$

In (259) bis (267) sind einzusetzen

$$_{q_i}w_{x_i}\;(65),\quad {}_{\otimes}\overset{\leftarrow}{w}_{x_1}\;(160),\quad {}_{\otimes}\vec{w}_{x_2}\;(141)$$

$$_{q_i}\Phi_{x_i}\;(70),\quad {}_{\otimes}\overset{\leftarrow}{\Phi}_{x_1}\;(164),\quad {}_{\otimes}\overset{\rightarrow}{\Phi}_{x_2}\;(161)$$

$$_{q_i}\psi_{x_i}\;(73),\quad {}_{\otimes}\overset{\leftarrow}{\psi}_{x_1}\;(168),\quad {}_{\otimes}\overset{\rightarrow}{\psi}_{x_2}\;(167)$$

$$_{q}X_1\;(239),\quad {}_{q_1}X_1\;(244),\quad {}_{q_2}X_1\;(249)$$

6.43 Biegelinie w für Einzellast $P(\varphi_p)$

Mit $\qquad {}_{p}w = \frac{P\,r^3}{EJ}\,{}^{x}_{p}w;\; {}_{\otimes}w = \frac{r^2}{EJ}\,{}^{x}_{\otimes}w;\; X_1 = P \cdot r\,{}^{x}X_1$

P in Feld 1

$$
\left.
\begin{aligned}
w_{x_1} &= \frac{P\,r^3}{E\,J}\left[{}^{x}_{P_1}w_{x_1} + {}^{x}_{P_1}X_1\,{}^{x}_{\otimes}\overleftarrow{w}_{x_1}\right] \\
w_{x_2} &= \frac{P\,r^3}{E\,J}\left[\qquad\quad + {}^{x}_{P_1}X_1\,{}^{x}_{\otimes}\overrightarrow{w}_{x_2}\right]
\end{aligned}
\right\}
\qquad (268\,\mathrm{a}\!-\!\mathrm{b})
$$

P in Feld 2

$$
\left.
\begin{aligned}
w_{x_1} &= \frac{P\,r^3}{E\,J}\left[\qquad\quad + {}^{x}_{P_2}X_1\,{}^{x}_{\otimes}\overleftarrow{w}_{x_1}\right] \\
w_{x_2} &= \frac{P\,r^3}{E\,J}\left[{}^{x}_{P_2}w_{x_2} + {}^{x}_{P_2}X_1\,{}^{x}_{\otimes}\overrightarrow{w}_{x_2}\right]
\end{aligned}
\right\}
\qquad (269\,\mathrm{a}\!-\!\mathrm{b})
$$

6.44 Neigung Φ und Verwindung ψ der Biegelinie w aus Einzellast $P(\varphi_p)$

P in Feld 1 — Neigung der Biegelinie

$$
\left.
\begin{aligned}
\Phi_{x_1} &= \frac{P\,r^2}{E\,J}\left[{}^{x}_{P_1}\Phi_{x_1} + {}^{x}_{P_1}X_1\,{}^{x}_{\otimes}\overleftarrow{\Phi}_{x_1}\right] \\
\Phi_{x_2} &= \frac{P\,r^2}{E\,J}\left[\qquad\quad + {}^{x}_{P_1}X_1\,{}^{x}_{\otimes}\overrightarrow{\Phi}_{x_2}\right]
\end{aligned}
\right\}
\qquad (270\,\mathrm{a}\!-\!\mathrm{b})
$$

Verwindung der Biegelinie

$$
\left.
\begin{aligned}
\psi_{x_1} &= \frac{P\,r^2}{E\,J}\left[{}^{x}_{P_1}\psi_{x_1} + {}^{x}_{P_1}X_1\,{}^{x}_{\otimes}\overleftarrow{\psi}_{x_1}\right] \\
\psi_{x_2} &= \frac{P\,r^2}{E\,J}\left[\qquad\quad + {}^{x}_{P_1}X_1\,{}^{x}_{\otimes}\overrightarrow{\psi}_{x_2}\right]
\end{aligned}
\right\}
\qquad (271\,\mathrm{a}\!-\!\mathrm{b})
$$

P in Feld 2 — Neigung der Biegelinie

$$
\left.
\begin{aligned}
\Phi_{x_1} &= \frac{P\,r^2}{E\,J}\left[\qquad\quad + {}^{x}_{P_2}X_1\,{}^{x}_{\otimes}\overleftarrow{\Phi}_{x_1}\right] \\
\Phi_{x_2} &= \frac{P\,r^2}{E\,J}\left[{}^{x}_{P_2}\Phi_{x_2} + {}^{x}_{P_2}X_1\,{}^{x}_{\otimes}\overrightarrow{\Phi}_{x_2}\right]
\end{aligned}
\right\}
\qquad (272\,\mathrm{a}\!-\!\mathrm{b})
$$

Verwindung der Biegelinie

$$
\left.
\begin{aligned}
\psi_{x_1} &= \frac{P\,r^2}{E\,J}\left[\qquad\quad + {}^{x}_{P_2}X_1\,{}^{x}_{\otimes}\overleftarrow{\psi}_{x_1}\right] \\
\psi_{x_2} &= \frac{P\,r^2}{E\,J}\left[{}^{x}_{P_2}\psi_{x_2} + {}^{x}_{P_2}X_1\,{}^{x}_{\otimes}\overrightarrow{\psi}_{x_2}\right]
\end{aligned}
\right\}
\qquad (273\,\mathrm{a}\!-\!\mathrm{b})
$$

In (268) bis (273) sind einzusetzen

$$
{}_{P_i}w_{x_i}\!\begin{pmatrix} 85 \\ 93 \end{pmatrix},\ {}_{\otimes}\overleftarrow{w}_{x_1}(160),\ {}_{\otimes}\overrightarrow{w}_{x_2}(141),\ {}_{P_1}X_1\,(254\,\mathrm{a}),\ {}_{P_2}X_1\,(254\,\mathrm{b})
$$

$$
{}_{P_i}\Phi_{x_i}\!\begin{pmatrix} 99 \\ 100 \end{pmatrix},\ {}_{\otimes}\overleftarrow{\Phi}_{x_1}\,(164),\ {}_{\otimes}\overrightarrow{\Phi}_{x_2}\,(161)
$$

$$
{}_{P_i}\psi_{x_i}\!\begin{pmatrix} 103 \\ 104 \end{pmatrix},\ {}_{\otimes}\overleftarrow{\psi}_{x_1}\,(168),\ {}_{\otimes}\overrightarrow{\psi}_{x_2}\,(167)
$$

In der ersten Spalte sind jeweils zwei Gleichungen in der Klammer aufgeführt. Die obere beschreibt jeweils den Bereich $0 \leq \varphi_x \leq \varphi_p$, die untere den Bereich $\varphi_p \leq \varphi_x \leq \varphi$.

7. Der durchlaufende Träger auf vier Stützen mit freier „Biege-Drehbarkeit" an den Auflagern

Mit den Bezeichnungen nach Abb. 25 werden entsprechend Kap. 6 X_1 und X_2 als Unbekannte des statisch unbestimmten Hauptsystems der Abb. 26 eingeführt.

Mit den bekannten Enddrehwinkeln Φ der Einzelfelder lassen sich die Unbekannten X_n, und damit die Schnittkräfte für verschiedene φ_1; φ_2; φ_3 ermitteln.

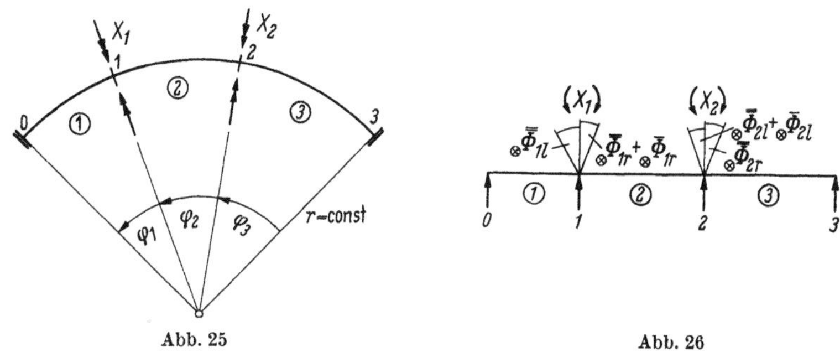

Abb. 25   Abb. 26

7.1 Schnittkräfte aus Gleichlast q

7.11 Stützenmomente X_1, X_2

$$\left.\begin{aligned}
X_1 \left({}_\otimes\overline{\overline{\Phi}}_{1l} + {}_\otimes\overline{\overline{\Phi}}_{1r}\right) + X_2 \cdot {}_\otimes\overline{\Phi}_{1r} + {}_{q_1}\Phi_{1l} + {}_{q_2}\Phi_{1r} = 0 \\
X_1\, {}_\otimes\overline{\Phi}_{2l} + X_2 \left({}_\otimes\overline{\overline{\Phi}}_{2l} + {}_\otimes\overline{\overline{\Phi}}_{2r}\right) + {}_{q_2}\Phi_{2l} + {}_{q_3}\Phi_{2r} = 0
\end{aligned}\right\} \quad (274\,\mathrm{a-b})$$

Die Auflösung der Matrix (274) erfolgt mit Determinaten entsprechend Abschn. 5.21

$$X_1 = -\,\frac{\left({}_{q_1}\Phi_{1l} + {}_{q_2}\Phi_{1r}\right)\left({}_\otimes\overline{\overline{\Phi}}_{2l} + {}_\otimes\overline{\overline{\Phi}}_{2r}\right) - \left({}_{q_2}\Phi_{2l} + {}_{q_3}\Phi_{2r}\right){}_\otimes\overline{\Phi}_{1r}}{\left({}_\otimes\overline{\overline{\Phi}}_{1l} + {}_\otimes\overline{\overline{\Phi}}_{1r}\right)\left({}_\otimes\overline{\overline{\Phi}}_{2l} + {}_\otimes\overline{\overline{\Phi}}_{2r}\right) - {}_\otimes\overline{\Phi}_{2l} \cdot {}_\otimes\overline{\Phi}_{1r}} = \frac{D_3}{D_{II}} \quad (275)$$

$$X_2 = -\,\frac{\left({}_{q_2}\Phi_{2l} + {}_{q_3}\Phi_{2r}\right)\left({}_\otimes\overline{\overline{\Phi}}_{1l} + {}_\otimes\overline{\overline{\Phi}}_{1r}\right) - \left({}_{q_1}\Phi_{1l} + {}_{q_2}\Phi_{1r}\right){}_\otimes\overline{\Phi}_{2l}}{D_{II}} = \frac{D_4}{D_{II}} \quad (276)$$

Nach Umformung entsprechend 5.21

$$X_1 = -\,\frac{\left({}_{q_1}\Phi_{1l} + {}_{q_2}\Phi_{1r}\right) - \left({}_{q_2}\Phi_{2l} + {}_{q_3}\Phi_{2r}\right)\dfrac{{}_\otimes\overline{\Phi}_{1r}}{\left({}_\otimes\overline{\overline{\Phi}}_{2l} + {}_\otimes\overline{\overline{\Phi}}_{2r}\right)}}{\left({}_\otimes\overline{\overline{\Phi}}_{1l} + {}_\otimes\overline{\overline{\Phi}}_{1r}\right) - {}_\otimes\overline{\Phi}_{2l}\dfrac{{}_\otimes\overline{\Phi}_{1r}}{\left({}_\otimes\overline{\overline{\Phi}}_{2l} + {}_\otimes\overline{\overline{\Phi}}_{2r}\right)}} = \frac{D_3{}_\otimes}{{}_1 D_{II}{}_\otimes} \quad (277)$$

$$X_2 = -\,\frac{\left({}_{q_2}\Phi_{2l} + {}_{q_3}\Phi_{2r}\right) - \left({}_{q_1}\Phi_{1l} + {}_{q_2}\Phi_{1r}\right)\dfrac{{}_\otimes\overline{\Phi}_{2l}}{\left({}_\otimes\overline{\overline{\Phi}}_{1l} + {}_\otimes\overline{\overline{\Phi}}_{1r}\right)}}{\left({}_\otimes\overline{\overline{\Phi}}_{2l} + {}_\otimes\overline{\overline{\Phi}}_{2r}\right) - {}_\otimes\overline{\Phi}_{1r}\dfrac{{}_\otimes\overline{\Phi}_{2l}}{\left({}_\otimes\overline{\overline{\Phi}}_{1l} + {}_\otimes\overline{\overline{\Phi}}_{1r}\right)}} = \frac{D_4{}_\otimes}{{}_2 D_{II}{}_\otimes} \quad (278)$$

In den Gln. (277), (278) werden folgende Symbole zur Vereinfachung eingeführt:

$$\frac{1}{_1D_{II}\otimes} = \underline{\alpha_{11}}\,; \qquad \frac{1}{_2D_{II}\otimes} = \underline{\alpha_{22}}$$

$$-\underline{\alpha_{11}}\,\frac{\otimes\overline{\Phi}_{1r}}{\otimes\overline{\overline{\Phi}}_{2l} + \otimes\overline{\overline{\Phi}}_{2r}} = \underline{\alpha_{12}} \tag{279 a—d}$$

$$-\underline{\alpha_{22}}\,\frac{\otimes\overline{\Phi}_{2l}}{\otimes\overline{\overline{\Phi}}_{1l} + \otimes\overline{\overline{\Phi}}_{1r}} = \underline{\alpha_{21}}$$

Mit (279) in (277), (278):

$$X_1 = -\underline{\alpha_{11}}\,(_{q_1}\Phi_{1l} + {}_{q_2}\Phi_{1r}) - \underline{\alpha_{12}}\,(_{q_2}\Phi_{2l} + {}_{q_3}\Phi_{2r}) = -(\underline{\alpha_{11}}\,C_1 + \underline{\alpha_{12}}\,C_2) \tag{280}$$

$$X_2 = -\underline{\alpha_{21}}\,(_{q_1}\Phi_{1l} + {}_{q_2}\Phi_{1r}) - \underline{\alpha_{22}}\,(_{q_2}\Phi_{2l} + {}_{q_3}\Phi_{2r}) = -(\underline{\alpha_{21}}\,C_1 + \underline{\alpha_{22}}\,C_2) \tag{281}$$

Die Beiwerte $\underline{\alpha_{ik}}$ ($i = 1, 2$ und $k = 1, 2$) lassen sich als „jeweilige" Systemkonstante für verschiedene Öffnungswinkel φ nach Abschn. 3.55 vorbestimmen. Die von der Last abhängigen Funktionen C_1, C_2 der Endverdrehungen sind den Tabellen des Abschn. 2.66 zu entnehmen. Für q, J, Θ = const über die ganze Trägerlänge vereinfachen sich (280), (281) zu

$$X_1 = -q\,r^2\,(^{x}\!\underline{\alpha_{11}}\,{}^{x}C_1 + {}^{x}\!\underline{\alpha_{12}}\,{}^{x}C_2) \tag{282}$$

$$X_2 = -q\,r^2\,(^{x}\!\underline{\alpha_{21}}\,{}^{x}C_1 + {}^{x}\!\underline{\alpha_{22}}\,{}^{x}C_2) \tag{283}$$

Die Gln. (280) bis (283) gelten auch für feldweise konstantes $J_1 \neq J_2 \neq J_3$, wenn $\dfrac{I_c}{I_i}$ ($i = 1, 2, 3$) in den Faktoren enthalten bleibt.

Für Systemsymmetrie (284) oder gleiche Feldweiten vereinfachen sich die Gleichungen durch Gleichheit entsprechender Faktoren. Für $\varphi_1 = \varphi_3 \neq \varphi_2$ wird $X_1 = X_2$ für q, J, Θ = sonst mit

$$\begin{aligned}
&\otimes\overline{\overline{\Phi}}_{1l} = \otimes\overline{\overline{\Phi}}_{2r}\,; \qquad \otimes\overline{\overline{\Phi}}_{1r} = \otimes\overline{\overline{\Phi}}_{2l}\\[4pt]
&{}_{q_1}\Phi_{0r} = {}_{q_1}\Phi_{1l} = {}_{q_3}\Phi_{2r} = {}_{q_3}\Phi_{3l}\\[4pt]
&{}_{q_2}\Phi_{1r} = {}_{q_2}\Phi_{2l}\\[4pt]
&\otimes\overline{\Phi}_{1r} = \otimes\overline{\Phi}_{2l}
\end{aligned} \tag{284}$$

$$X_1\,(\otimes\overline{\overline{\Phi}}_{1l} + \otimes\overline{\overline{\Phi}}_{1r} + \otimes\overline{\Phi}_{1r}) + {}_{q_1}\Phi_{1l} + {}_{q_2}\Phi_{1r} = 0 \tag{285}$$

$$X_1 = X_2 = -\frac{_{q_1}\Phi_{1l} + {}_{q_2}\Phi_{1r}}{\otimes\overline{\overline{\Phi}}_{1l} + \otimes\overline{\overline{\Phi}}_{1r} + \otimes\overline{\Phi}_{1r}} = -\frac{_q\Phi_{1(l+r)}}{N_2} = -\frac{C_1}{N_2} \tag{286}$$

Für $\varphi_1 = \varphi_2 = \varphi_3$ wird für q, J, Θ = c

$$X_1 = X_2 = -\frac{2\,_q\Phi_{1l}}{2\,\otimes\overline{\overline{\Phi}}_{1l} + \otimes\overline{\Phi}_{1r}} = -\frac{2_q\Phi_{1l}}{N_3} \tag{287}$$

Für die Schnittkräfte und Verformungen werden allgemeine Gleichungen formuliert, die für alle Durchlaufträger beliebiger Felderzahl Gültigkeit haben und die auch einen lückenlosen Übergang zu den vorher angegebenen Gleichungen bis zum Einfeldträger beinhalten.

Nachstehend wird am Beispiel des Dreifeldträgers zum besseren Verständnis die vollständige Schreibweise der allgemeinen Gleichungen gezeigt. Da alle Einzelelemente der Gleichungen mühelos den vorhergehenden Abschnitten, sowie den Tafeln und Tabellen zu entnehmen sind, kann auf ein numerisch durchgerechnetes Anschauungsbeispiel ohne Verlust verzichtet werden.

7.12 Schnittkräfte M_x; T_x; A_n

Biegemomente

$$M_{x_i} = q\,r^2\,[{}^x_q M_{x_i} + {}^x X_{i-1}\, {}_\otimes \vec{M}_{x_i} + {}^x X_i\, {}_\otimes \overleftarrow{M}_{x_i}] \qquad i = 1, 2, 3 \tag{288}$$

$$\left.\begin{aligned}
M_{x_1} &= q\,r^2\,[{}^x_q M_{x_1} + {}^x X_1\, {}_\otimes \overleftarrow{M}_{x_1}] & \varphi_{x_1} = 0 \to \varphi_1 \\
M_{x_2} &= q\,r^2\,[{}^x_q M_{x_2} + {}^x X_1\, {}_\otimes \vec{M}_{x_2} + {}^x X_2\, {}_\otimes \overleftarrow{M}_{x_2}] & \varphi_{x_2} = 0 \to \varphi_2 \\
M_{x_3} &= q\,r^2\,[{}^x_q M_{x_3} + {}^x X_2\, {}_\otimes \vec{M}_{x_3}] & \varphi_{x_3} = 0 \to \varphi_3
\end{aligned}\right\} \tag{288a—c}$$

Torsionsmomente

$$T_{x_i} = q\,r^2\,[{}^x_q T_{x_i} + {}^x X_{i-1}\, {}_\otimes \vec{T}_{x_i} + {}^x X_i\, {}_\otimes \overleftarrow{T}_{x_i}] \tag{289}$$

$$\left.\begin{aligned}
T_{x_1} &= q\,r^2\,[{}^x_q T_{x_1} + {}^x X_1\, {}_\otimes \overleftarrow{T}_{x_1}] \\
T_{x_2} &= q\,r^2\,[{}^x_q T_{x_2} + {}^x X_1\, {}_\otimes \vec{T}_{x_2} + {}^x X_2\, {}_\otimes \overleftarrow{T}_{x_2}] \\
T_{x_3} &= q\,r^2\,[{}^x_q T_{x_3} + {}^x X_2\, {}_\otimes \vec{T}_{x_3}]
\end{aligned}\right\} \tag{289a—c}$$

Auflagerkräfte

$$A_n = q\,r\left[\frac{\varphi_n + \varphi_{n+1}}{2} - \left(\frac{1}{\varphi_n} + \frac{1}{\varphi_{n+1}}\right){}^x X_n + \frac{1}{\varphi_{n+1}}{}^x X_{n+1} + \frac{1}{\varphi_n}{}^x X_{n-1}\right] \tag{290}$$

$$\left.\begin{aligned}
A_0 &= q\,r\left(\frac{\varphi_1}{2} + \frac{1}{\varphi_1}{}^x X_1\right) \\
A_1 &= q\,r\left[\frac{\varphi_1 + \varphi_2}{2} - \left(\frac{1}{\varphi_1} + \frac{1}{\varphi_2}\right){}^x X_1 + \frac{1}{\varphi_2}{}^x X_2\right] \\
A_2 &= q\,r\left[\frac{\varphi_2 + \varphi_3}{2} - \left(\frac{1}{\varphi_2} + \frac{1}{\varphi_3}\right){}^x X_2 + \frac{1}{\varphi_2}{}^x X_1\right] \\
A_3 &= q\,r\left(\frac{\varphi_3}{2} + \frac{1}{\varphi_3}{}^x X_2\right)
\end{aligned}\right\} \tag{290a—d}$$

In (288) bis (290) sind einzusetzen

$$\begin{aligned}
&q_i\,M_{x_i}\ (12), & &{}_\otimes \vec{M}_{x_i}\ (111), & &{}_\otimes \overleftarrow{M}_{x_i}\ (120) \\
&q_i\,T_{x_i}\ (13), & &{}_\otimes \vec{T}_{x_i}\ (112), & &{}_\otimes \overleftarrow{T}_{x_i}\ (121) \\
&X_1\ (282), & &X_2\ (283) \\
&X_1\ (286) & &\text{für Systemsymmetrie} \\
&X_1\ (287) & &\text{für } \varphi_1 = \varphi_2 = \varphi_3
\end{aligned}$$

7.2 Schnittkräfte aus Gleichlast q_i in einem Feld „i"

7.21 Gleichlast q_1 im Feld 1

Stützenmomente X_1, X_2

$$\left.\begin{aligned}
X_1\,({}_\otimes \overline{\overline{\Phi}}_{1l} + {}_\otimes \overline{\overline{\Phi}}_{1r}) + X_2\,{}_\otimes \overline{\Phi}_{1r} \qquad\qquad + {}_{q_1}\Phi_{1l} &= 0 \\
X_1\,{}_\otimes \overline{\Phi}_{2l} \qquad\qquad + X_2\,({}_\otimes \overline{\overline{\Phi}}_{2l} + {}_\otimes \overline{\overline{\Phi}}_{2r}) \qquad\qquad &= 0
\end{aligned}\right\} \tag{291a—b}$$

Entsprechend Abschn. 7.11

$$X_1 = - \frac{q_1 \Phi_{1l} \, (_\otimes \overline{\overline{\Phi}}_{2l} + _\otimes \overline{\overline{\Phi}}_{2r})}{D_{II}} = \frac{D_5}{D_{II}} \tag{292}$$

$$X_2 = + \frac{q_1 \Phi_{1l} \cdot _\otimes \overline{\Phi}_{2l}}{D_{II}} = \frac{D_6}{D_{II}} \tag{293}$$

Nach Umformung entsprechend 7.11

$$X_1 = - \frac{q_1 \Phi_{1l}}{_1 D_{II} \otimes} = \frac{D_5 \otimes}{_1 D_{II} \otimes} \tag{294}$$

$$X_2 = + \frac{q_1 \Phi_{1l} \dfrac{_\otimes \overline{\Phi}_{2l}}{(_\otimes \overline{\overline{\Phi}}_{1l} + _\otimes \overline{\overline{\Phi}}_{1r})}}{_2 D_{II} \otimes} = \frac{D_6 \otimes}{_2 D_{II} \otimes} \tag{295}$$

In den Gln. (294), (295) bedeuten wieder

$$\left| \begin{array}{l} \dfrac{1}{_1 D_{II} \otimes} = \underline{\alpha}_{11} \; ; \quad \dfrac{1}{_2 D_{II} \otimes} = \underline{\alpha}_{22} \; ; \\[3mm] - \underline{\alpha}_{22} \dfrac{_\otimes \overline{\Phi}_{2l}}{_\otimes \overline{\overline{\Phi}}_{1l} + _\otimes \overline{\overline{\Phi}}_{1r}} = \underline{\alpha}_{21} \; ; \quad - \underline{\alpha}_{11} \dfrac{_\otimes \overline{\Phi}_{1r}}{_\otimes \overline{\overline{\Phi}}_{2l} + _\otimes \overline{\overline{\Phi}}_{2r}} = \underline{\alpha}_{12} \end{array} \right. \tag{296a—d}$$

Mit (296) in (294), (295)

$$\boxed{\begin{aligned} X_1 &= - \underline{\alpha}_{11} \cdot _{q_1}\Phi_{1l} = - q_1 r^2 \, (^x\underline{\alpha}_{11} \, {}^x C_3) \\ X_2 &= - \underline{\alpha}_{21} \cdot _{q_1}\Phi_{1l} = - q_1 r^2 \, (^x\underline{\alpha}_{21} \, {}^x C_3) \end{aligned}} \tag{297} \tag{298}$$

Biegemomente

$$M_{xi} = q_k r^2 \left[{}^x_{q_k} M_{x_{k(i=k)}} + {}^x_{q_k} X_{i-1} \; _\otimes \overrightarrow{M}_{xi} + {}^x_{q_k} X_i \; _\otimes \overleftarrow{M}_{xi} \right] \tag{299}$$

$$\left.\begin{aligned} M_{x_1} &= q_1 r^2 \left[{}^x_{q_1} M_{x_1} + X_1 \; _\otimes \overleftarrow{M}_{x_1} \right] \\ M_{x_2} &= q_1 r^2 \left[+ \, {}^x X_1 \; _\otimes \overrightarrow{M}_{x_2} + {}^x X_2 \; _\otimes \overleftarrow{M}_{x_2} \right] \\ M_{x_3} &= q_1 r^2 \left[+ \, {}^x X_2 \; _\otimes \overrightarrow{M}_{x_3} \right] \end{aligned}\right\} \tag{299a—c}$$

Torsionsmomente

$$T_{xi} = q_k r^2 \left[{}^x_{q_k} T_{x_{k(i=k)}} + {}^x_{q_k} X_{i-1} \; _\otimes \overrightarrow{T}_{xi} + {}^x_{q_k} X_i \; _\otimes \overleftarrow{T}_{xi} \right] \tag{300}$$

$$\left.\begin{aligned} T_{x_1} &= q_1 r^2 \left[{}^x_{q_1} T_{x_1} + {}^x X_1 \; _\otimes \overleftarrow{T}_{x_1} \right] \\ T_{x_2} &= q_1 r^2 \left[+ \, {}^x X_1 \; _\otimes \overrightarrow{T}_{x_2} + {}^x X_2 \; _\otimes \overleftarrow{T}_{x_2} \right] \\ T_{x_3} &= q_1 r^2 \left[+ \, {}^x X_2 \; _\otimes \overrightarrow{T}_{x_3} \right] \end{aligned}\right\} \tag{300a—c}$$

Auflagerkräfte

$$\left.\begin{aligned} A_n &\quad \text{wie (290)} \\ A_0 &= q_1 r \left[\frac{\varphi_1}{2} + \frac{1}{\varphi_1} \, {}^x X_1 \right] \\ A_1 &= q_1 r \left[\frac{\varphi_1}{2} - \left(\frac{1}{\varphi_1} + \frac{1}{\varphi_2} \right) {}^x X_1 + \frac{1}{\varphi_2} \, {}^x X_2 \right] \end{aligned}\right\} \tag{301a—b}$$

$$\left.\begin{aligned} A_2 &= q_1 r \left[- \left(\frac{1}{\varphi_2} + \frac{1}{\varphi_3} \right) {}^x X_2 + \frac{1}{\varphi_2} \, {}^x X_1 \right] \\ A_3 &= q_1 r \left[\frac{1}{\varphi_3} \, {}^x X_2 \right] \end{aligned}\right\} \tag{301c—d}$$

In (299) bis (301) sind einzusetzen die Werte des Abschn. 7.1 mit Ausnahme der Stützenmomente. Für letztere gilt

$$X_1(297), \quad X_2(298)$$

7.22 Gleichlast q_2 im Feld 2

Stützenmomente X_1, X_2

$$\left.\begin{aligned}
X_1\,({}_{\otimes}\overline{\overline{\Phi}}_{1l} + {}_{\otimes}\overline{\overline{\Phi}}_{1r}) + X_2\,{}_{\otimes}\overline{\Phi}_{1r} \qquad\qquad + {}_{q_2}\Phi_{1r} = 0 \\
X_1\,{}_{\otimes}\overline{\Phi}_{2l} \qquad\qquad + X_2\,({}_{\otimes}\overline{\overline{\Phi}}_{2l} + {}_{\otimes}\overline{\overline{\Phi}}_{2r}) + {}_{q_2}\Phi_{2l} = 0
\end{aligned}\right\} \quad (302\,\mathrm{a-b})$$

Nach Determinantenauflösung und Umformung mit (279) bzw. (296)

$$X_1 = -\,\alpha_{\underline{11}}\,{}_{q_2}\Phi_{1r} - \alpha_{\underline{12}}\,{}_{q_2}\Phi_{2l} = -\,q_2\,r^2\,[{}^{\mathrm{x}}\alpha_{\underline{11}} + {}^{\mathrm{x}}\alpha_{12}]\,{}^{\mathrm{x}}C_4 \qquad (303)$$

$$X_2 = -\,\alpha_{\underline{21}}\,{}_{q_2}\Phi_{1r} - \alpha_{\underline{22}}\,{}_{q_2}\Phi_{2l} = -\,q_2\,r^2\,[{}^{\mathrm{x}}\alpha_{21} + {}^{\mathrm{x}}\alpha_{\underline{22}}]\,{}^{\mathrm{x}}C_4 \qquad (304)$$

$$C_4 = {}_{q_2}\Phi_{1r} = {}_{q_2}\Phi_{2l}$$

Mit $\quad \varphi_1 = \varphi_3 \neq \varphi_2$ ist nach (286)

$$X_1 = X_2 = -\,\frac{{}_{q_2}\Phi_{1r}}{N_2} = -\,\frac{C_4}{N_3} \qquad (305)$$

Mit $\varphi_1 = \varphi_2 = \varphi_3$ nach (286)

$$X_1 = X_2 = -\,\frac{C_4}{N_2} \qquad (306)$$

Biegemomente aus (299)

$$\left.\begin{aligned}
M_{x_1} &= q_2\,r^2\,[\qquad\quad + {}^{\mathrm{x}}X_1\,{}_{\otimes}\overleftarrow{M}_{x_1}] \\
M_{x_2} &= q_2\,r^2\,[{}^{\mathrm{x}}_{q_2}M_{x_2} + {}^{\mathrm{x}}X_1\,{}_{\otimes}\overrightarrow{M}_{x_2} + {}^{\mathrm{x}}X_2\,{}_{\otimes}\overleftarrow{M}_{x_2}] \\
M_{x_3} &= q_2\,r^2\,[\qquad\qquad\qquad + {}^{\mathrm{x}}X_2\,{}_{\otimes}\overrightarrow{M}_{x_3}]
\end{aligned}\right\} \quad (307\,\mathrm{a-c})$$

Torsionsmomente aus (300)

$$\left.\begin{aligned}
T_{x_1} &= q_2\,r^2\,[\qquad\; + {}^{\mathrm{x}}X_1\,{}_{\otimes}\overleftarrow{T}_{x_1}] \\
T_{x_2} &= q_2\,r^2\,[{}^{\mathrm{x}}_{q_2}T_{x_2} + {}^{\mathrm{x}}X_1\,{}_{\otimes}\overrightarrow{T}_{x_2} + {}^{\mathrm{x}}X_2\,{}_{\otimes}\overleftarrow{T}_{x_2}] \\
T_{x_3} &= q_2\,r^2\,[\qquad\qquad\qquad + {}^{\mathrm{x}}X_2\,{}_{\otimes}\overrightarrow{T}_{x_3}]
\end{aligned}\right\} \quad (308\,\mathrm{a-c})$$

Auflagerkräfte aus (290)

$$\left.\begin{aligned}
A_0 &= q_2\,r\left[\frac{1}{\varphi_1}\,{}^{\mathrm{x}}X_1\right] \\
A_1 &= q_2\,r\left[\frac{\varphi_2}{2} - \left(\frac{1}{\varphi_1} + \frac{1}{\varphi_2}\right){}^{\mathrm{x}}X_1 + \frac{1}{\varphi_2}\,{}^{\mathrm{x}}X_2\right] \\
A_2 &= q_2\,r\left[\frac{\varphi_2}{2} - \left(\frac{1}{\varphi_2} + \frac{1}{\varphi_3}\right){}^{\mathrm{x}}X_2 + \frac{1}{\varphi_2}\,{}^{\mathrm{x}}X_1\right] \\
A_3 &= q_2\,r\left[\frac{1}{\varphi_3}\,{}^{\mathrm{x}}X_2\right]
\end{aligned}\right\} \quad (309\,\mathrm{a-d})$$

In (305) bis (307) sind $X_1(303)$, $X_2(304)$ und die übrigen Werte nach Abschn. 7.1 einzusetzen.

7.23 Gleichlast q_3 im Feld 3

Stützenmomente X_1, X_2. Bei Symmetrie des Tragwerkes nach Abschn. 7.21 durch Vertauschung. Für $\varphi_1 \neq \varphi_2 \neq \varphi_3$ entsprechend der Entwicklung im Abschn. 7.21

$$\left.\begin{aligned}
X_1 \,({}_\otimes\bar{\bar{\Phi}}_{1l} + {}_\otimes\bar{\Phi}_{1r}) + X_2 \,{}_\otimes\bar{\Phi}_{1r} &= 0 \\
X_1 \,{}_\otimes\bar{\Phi}_{2l} \qquad\quad + X_2 \,({}_\otimes\bar{\bar{\Phi}}_{2l} + {}_\otimes\bar{\Phi}_{2r}) + {}_{q_3}\Phi_{2r} &= 0
\end{aligned}\right\} \quad (310\,\text{a}-\text{b})$$

$$X_1 = \frac{q_3\Phi_{2r} \cdot {}_\otimes\bar{\Phi}_{1r}}{D_{II}} \qquad = \frac{D_7}{D_{II}} \tag{311}$$

$$X_2 = \frac{-q_3\Phi_{2r}\,({}_\otimes\bar{\bar{\Phi}}_{1l} + {}_\otimes\bar{\Phi}_{1r})}{D_{II}} = \frac{D_8}{D_{II}} \tag{312}$$

Nach Umformung mit (279)

$$\boxed{X_1 = -\,\alpha_{\underline{12}} \cdot {}_{q_3}\Phi_{2r} = -\,q_3\,r^2\,({}^x\alpha_{\underline{12}}\,{}^xC_5)} \tag{313}$$

$$\boxed{X_2 = -\,\alpha_{\underline{22}} \cdot {}_{q_3}\Phi_{2r} = -\,q_3\,r^2\,({}^x\alpha_{\underline{22}}\,{}^xC_5)} \tag{314}$$

Bei Tragwerkssymmetrie ist ${}^xC_5 = {}^xC_3$; $\alpha_{\underline{12}} = \alpha_{\underline{21}}$; $\alpha_{\underline{11}} = \alpha_{\underline{22}}$ folglich

$$_{q_1}X_1 = {}_{q_3}X_2 \qquad {}_{q_1}X_2 = {}_{q_3}X_1$$

Biegemomente aus (299)

$$\left.\begin{aligned}
M_{x_1} &= q_3\,r^2\,[\qquad\quad + {}^xX_1\,{}_\otimes\overleftarrow{M}_{x_1}] \\
M_{x_2} &= q_3\,r^2\,[\qquad\quad + {}^xX_1\,{}_\otimes\overrightarrow{M}_{x_2} + {}^xX_2\,{}_\otimes\overleftarrow{M}_{x_2}] \\
M_{x_3} &= q_3\,r^2\,[{}^x_{q_3}M_{x_3} + \qquad\quad + {}^xX_2\,{}_\otimes\overrightarrow{M}_{x_3}]
\end{aligned}\right\} \quad (315\,\text{a}-\text{c})$$

Torsionsmomente aus (300)

$$\left.\begin{aligned}
T_{x_1} &= q_3\,r^2\,[\qquad\quad + {}^xX_1\,{}_\otimes\overleftarrow{T}_{x_1}] \\
T_{x_2} &= q_3\,r^2\,[\qquad\quad + {}^xX_1\,{}_\otimes\overrightarrow{T}_{x_2} + {}^xX_2\,{}_\otimes\overleftarrow{T}_{x_2}] \\
T_{x_3} &= q_3\,r^2\,[{}^x_{q_3}T_{x_3} \qquad\quad + {}^xX_2\,{}_\otimes\overrightarrow{T}_{x_3}]
\end{aligned}\right\} \quad (316\,\text{a}-\text{c})$$

Auflagerkräfte aus (290)

$$\left.\begin{aligned}
A_0 &= q_3\,r\left[\qquad\qquad \frac{1}{\varphi_1}\,{}^xX_1\right] \\
A_1 &= q_3\,r\left[-\left(\frac{1}{\varphi_1} + \frac{1}{\varphi_2}\right){}^xX_1 + \frac{1}{\varphi_2}\,{}^xX_2\right] \\
A_2 &= q_3\,r\left[\frac{\varphi_3}{2} - \left(\frac{1}{\varphi_2} + \frac{1}{\varphi_3}\right){}^xX_2 + \frac{1}{\varphi_2}\,{}^xX_1\right] \\
A_3 &= q_3\,r\left[\frac{\varphi_3}{2} + \frac{1}{\varphi_3}\,{}^xX_2\right]
\end{aligned}\right\} \quad (317\,\text{a}-\text{c})$$

In (315) bis (317) sind $X_1(313)$, $X_2(314)$ und die übrigen Werte nach Abschn. 7.1 einzusetzen.

7.3 Schnittkräfte aus Wanderlast $P(\varphi_p)$ an der Stelle φ_x

7.31 Laststellung Feld 1

Stützenmomente

$$\left.\begin{aligned}
X_1 \left({}_\otimes\bar{\bar\Phi}_{1l} + {}_\otimes\bar{\bar\Phi}_{1r}\right) + X_2\, {}_\otimes\bar\Phi_{1r} \qquad\qquad\quad + {}_{P_1}\Phi_{1l} &= 0 \\
X_1\, {}_\otimes\bar\Phi_{2l} \qquad\qquad + X_2 \left({}_\otimes\bar{\bar\Phi}_{2l} + {}_\otimes\bar{\bar\Phi}_{2r}\right) \qquad\quad &= 0
\end{aligned}\right\} \qquad (318\,a-b)$$

Entsprechend Abschn. 7.21 ist gemäß (297) und (298)

$$\boxed{\begin{aligned}
X_1 &= -\,\alpha_{\underline{11}}\cdot {}_{P_1}\Phi_{1l} = -\,P_1\,r\left[{}^x\alpha_{\underline{11}}\,{}^xC_6\right] \\
X_2 &= -\,\alpha_{\underline{21}}\,{}_{P_1}\Phi_{1i} = -\,P_1\,r\left[{}^x\alpha_{\underline{21}}\,{}^xC_6\right]
\end{aligned}} \qquad \begin{aligned}(319)\\[1.2em](320)\end{aligned}$$

Biegemomente

$$M_{x_i} = P_k\,r\left[{}_{Pk}^{x}M_{x_{k(i=k)}} + {}_{Pk}^{x}X_{i-1}\,{}_\otimes\vec{M}_{x_i} + {}_{Pk}^{x}X_i\,{}_\otimes\overleftarrow{M}_{x_i}\right] \qquad (321)$$

$$\left.\begin{aligned}
M_{x_1} &= P_1\,r\left[{}_{P_1}^{x}M_{x_1} + {}^xX_1\,{}_\otimes\overleftarrow{M}_{x_1}\right] \\
M_{x_2} &= P_1\,r\left[\qquad + {}^xX_1\,{}_\otimes\vec{M}_{x_2} + {}^xX_2\,{}_\otimes\overleftarrow{M}_{x_2}\right] \\
M_{x_3} &= P_1\,r\left[\qquad\qquad\qquad + {}^xX_2\,{}_\otimes\vec{M}_{x_3}\right]
\end{aligned}\right\} \qquad (221\,a-c)$$

Torsionsmomente

$$T_{x_i} = P_k\,r\left[{}_{Pk}^{x}T_{x_{k(i=k)}} + {}_{Pk}^{x}X_{i-1}\,{}_\otimes\vec{T}_{x_i} + {}_{Pk}^{x}X_i\,{}_\otimes\overleftarrow{T}_{x_i}\right] \qquad (322)$$

$$\left.\begin{aligned}
T_{x_1} &= P_1\,r\left[{}_{P_1}^{x}T_{x_1} + {}^xX_1\,{}_\otimes\overleftarrow{T}_{x_1}\right] \\
T_{x_2} &= P_1\,r\left[\qquad + {}^xX_1\,{}_\otimes\vec{T}_{x_2} + {}^xX_2\,{}_\otimes\overleftarrow{T}_{x_2}\right] \\
T_{x_3} &= P_1\,r\left[\qquad\qquad\qquad + {}^xX_2\,{}_\otimes\vec{T}_{x_3}\right]
\end{aligned}\right\} \qquad (322\,a-c)$$

Auflagerkräfte

$$A_n = P_k\left[\left(\frac{\varphi_p}{\varphi_{\,i=k}}\right)_{n=i-1} + \left(1 - \frac{\varphi_p}{\varphi_{i=k}}\right)_{n=i}\right.$$
$$\left. -\left(\frac{1}{\varphi_n} + \frac{1}{\varphi_{n+1}}\right){}^xX_n + \frac{1}{\varphi_{n+1}}\,{}^xX_{n+1} + \frac{1}{\varphi_n}\,{}^xX_{n-1}\right] \qquad (323)$$

$$\left.\begin{aligned}
A_0 &= P_1\left[\frac{\varphi_p}{\varphi_1} + \frac{1}{\varphi_1}\,{}^xX_1\right] \\
A_1 &= P_1\left[1 - \frac{\varphi_p}{\varphi_1} - \left(\frac{1}{\varphi_1} + \frac{1}{\varphi_2}\right){}^xX_1 + \frac{1}{\varphi_2}\,{}^xX_2\right] \\
A_2 &= P_1\left[-\left(\frac{1}{\varphi_2} + \frac{1}{\varphi_3}\right){}^xX_2 + \frac{1}{\varphi_2}\,{}^xX_1\right] \\
A_3 &= P_1\left[\frac{1}{\varphi_3}\,{}^xX_2\right]
\end{aligned}\right\} \qquad (323\,a-d)$$

In den Gln. (321) bis (324) sind einzusetzen

$$_{P_1}M_{x_1}(22^{\mathrm{a}}_{\mathrm{b}}),\ _{\otimes}\overrightarrow{M}_{x_i}(111),\ _{\otimes}\overleftarrow{M}_{x_i}(120)$$

$$_{P_1}T_{x_i}(23^{\mathrm{a}}_{\mathrm{b}}),\ _{\otimes}\overrightarrow{T}_{x_i}(112),\ _{\otimes}\overleftarrow{T}_{x_i}(121)$$

$$X_1(319),\ X_2(320)$$

7.32 Laststellung Feld 2

Stützenmomente

$$\left.\begin{aligned}
X_1({}_{\otimes}\overline{\overline{\Phi}}_{1l} + {}_{\otimes}\overline{\overline{\Phi}}_{1r}) + X_2\,{}_{\otimes}\overline{\Phi}_{1r} \qquad\qquad + {}_{P_2}\Phi_{1r} = 0\\
X_1\,{}_{\otimes}\overline{\Phi}_{2l} \qquad\qquad + X_2\,({}_{\otimes}\overline{\overline{\Phi}}_{2l} + {}_{\otimes}\overline{\overline{\Phi}}_{2r}) + {}_{P_2}\Phi_{2l} = 0
\end{aligned}\right\} \qquad (324\,\mathrm{a-b})$$

Entsprechend Abschn. 7.22, Gl. (303), (304)

$$\boxed{\begin{aligned}
X_1 = -\,\alpha_{11}\,{}_{P_2}\Phi_{1r} - \alpha_{12}\,{}_{P_2}\Phi_{2l} = -\,P_2\,r\,[{}^{x}\alpha_{11}\,{}^{x}C_7 + {}^{x}\alpha_{12}\,{}^{x}C_8] \qquad (325)\\
X_2 = -\,\alpha_{21}\,{}_{P_2}\Phi_{1r} - \alpha_{22}\,{}_{P_2}\Phi_{2l} = -\,P_2\,r\,[{}^{x}\alpha_{21}\,{}^{x}C_7 + {}^{x}\alpha_{22}\,{}^{x}C_8] \qquad (326)
\end{aligned}}$$

Biegemomente aus (321)

$$\left.\begin{aligned}
M_{x_1} &= P_2\,r\,[\qquad\quad + {}^{x}X_1\,{}_{\otimes}\overleftarrow{M}_{x_1}]\\
M_{x_2} &= P_2\,r\,[{}^{x}_{P_2}M_{x_2} + {}^{x}X_1\,{}_{\otimes}\overrightarrow{M}_{x_2} + {}^{x}X_2\,{}_{\otimes}\overleftarrow{M}_{x_2}]\\
M_{x_3} &= P_2\,r\,[\qquad\qquad\quad + {}^{x}X_2\,{}_{\otimes}\overrightarrow{M}_{x_3}]
\end{aligned}\right\} \qquad (327\,\mathrm{a-c})$$

Torsionsmomente aus (322)

$$\left.\begin{aligned}
T_{x_1} &= P_2\,r\,[\qquad\quad + {}^{x}X_1\,{}_{\otimes}\overleftarrow{T}_{x_1}]\\
T_{x_2} &= P_2\,r\,[{}^{x}_{P_2}T_{x_2} + {}^{x}X_1\,{}_{\otimes}\overrightarrow{T}_{x_2} + {}^{x}X_2\,{}_{\otimes}\overleftarrow{T}_{x_2}]\\
T_{x_3} &= P_2\,r\,[\qquad\qquad\qquad\ {}^{x}X_2\,{}_{\otimes}\overrightarrow{T}_{x_3}]
\end{aligned}\right\} \qquad (328\,\mathrm{a-c})$$

Auflagerkräfte aus (323)

$$\left.\begin{aligned}
A_0 &= P_2\left[\frac{1}{\varphi_1}\,{}^{x}X_1\right]\\
A_1 &= P_2\left[\frac{\varphi_p}{\varphi_2} - \left(\frac{1}{\varphi_1} + \frac{1}{\varphi_2}\right){}^{x}X_1 + \frac{1}{\varphi_2}\,{}^{x}X_2\right]\\
A_2 &= P_2\left[1 - \frac{\varphi_p}{\varphi_2} - \left(\frac{1}{\varphi_2} + \frac{1}{\varphi_3}\right){}^{x}X_2 + \frac{1}{\varphi_2}\,{}^{x}X_1\right]\\
A_3 &= P_3\left[\frac{1}{\varphi_3}\,{}^{x}X_2\right]
\end{aligned}\right\} \qquad (329\,\mathrm{a-d})$$

In (327) bis (329) sind $X_1(325)$, $X_2(326)$ und die übrigen Werte nach Abschn. 7.31 einzusetzen.

7.33 Laststellung Feld 3

Bei Symmetrie des Tragwerkes gelten die Gleichungen des Abschn. 7.31 nach Vertauschung. Für $\varphi_1 \neq \varphi_2 \neq \varphi_3$ ist entsprechend Abschn. 7.33 durch Einsetzen der Lastglieder für die Einzellast an Stelle der Gleichlast:

Stützenmomente

$$\left.\begin{aligned}
X_1\,({}_\otimes\overline{\overline{\Phi}}_{1l} + {}_\otimes\overline{\overline{\Phi}}_{1r}) + X_2\,{}_\otimes\overline{\Phi}_{1r} &= 0\\
X_1\,{}_\otimes\overline{\Phi}_{2l} \qquad\qquad + X_2\,({}_\otimes\overline{\overline{\Phi}}_{2l} + {}_\otimes\overline{\overline{\Phi}}_{2r}) + {}_{P_3}\overline{\overline{\Phi}}_{2r} &= 0
\end{aligned}\right\} \qquad (330\,\mathrm{a-b})$$

$$\boxed{\begin{aligned}
X_1 &= -\,\alpha_{\underline{12}}\,{}_{P_3}\Phi_{2r} = -\,P_3\,r\,[{}^{\mathrm{x}}\alpha_{\underline{12}}\,{}^{\mathrm{x}}C_9]\\
X_2 &= -\,\alpha_{\underline{22}}\,{}_{P_3}\Phi_{2r} = -\,P_3\,r\,[{}^{\mathrm{x}}\alpha_{\underline{22}}\,{}^{\mathrm{x}}C_9]
\end{aligned}} \qquad\begin{aligned}(331)\\(332)\end{aligned}$$

Bei Symmetrie des Tragwerkes

$$\alpha_{\underline{11}} = \alpha_{\underline{22}}, \qquad \alpha_{\underline{12}} = \alpha_{\underline{21}}, \qquad C_9 = C_6$$

Damit

$$_{P_1}X_1 = {}_{P_3}X_2 \qquad\quad {}_{P_1}X_2 = {}_{P_3}X_1$$

Biegemomente aus (321)

$$\left.\begin{aligned}
M_{x_1} &= P_3\,r\,[\qquad\;\; + {}^{\mathrm{x}}X_1\,{}_\otimes\overleftarrow{M}_{x_1}]\\
M_{x_2} &= P_3\,r\,[\qquad\;\; + {}^{\mathrm{x}}X_1\,{}_\otimes\overrightarrow{M}_{x_2} + {}^{\mathrm{x}}X_2\,{}_\otimes\overleftarrow{M}_{x_2}]\\
M_{x_3} &= P_3\,r\,[{}_{P_3}^{\mathrm{x}}M_{x_3} + {}^{\mathrm{x}}X_2\,{}_\otimes\overrightarrow{M}_{x_3}]
\end{aligned}\right\} \qquad (333\,\mathrm{a-c})$$

Torsionsmomente aus (322)

$$\left.\begin{aligned}
T_{x_1} &= P_3\,r\,[\qquad\;\; + {}^{\mathrm{x}}X_1\,{}_\otimes\overleftarrow{T}_{x_1}]\\
T_{x_2} &= P_3\,r\,[\qquad\;\; + {}^{\mathrm{x}}X_1\,{}_\otimes\overrightarrow{T}_{x_2} + {}^{\mathrm{x}}X_2\,{}_\otimes\overleftarrow{T}_{x_2}]\\
T_{x_3} &= P_3\,r\,[{}_{P_3}^{\mathrm{x}}T_{x_3} \qquad\qquad + {}^{\mathrm{x}}X_2\,{}_\otimes\overrightarrow{T}_{x_3}]
\end{aligned}\right\} \qquad (334\,\mathrm{a-c})$$

Auflagerkräfte aus (323)

$$\left.\begin{aligned}
A_0 &= P_3\left[\frac{1}{\varphi_1}\,{}^{\mathrm{x}}X_1\right]\\
A_1 &= P_3\left[-\left(\frac{1}{\varphi_1}+\frac{1}{\varphi_2}\right){}^{\mathrm{x}}X_1 + \frac{1}{\varphi_2}\,{}^{\mathrm{x}}X_2\right]\\
A_2 &= P_3\left[\frac{\varphi_p}{\varphi_3} - \left(\frac{1}{\varphi_2}+\frac{1}{\varphi_3}\right){}^{\mathrm{x}}X_2 + \frac{1}{\varphi_2}\,{}^{\mathrm{x}}X_1\right]\\
A_3 &= P_3\left[1 - \frac{\varphi_p}{\varphi_3} + \frac{1}{\varphi_3}\,{}^{\mathrm{x}}X_2\right]
\end{aligned}\right\} \qquad (335\,\mathrm{a-d})$$

In (333) bis (335) sind $X_1(331)$, $X_2(332)$ und die übrigen Werte nach Abschn. 7.31 einzusetzen.

7.4 Verformungen des Trägers

7.41 Biegelinie w für Gleichlast q und Gleichlast q_i im Feld „i"

Biegelinie aus Gleichlast q für die drei Bereiche

$$0 \leq \varphi_{x_1} \leq \varphi_1 \;-\; 0 \leq \varphi_{x_2} \leq \varphi_2 \;-\; 0 \leq \varphi_{x_3} \leq \varphi_3\,.$$

$$w_{x_i} = \frac{q\,r^4}{E\,J}\left[{}_q^{\mathrm{x}}w_{x_i} + {}_q^{\mathrm{x}}X_{(i-1)}\,{}_\otimes\overrightarrow{w}_{x_i} + {}_q^{\mathrm{x}}X_i\,{}_\otimes\overleftarrow{w}_{x_i}\right] \qquad (336)$$

$$\left.\begin{aligned}
w_{x_1} &= \frac{q\,r^4}{E\,J}\left[{}_q^{\mathrm{x}}w_{x_1} + {}_q^{\mathrm{x}}X_1\,{}_\otimes\overleftarrow{w}_{x_1}\right]\\
w_{x_2} &= \frac{q\,r^4}{E\,J}\left[{}_q^{\mathrm{x}}w_{x_2} + {}_q^{\mathrm{x}}X_1\,{}_\otimes\overrightarrow{w}_{x_2} + {}_q^{\mathrm{x}}X_2\,{}_\otimes\overleftarrow{w}_{x_2}\right]\\
w_{x_3} &= \frac{q\,r^4}{E\,J}\left[{}_q^{\mathrm{x}}\Phi_{x_3} \qquad\qquad + {}_q^{\mathrm{x}}X_2\,{}_\otimes\overrightarrow{w}_{x_3}\right]
\end{aligned}\right\} \qquad (336\,\mathrm{a-c})$$

Gleichlast q_1 im Feld 1

$$w_{x_i} = \frac{q_k\, r^4}{E\,J}\left[\,{}^x_{q_k}w_{x_{k(i=k)}} + {}^x_{q_k}X_{(i-1)}\,\overset{\leftarrow}{\underset{\otimes}{}}w_{x_i} + {}^x_{q_k}X\,\overset{\leftarrow}{\underset{\otimes}{}}w_{x_i}\right] \tag{337}$$

$$\left.\begin{aligned}
w_{x_1} &= \frac{q_1\, r^4}{E\,J}\left[{}^x_{q_1}w_{x_1} + {}^x_{q_1}X_1\,\overset{\leftarrow}{\underset{\otimes}{}}w_{x_1}\right]\\[4pt]
w_{x_2} &= \frac{q_1\, r^4}{E\,J}\left[\qquad + {}^x_{q_1}X_1\,\overset{\rightarrow}{\underset{\otimes}{}}w_{x_2} + {}^x_{q_1}X_2\,\overset{\leftarrow}{\underset{\otimes}{}}w_{x_2}\right]\\[4pt]
w_{x_3} &= \frac{q_1\, r^4}{E\,J}\left[\qquad\qquad\qquad {}^x_{q_1}X_2\,\overset{\rightarrow}{\underset{\otimes}{}}w_{x_3}\right]
\end{aligned}\right\} \tag{337a—c}$$

Gleichlast q_2 im Feld 2

$$\left.\begin{aligned}
w_{x_1} &= \frac{q_2\, r^4}{E\,J}\left[\qquad + {}^x_{q_2}X_1\,\overset{\leftarrow}{\underset{\otimes}{}}w_{x_1}\right]\\[4pt]
w_{x_2} &= \frac{q_2\, r^4}{E\,J}\left[{}^x_{q_2}w_{x_2} + {}^x_{q_2}X_1\,\overset{\rightarrow}{\underset{\otimes}{}}w_{x_2} + {}^x_{q_2}X_2\,\overset{\leftarrow}{\underset{\otimes}{}}w_{x_2}\right]\\[4pt]
w_{x_3} &= \frac{q_2\, r^4}{E\,J}\left[\qquad\qquad + {}^x_{q_2}X_2\,\overset{\rightarrow}{\underset{\otimes}{}}w_{x_3}\right]
\end{aligned}\right\} \tag{338a—c}$$

Gleichlast q_3 im Feld 3

$$\left.\begin{aligned}
w_{x_1} &= \frac{q_3\, r^4}{E\,J}\left[\qquad + {}^x_{q_3}X_1\,\overset{\leftarrow}{\underset{\otimes}{}}w_{x_1}\right]\\[4pt]
w_{x_2} &= \frac{q_3\, r^4}{E\,J}\left[\qquad + {}^x_{q_3}X_1\,\overset{\rightarrow}{\underset{\otimes}{}}w_{x_2} + {}^x_{q_3}X_2\,\overset{\leftarrow}{\underset{\otimes}{}}w_{x_2}\right]\\[4pt]
w_{x_3} &= \frac{q_3\, r^4}{E\,J}\left[{}^x_{q_3}w_{x_3} \qquad\qquad + {}^x_{q_3}X_2\,\overset{}{\underset{\otimes}{}}w_{x_3}\right]
\end{aligned}\right\} \tag{339a—c}$$

7.42 Neigung Φ und Verwindung ψ der Biegelinie w aus Gleichlast q und q_i im Feld „i"

Gleichlast q—Neigung der Biegelinie

$$\Phi_{x_i} = \frac{q\, r^3}{E\,J}\left[{}^x_q\Phi_{x_i} + {}^x_q X_{(i-1)}\,\overset{\rightarrow}{\underset{\otimes}{}}\Phi_{x_i} + {}^x_q X_i\,\overset{\leftarrow}{\underset{\otimes}{}}\Phi_{x_i}\right] \tag{340}$$

$$\left.\begin{aligned}
\Phi_{x_1} &= \frac{q\, r^3}{E\,J}\left[{}^x_q\Phi_{x_1} + {}^x_q X_1\,\overset{\leftarrow}{\underset{\otimes}{}}\Phi_{x_1}\right]\\[4pt]
\Phi_{x_2} &= \frac{q\, r^3}{E\,J}\left[{}^x_q\Phi_{x_2} + {}^x_q X_1\,\overset{\rightarrow}{\underset{\otimes}{}}\Phi_{x_2} + {}^x_q X_2\,\overset{\leftarrow}{\underset{\otimes}{}}\Phi_{x_2}\right]\\[4pt]
\Phi_{x_3} &= \frac{q\, r^3}{E\,J}\left[{}^x_q\Phi_{x_3} \qquad\qquad + {}^x_q X_2\,\overset{\rightarrow}{\underset{\otimes}{}}\Phi_{x_3}\right]
\end{aligned}\right\} \tag{340a—c}$$

Verwindung der Biegelinie

$$\psi_{x_i} = \frac{q\, r^3}{E\,J}\left[{}^x_q\psi_{x_i} + {}^x_q X_{(i-1)}\,\overset{\rightarrow}{\underset{\otimes}{}}\psi_{x_i} + {}^x_q X_i\,\overset{\leftarrow}{\underset{\otimes}{}}\psi_{x_i}\right] \tag{341}$$

$$\left.\begin{aligned}
\psi_{x_1} &= \frac{q\, r^3}{E\,J}\left[{}^x_q\psi_{x_1} + {}^x_q X_1\,\overset{\leftarrow}{\underset{\otimes}{}}\psi_{x_1}\right]\\[4pt]
\psi_{x_2} &= \frac{q\, r^3}{E\,J}\left[{}^x_q\psi_{x_2} + {}^x_q X_1\,\overset{\rightarrow}{\underset{\otimes}{}}\psi_{x_2} + {}^x_q X_2\,\overset{\leftarrow}{\underset{\otimes}{}}\psi_{x_2}\right]\\[4pt]
\psi_{x_3} &= \frac{q\, r^3}{E\,J}\left[{}^x_q\psi_{x_3} \qquad\qquad + {}^x_q X_2\,\overset{\rightarrow}{\underset{\otimes}{}}\psi_{x_3}\right]
\end{aligned}\right\} \tag{341a—c}$$

Gleichlast q_1 im Feld 1 — Neigung der Biegelinie

$$\Phi_{x_i} = \frac{q_k\,r^3}{E\,J}\left[{}_{q_k}^{x}\Phi_{xk(i=k)} + {}_{q_k}^{x}X_{(i-1)}\;{}_{\otimes}\vec{\Phi}_{x_i} + {}_{q_k}^{x}X_i\;{}_{\otimes}\overset{\leftarrow}{\Phi}_{x_i}\right] \tag{342}$$

$$\left.\begin{aligned}
\Phi_{x_1} &= \frac{q_1\,r^3}{E\,J}\left[{}_{q_1}^{x}\Phi_{x_1} + {}_{q_1}^{x}X_1\;{}_{\otimes}\overset{\leftarrow}{\Phi}_{x_1}\right]\\[2mm]
\Phi_{x_2} &= \frac{q_1\,r^3}{E\,J}\left[\qquad + {}_{q_1}^{x}X_1\;{}_{\otimes}\vec{\Phi}_{x_2} + {}_{q_1}^{x}X_2\;{}_{\otimes}\overset{\leftarrow}{\Phi}_{x_2}\right]\\[2mm]
\Phi_{x_3} &= \frac{q_1\,r^3}{E\,J}\left[\qquad\qquad\qquad\quad + {}_{q_1}^{x}X_2\;{}_{\otimes}\vec{\Phi}_{x_3}\right]
\end{aligned}\right\} \tag{342a—c}$$

Verwindung der Biegelinie

$$\psi_{x_i} = \frac{q_k\,r^3}{E\,J}\left[{}_{q_k}^{x}\psi_{x_k(i=k)} + {}_{q_k}^{x}X_{(i-1)}\;{}_{\otimes}\vec{\psi}_{x_i} + {}_{q_k}^{x}X_i\;{}_{\otimes}\overset{\leftarrow}{\psi}_{x_i}\right] \tag{343}$$

$$\left.\begin{aligned}
\psi_{x_1} &= \frac{q_1\,r^3}{E\,J}\left[{}_{q_1}^{x}\psi_{x_1} + {}_{q_1}^{x}X_1\;{}_{\otimes}\overset{\leftarrow}{\psi}_{x_1}\right]\\[2mm]
\psi_{x_2} &= \frac{q_1\,r^3}{E\,J}\left[\qquad + {}_{q_1}^{x}X_1\;{}_{\otimes}\vec{\psi}_{x_2} + {}_{q_1}^{x}X_2\;{}_{\otimes}\overset{\leftarrow}{\psi}_{x_2}\right]\\[2mm]
\psi_{x_3} &= \frac{q_1\,r^3}{E\,J}\left[\qquad\qquad\qquad\quad + {}_{q_1}^{x}X_2\;{}_{\otimes}\vec{\psi}_{x_3}\right]
\end{aligned}\right\} \tag{343a—c}$$

Gleichlast q_2 im Feld 2.

Die Neigung Φ (344a—c) und Verwindung ψ (345a—c) ergeben sich aus (342) und (343), wenn jeweils in die Gleichung „b" ${}_{q_2}^{x}\Phi_{x_2}$ und ${}_{q_2}^{x}\psi_{x_2}$ an Stelle der Anteile für q_1 in den Gleichungen „a", sowie ${}_{q2}X_n$ für ${}_{q1}X_n$ in die Gleichungen „a—c" eingeführt werden. Der Aufbau der Gleichungen entspricht dann (338a—c). Gleichlast q_3 im Feld 3.

Entsprechend dem für Gleichlast q_2 Gesagten werden Φ(346a—c) und ψ(347a bis c) durch Einsetzen von ${}_{q_3}^{x}\Phi_{x_3}$ und ${}_{q_3}^{x}\psi_{x_3}$ sowie ${}_{q_3}X_n$ in das Gleichungssystem (342), (343) gefunden. Der Aufbau der Gleichungen entspricht dann (339a—c).

In den Gln. (336) bis (347) sind einzusetzen:

$$\begin{aligned}
&{}_{q_i}w_{x_i}\,(65)\,, &&{}_{\otimes}\overset{\leftarrow}{w}_{x_i}\,(160\,, &&{}_{\otimes}\vec{w}_{x_i}\,(141)\\
&{}_{q_i}\Phi_{x_i}(70)\,, &&{}_{\otimes}\overset{\leftarrow}{\Phi}_{x_i}(164)\,, &&{}_{\otimes}\vec{\Phi}_{x_i}(161)\\
&{}_{q_i}\psi_{x_i}\,(73)\,, &&{}_{\otimes}\overset{\leftarrow}{\psi}_{x_i}\,(168)\,, &&{}_{\otimes}\vec{\psi}_{x_i}\,(167)
\end{aligned}$$

$$\begin{aligned}
&{}_{q}X_1\,(282)\,, &&{}_{q}X_2\,(283)\,, &&{}_{q_1}X_1\,(297)\,, &&{}_{q_1}X_2\,(298)\,,\\
&{}_{q_2}X_1\,(303)\,, &&{}_{q_2}X_2\,(304) &&{}_{q_3}X_1\,(313)\,, &&{}_{q_3}X_2\,(314)
\end{aligned}$$

7.43 Biegelinie w für Einzellast $P\,(q_p)$

P im Feld 1

$$w_{x_i} = \frac{P_k\,r^3}{E\,J}\left[{}_{P_k}^{x}w_{x_k\,(i\,=\,k)} + {}_{P_k}^{x}X_{(i-1)}\;{}_{\otimes}\vec{w}_{x_i} + {}_{Pk}^{x}X_i\;{}_{\otimes}\overset{\leftarrow}{w}_{x_i}\right] \tag{348}$$

$$\left.\begin{aligned}
w_{x_1} &= \frac{P_1\,r^3}{E\,J}\left[{}_{p_1}^{x}w_{x_1} + {}_{p_1}^{x}X_1\;{}_{\otimes}\overset{\leftarrow}{w}_{x_1}\right]\\[2mm]
w_{x_2} &= \frac{P_1\,r^3}{E\,J}\left[\qquad + {}_{p_1}^{x}X_1\;{}_{\otimes}\vec{w}_{x_2} + {}_{p_1}^{x}X_2\;{}_{\otimes}\overset{\leftarrow}{w}_{x_2}\right]\\[2mm]
w_{x_3} &= \frac{P_1\,r^3}{E\,J}\left[\qquad\qquad\qquad\quad {}_{p_1}^{x}X_2\;{}_{\otimes}\vec{w}_{x_3}\right]
\end{aligned}\right\} \tag{348a—c}$$

P im Feld 2

$$w_{x_1} = \frac{P_2\,r^3}{E\,J}\left[\qquad\quad + {}^x_{p_2}X_1\,{}^{x\leftarrow}_{\otimes}w_{x_1}\right]$$

$$w_{x_2} = \frac{P_2\,r^3}{E\,J}\left[{}^x_{p_2}w_{x_2} + {}^x_{p_2}X_1\,{}^{x\rightarrow}_{\otimes}w_{x_2} + {}^x_{p_2}X_2\,{}^{x\leftarrow}_{\otimes}w_{x_2}\right]$$

$$w_{x_3} = \frac{P_2\,r^3}{E\,J}\left[\qquad\qquad\qquad + {}^x_{p_2}X_2\,{}^{x\rightarrow}_{\otimes}w_{x_3}\right]$$

$$(349\,\mathrm{a-c})$$

P im Feld 3

$$w_{x_1} = \frac{P_3\,r^3}{E\,J}\left[\qquad\quad + {}^x_{p_3}X_1\,{}^{x\leftarrow}_{\otimes}w_{x_1}\right]$$

$$w_{x_2} = \frac{P_3\,r^3}{E\,J}\left[\qquad\quad + {}^x_{p_3}X_1\,{}^{x\rightarrow}_{\otimes}w_{x_2} + {}^x_{p_3}X_2\,{}^{x\leftarrow}_{\otimes}w_{x_2}\right]$$

$$w_{x_3} = \frac{P_3\,r^3}{E\,J}\left[{}^x_{p_3}w_{x_3} \qquad\qquad + {}^x_{p_3}X_2\,{}^{x\rightarrow}_{\otimes}w_{x_3}\right]$$

$$(350\,\mathrm{a-c})$$

7.44 Neigung Φ und Verwindung ψ der Biegelinie w aus Einzellast $P(\varphi_p)$

P im Feld 1 — Neigung der Biegelinie

$$\Phi_{x_i} = \frac{P_k\,r^2}{E\,J}\left[{}^x_{pk}\Phi_{x_k(i=k)} + {}^x_{p_k}X_{(i-1)}\,{}^{x\rightarrow}_{\otimes}\Phi_{x_i} + {}^x_{p_k}X_i\,{}^{x\leftarrow}_{\otimes}\Phi_{x_i}\right] \tag{351}$$

$$\Phi_{x_1} = \frac{P_1\,r^2}{E\,J}\left[{}^x_{p_1}\Phi_{x_1} + {}^x_{p_1}X_1\,{}^{x}_{\otimes}\Phi_{x_1}\right]$$

$$\Phi_{x_2} = \frac{P_1\,r^2}{E\,J}\left[\qquad\quad + {}^x_{p_1}X_1\,{}^{x\rightarrow}_{\otimes}\Phi_{x_2} + {}^x_{p_1}X_2\,{}^{x\leftarrow}_{\otimes}\Phi_{x_2}\right]$$

$$\Phi_{x_3} = \frac{P_1\,r^2}{E\,J}\left[\qquad\qquad\qquad + {}^x_{p_2}X_2\,{}^{x\rightarrow}_{\otimes}\Phi_{x_3}\right]$$

$$(351\,\mathrm{a-c})$$

Verwindung der Biegelinie

$$\psi_{x_i} = \frac{P_k\,r^2}{E\,J}\left[{}^x_{p_k}\psi_{x_k(i=k)} + {}^x_{p_k}X_{(i-1)}\,{}^{x\rightarrow}_{\otimes}\psi_{x_i} + {}^x_{p_k}X_i\,{}^{x\leftarrow}_{\otimes}\psi_{x_i}\right] \tag{352}$$

$$\psi_{x_1} = \frac{P_1\,r^2}{E\,J}\left[{}^x_{p_1}\psi_{x_1} + {}^x_{p_1}X_1\,{}^{x\leftarrow}_{\otimes}\psi_{x_1}\right]$$

$$\psi_{x_2} = \frac{P_1\,r^2}{E\,J}\left[\qquad\quad + {}^x_{p_1}X_1\,{}^{x\rightarrow}_{\otimes}\psi_{x_2} + {}^x_{p_1}X_2\,{}^{x\leftarrow}_{\otimes}\psi_{x_2}\right]$$

$$\psi_{x_3} = \frac{P_1\,r^2}{E\,J}\left[\qquad\qquad\qquad {}^x_{p_1}X_2\,{}^{x\rightarrow}_{\otimes}\psi_{x_3}\right]$$

$$(352\,\mathrm{a-c})$$

P im Feld 2

Die Neigung Φ (353a—c) und Verwindung ψ(354a—c) der Biegelinie ergeben sich aus (351) und (352) durch Einsetzen von ${}^x_{p_2}\Phi_{x_2}$ und ${}^x_{p_2}\psi_{x_2}$ in Gleichung „b" für ${}^x_{p_1}\Phi_{x_1}$ und ${}^x_{p_1}\psi_{x_1}$ der Gleichung „a", sowie p_2X_n für p_1X_n in die Gleichung „a—c"

P im Feld 3

Φ(355a—c) und ψ(356a—c) werden entsprechend Feld 2 aus (351), (352) gefunden durch Einsetzen von ${}^x_{p_3}\Phi_{x_3}$ und ${}^x_{p_3}\psi_{x_3}$ in die Gleichung „c" und mit ${}^x_{p_3}X_n$ für ${}^x_{p_1}X_n$.

In (348) bis (356) sind einzusetzen

$$_{pi}w_{xi}\begin{pmatrix}85\\93\end{pmatrix},\ _{\otimes}\overset{\leftarrow}{w}_{xi}\,(160),\quad _{\otimes}\vec{w}_{xi}\,(141),\quad _{p_1}X_1\,(319),\quad _{p_1}X_2\,(320)$$

$$_{pi}\varPhi_{xi}\begin{pmatrix}99\\100\end{pmatrix},\ _{\otimes}\overset{\leftarrow}{\varPhi}_{xi}\,(164),\quad _{\otimes}\overset{\rightarrow}{\varPhi}_{xi}\,(161),\quad _{p_2}X_1\,(325),\quad _{p_2}X_2\,(326)$$

$$_{pi}\varPsi_{xi}\begin{pmatrix}103\\104\end{pmatrix},\ _{\otimes}\overset{\leftarrow}{\varPsi}_{xi}\,(168),\quad _{\otimes}\overset{\rightarrow}{\varPsi}_{xi}\,(167),\quad _{p_3}X_1\,(331),\quad _{p_3}X_2\,(332)$$

8. Der durchlaufende Träger auf fünf Stützen mit freier „Biege-Drehbarkeit" an den Auflagern

Mit den Bezeichnungen nach Abb. 27 werden entsprechend Kap. 6 die Stützenmomente X_n als Unbekannte des statisch unbestimmten Hauptsystems der Abb. 28 eingeführt.

Mit den bekannten Enddrehwinkeln $\varPhi$ der Einzelfelder können die Unbekannten X_n und damit die Schnittkräfte für verschiedene $\varphi_1:\varphi_2:\varphi_3:\varphi_4$ ermittelt werden.

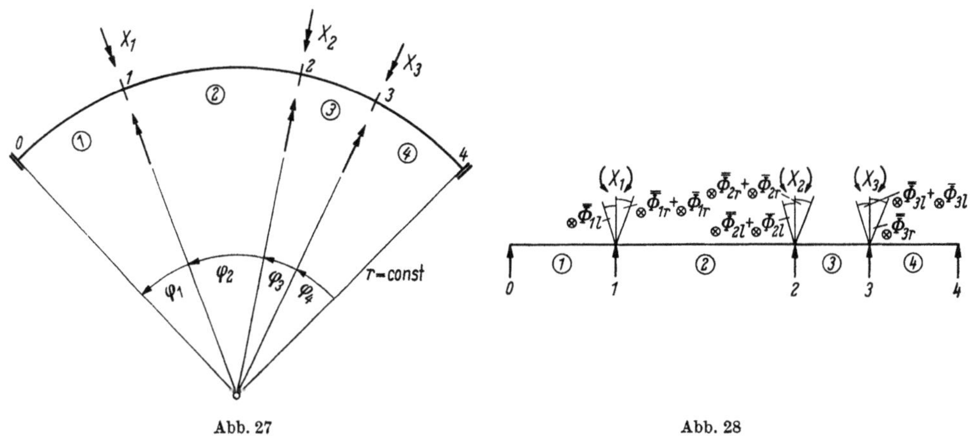

Abb. 27   Abb. 28

8.1 Schnittkräfte aus Gleichlast q

8.11 Stützenmomente X_n ($n = 1, 2, 3$)

$$X_1\,(_{\otimes}\overline{\overline{\varPhi}}_{1l} + _{\otimes}\overline{\overline{\varPhi}}_{1r}) + X_2\,_{\otimes}\overline{\varPhi}_{1r} \qquad\qquad + _{q_1}\varPhi_{1l} + _{q_2}\varPhi_{1r} = 0$$
$$X_1\,_{\otimes}\overline{\varPhi}_{2l} + X_2\,(_{\otimes}\overline{\overline{\varPhi}}_{2l} + _{\otimes}\overline{\overline{\varPhi}}_{2r}) + X_3\,_{\otimes}\overline{\varPhi}_{2r} + _{q_2}\varPhi_{2l} + _{q_3}\varPhi_{2r} = 0 \quad (357\,\text{a—c})$$
$$+ X_2\,_{\otimes}\overline{\varPhi}_{3l} + X_3\,(_{\otimes}\overline{\overline{\varPhi}}_{3l} + _{\otimes}\overline{\overline{\varPhi}}_{3r}) + _{q_3}\varPhi_{3l} + _{q_4}\varPhi_{3r} = 0$$

Auflösung der Matrix nach dem Gaußschen Algorithmus. Die Vorzahlen der Matrix, die sich aus den Enddrehwinkeln $\varPhi$ der Einzelfelder zusammensetzen, werden zur Vereinfachung durch Symbole v_{ik} ersetzt. Die neue Matrix lautet dann in der allgemeinen Form:

$$\left|\begin{aligned} v_{11}\,X_1 + v_{12}\,X_2 \qquad\qquad &= -\,v_{1\,q} \\ v_{21}\,X_1 + v_{22}\,X_2 + v_{23}\,X_3 &= -\,v_{2\,q} \\ v_{32}\,X_2 + v_{33}\,X_3 &= -\,v_{3\,q} \end{aligned}\right. \qquad (358\,\text{a—c})$$

Nach Elimination von X_1 lauten die Gln. (358 b—c)

$$\left|\begin{aligned} X_2\left(v_{22}-v_{12}\frac{v_{21}}{v_{11}}\right)+X_3 v_{23} &= -\left(v_{2\,q}-v_{1\,q}\frac{v_{21}}{v_{11}}\right) \\ X_2\,v_{32} \qquad\qquad +X_3 v_{33} &= -\,v_{3\,q} \end{aligned}\right. \qquad (359\,\text{a—b})$$

Nach Elimination von X_3 wird Gl. (359 a) zu

$$X_2\left(v_{32}-v_{22}\frac{v_{33}}{v_{23}}+v_{12}\frac{v_{21}}{v_{11}}\frac{v_{33}}{v_{23}}\right)= -\left(v_{3\,q}-v_{2\,q}\frac{v_{33}}{v_{23}}+v_{1\,q}\frac{v_{21}}{v_{11}}\frac{v_{33}}{v_{23}}\right) \qquad (360)$$

$$X_2 = -\,\frac{v_{3\,q}-\beta_1\,v_{2\,q}+\beta_2\,v_{1\,q}}{\beta_3} \qquad (361\text{a})$$

Darin bedeuten

$$\beta_1 = \frac{v_{33}}{v_{23}}\,;\quad \beta_2 = \frac{v_{21}}{v_{11}}\,\beta_1;\quad \beta_3 = v_{32}-\beta_1\,v_{22}+\beta_2\,v_{12} \qquad (362\,\text{a—c})$$

Außerdem sind

$$\beta_4 = \frac{1}{v_{11}}\,;\quad \beta_5 = \frac{1}{v_{33}}\,;\quad \beta_6 = \beta_4\cdot v_{12};\quad \beta_7 = \beta_5\cdot v_{32} \qquad (362\,\text{d—g})$$

und damit

$$X_3 = -\,\beta_5\,v_{3\,q} - \beta_7\,X_2 \qquad (361\,\text{b})$$

$$X_1 = -\,\beta_4\,v_{1\,q} - \beta_6\,X_2 \qquad (361\,\text{c})$$

Für $q = \mathrm{c}$

$$\boxed{\begin{aligned} X_1 &= -\,q\,r^2\,[{}^x\beta_4\,{}^x v_{1\,q} + {}^x\beta_6\,{}^x X_2] \\ X_2 &= -\,q\,r^2\left|\frac{1}{{}^x\beta_3}\,({}^x v_{3\,q}-{}^x\beta_1\,{}^x v_{2\,q}+{}^x\beta_2\,{}^x v_{1\,q})\right] \\ X_3 &= -\,q\,r^2\,[{}^x\beta_5\,{}^x v_{3\,q} + {}^x\beta_7\,{}^x X_2] \end{aligned}}$$

$$(363)$$
$$(364)$$
$$(365)$$

Für Systemsymmetrie ist $X_1 = X_3$.

Für $\varphi_1 = \varphi_2 = \varphi_3 = \varphi_4$ und $J,\,\Theta,\,q = \mathrm{c}$ vereinfacht sich die Matrix, wenn $\overline{\overline{\Phi}}$ die anliegenden und $\overline{\Phi}$ die abliegenden Enddrehwinkel eines Stützenmomentes sind.

$$\left|\begin{aligned} X_1\cdot 2\,\overline{\overline{\Phi}} + X_2\,\overline{\Phi} &= -\,2\,{}_q\Phi \\ 2\,X_1\,\overline{\Phi} + X_2\cdot 2\,\overline{\overline{\Phi}} &= -\,2\,{}_q\Phi \end{aligned}\right. \qquad (366\,\text{a—b})$$

Nach Elimination von X_2

$$X_1\left(2\overline{\overline{\Phi}}-4\frac{\overline{\overline{\Phi}}^2}{\overline{\Phi}}\right)=-2\,{}_q\Phi\left(1-\frac{2\,\overline{\overline{\Phi}}}{\overline{\Phi}}\right)$$

Mit $\gamma = \dfrac{\overline{\overline{\Phi}}}{\overline{\Phi}}$

$$X_1 = -\frac{q\Phi(1-2\gamma)}{\overline{\Phi}(1-2\gamma^2)} = X_3 = -q\,r^2 \left[\frac{{}^x_q\Phi\,(1-2\,{}^x\gamma)}{{}^x\overline{\Phi}\,(1-2\,{}^x\gamma^2)}\right] \tag{367}$$

$$X_2 = -2\left(\frac{q\Phi}{\overline{\Phi}} + \gamma\,X_1\right) = -2q\,r^2\left[\frac{{}^x_q\Phi}{{}^x\overline{\Phi}} + {}^x\gamma\,{}^x X_1\right] \tag{368}$$

Schnittkräfte M_x, T_x, A_n siehe Kap. 7.

8.2 Schnittkräfte aus Gleichlast q_i in einem Feld „i"

8.21 Gleichlast q_1 im Feld 1

Stützenmomente X_n

$$\begin{aligned}
v_{11}\,X_1 + v_{12}\,X_2 \qquad\qquad &= -v_{1\,q_1} \\
v_{21}\,X_1 + v_{22}\,X_2 + v_{23}\,X_3 &= 0 \\
v_{32}\,X_2 + v_{33}\,X_3 &= 0
\end{aligned} \tag{369a—c}$$

Nach Elimination von X_1 entsprechend (359)

$$\begin{aligned}
I &= +\,v_{1q_1}\frac{v_{21}}{v_{11}} \\
II &= 0
\end{aligned} \tag{370a—b}$$

Nach Elimination von X_3 wird (370a) zu:

$$X_2\,(v_{32} - \beta_1\,v_{22} + \beta_2\,v_{12}) = -\beta_2\,v_{1q_1} \tag{371}$$

Nach Umstellung der Reihenfolge ergeben sich danach folgende Unbekannte mit X_2 nach (371) unter Beachtung von (362)

$$X_1 = -\frac{v_{1q_1}}{v_{11}} - \beta_6\,X_2 = -q_1\,r^2\,({}^x\beta_4\,{}^x v_{1q_1} + {}^x\beta_6\,{}^x X_2) \tag{372}$$

$$X_2 = -\frac{\beta_2}{\beta_3}\,v_{1q_1} = -q_1 r^2\left(\frac{{}^x\beta_2}{{}^x\beta_3}\,{}^x v_{1q_1}\right) \tag{373}$$

$$X_3 = -\beta_7\,X_2 = -q_1\,r^2\,({}^x\beta_7\,{}^x X_2) \tag{374}$$

8.22 Gleichlast q_2 im Feld 2

Stützenmomente X_n

$$\begin{aligned}
v_{11}\,X_1 + v_{12}\,X_2 \qquad\qquad &= -v_{1\,q_2} \\
v_{21}\,X_1 + v_{22}\,X_2 + v_{23}\,X_3 &= -v_{2\,q_2} \\
+\,v_{32}\,X_2 + v_{33}\,X_3 &= 0
\end{aligned} \tag{375a—c}$$

Nach Elimination von X_1 entsprechend (359)

$$\left.\begin{aligned}
I &= -\left(v_{2\,q_2} - v_{1\,q_2}\frac{v_{21}}{v_{11}}\right) \\
II &= 0
\end{aligned}\right\} \tag{376a—b}$$

Nach Elimination von X_3 wird (376a) zu

$$X_2(\beta_3) = -\,(-\,\beta_1\,v_{2\,q_2} + \beta_2\,v_{1\,q_2}) \tag{377}$$

Nach Umstellung der Reihenfolge sind mit X_2 nach (377) unter Beachtung von (362)

$$X_1 = -\frac{v_{1\,q_2}}{v_{11}} - \beta_6\,X_2 \qquad = -\,q_2\,r^2\,({}^x\beta_4\,{}^xv_{1\,q_2} + {}^x\beta_6\,{}^xX_2) \tag{378}$$

$$X_2 = -\frac{-\,\beta_1\,v_{2\,q_2} + \beta_2\,v_{1\,q_2}}{\beta_3} = -\,q_2\,r^2\,\frac{-\,{}^x\beta_1\,{}^xv_{2\,q_2} + {}^x\beta_2\,{}^xv_{1\,q_2}}{\beta_3} \tag{379}$$

$$X_3 = -\,\beta_7\,X_2 \qquad = -\,q_2\,r^2\,({}^x\beta_7\,{}^xX_2) \tag{380}$$

8.23 Gleichlast q_3 im Feld 3

Stützenmomente X_n

$$\begin{aligned}
v_{11}\,X_1 + v_{12}\,X_2 &\qquad\qquad\;\; = 0\\
v_{21}\,X_1 + v_{22}\,X_2 + v_{23}\,X_3 &= -\,v_{2\,q_3}\\
+\,v_{32}\,X_2 + v_{33}\,X_3 &= -\,v_{3\,q_3}
\end{aligned} \tag{381a—c}$$

Nach Elimination von X_1 entsprechend (359)

$$\left.\begin{aligned}
I &= -\,v_{2\,q_3}\\
II &= -\,v_{3\,q_3}
\end{aligned}\right\} \tag{382a—b}$$

Nach Elimination von X_3 wird (382a) zu

$$X_2(\beta_3) = -\,(v_{3\,q_3} - \beta_1\,v_{2\,q_3}) \tag{383}$$

Nach Umstellung der Reihenfolge sind mit X_2 nach (383) unter Beachtung von (362)

$$X_1 = -\,\beta_6\,X_2 \qquad = -\,q_3\,r^2\,({}^x\beta_6\,{}^xX_2) \tag{384}$$

$$X_2 = -\frac{v_{3\,q_3} - \beta_1\,v_{2\,q_3}}{\beta_3} \qquad = -\,q_3\,r^2\,\frac{{}^xv_{3\,q_3} - {}^x\beta_1\,{}^xv_{2\,q_3}}{{}^x\beta_3} \tag{385}$$

$$X_3 = -\,\beta_5\,v_{3\,q_3} - \beta_7\,X_2 = -\,q_3\,r^2\,({}^x\beta_5\,{}^xv_{3\,q_3} + {}^x\beta_7\,{}^xX_2) \tag{386}$$

8.24 Gleichlast q_4 im Feld 4

Stützenmomente X_n

$$\begin{aligned}
v_{11}\,X_1 + v_{12}\,X_2 &\qquad\qquad\;\; = 0\\
v_{21}\,X_1 + v_{22}\,X_2 + v_{23}\,X_3 &= 0\\
+\,v_{32}\,X_2 + v_{33}\,X_3 &= -\,v_{3\,q_4}
\end{aligned} \tag{387a—c}$$

Nach Elimination von X_1 entsprechend (359)

$$\left.\begin{aligned}
I &= 0\\
II &= -\,v_{3\,q_4}
\end{aligned}\right\} \tag{388a—b}$$

Nach Elimination von X_3 wird (388a) zu

$$\beta_3 X_2 = - v_{3\,q_4} \tag{389}$$

Nach Umstellung der Reihenfolge sind mit X_2 nach (389) unter Beachtung von (362)

$$X_1 = - \beta_6 X_2 \qquad\qquad = - q_4\, r^2\, (^x\beta_6\; ^xX_2) \tag{390}$$

$$X_2 = - \frac{1}{\beta_3}\, v_{3\,q_4} \qquad\qquad = - q_4\, r^2 \left(\frac{1}{^x\beta_3}\, ^xv_{3\,q_4}\right) \tag{391}$$

$$X_3 = - \beta_5\, v_{3\,q_4} - \beta_7 X_2 = - q_4\, r^2\, (^x\beta_5\; ^xv_{3\,q_4} + \; ^x\beta_7\; ^xX_2) \tag{392}$$

8.3 Schnittkräfte aus Einzellast $P(\varphi_p)$ an der Stelle φ_x

8.31 Laststellung Feld 1

Stützenmomente X_n

$$\begin{aligned}
V_I &= v_{11} X_1 + v_{12} X_2 && = - v_{1\,p_1} \\
V_{II} &= v_{21} X_1 + v_{22} X_2 + v_{23} X_3 = 0 \\
V_{III} &= \qquad\quad + v_{32} X_2 + v_{33} X_3 = 0
\end{aligned} \tag{393a—c}$$

Die v_p bestimmen sich aus den Φ_p der Gln. (101) und (102). Da die v_p den Einfluß der mit φ_p veränderlichen Laststellung von P enthalten, lassen sich mit deren Hilfe auch die Einflußlinien der Schnittkräfte errechnen.

Da der Aufbau der Matrix entsprechend (369) ist, lassen sich die Unbekannten ohne Zwischenrechnung sofort anschreiben.

$$X_1 = - P_1\, r\, (^x\beta_4\; ^xv_{1\,p_1} + \; ^x\beta_6\; ^xX_2) \tag{394}$$

$$X_2 = - P_1 r \left(\frac{^x\beta_2}{^x\beta_3}\; ^xv_{1\,p_1}\right) \tag{395}$$

$$X_3 = - P_1\, r\, (^x\beta_7\; ^xX_2) \tag{396}$$

8.32 Laststellung Feld 2

Stützenmomente

$$\begin{aligned}
V_I &= - v_{1\,p_2} \\
V_{II} &= - v_{2\,p_2} \\
V_{III} &= 0
\end{aligned} \tag{397a—c}$$

Der Aufbau der Matrix entspricht (375). Demnach entsprechend

$$X_1 = - P_2\, r\, (^x\beta_4\; ^xv_{1\,p_2} + \; ^x\beta_6\; ^xX_2) \tag{398}$$

$$X_2 = - P_2\, r \left(\frac{^x\beta_2\; ^xv_{1\,p_2} - \; ^x\beta_1\; ^xv_{2\,p_2}}{^x\beta_3}\right) \tag{399}$$

$$X_3 = - P_2\, r\, (^x\beta_7\; ^xX_2) \tag{400}$$

8.33 Laststellung Feld 3

Stützenmomente

$$\left|\begin{aligned} V_I &= 0 \\ V_{II} &= -\,v_{2\,p_3} \\ V_{III} &= -\,v_{3\,p_3} \end{aligned}\right. \tag{401a—c}$$

Der Aufbau der Matrix entspricht (381). Demnach

$$X_1 = -\,P_3\,r({}^{x}\beta_6\,{}^{x}X_2) \tag{402}$$

$$X_2 = -\,P_3\,r\left(\frac{{}^{x}v_{3\,p_3} - {}^{x}\beta_1\,{}^{x}v_{2\,p_3}}{{}^{x}\beta_3}\right) \tag{403}$$

$$X_3 = -\,P_3\,r\,({}^{x}\beta_5\,{}^{x}v_{3\,p_3} + {}^{x}\beta_7\,{}^{x}X_2) \tag{404}$$

8.34 Laststellung Feld 4

Stützenmomente

$$\left|\begin{aligned} V_I &= 0 \\ V_{II} &= 0 \\ V_{III} &= -\,v_{3\,p_4} \end{aligned}\right. \tag{405a—c}$$

Der Aufbau der Matrix entspricht (387). Demnach

$$X_1 = -\,P_4\,r\,({}^{x}\beta_6\,{}^{x}X_2) \tag{406}$$

$$X_2 = -\,P_4\,r\left(\frac{1}{{}^{x}\beta_3}\,{}^{x}v_{3\,p_4}\right) \tag{407}$$

$$X_3 = -\,P_4\,r\,({}^{x}\beta_5\,{}^{x}v_{3\,p_4} + {}^{x}\beta_7\,{}^{x}X_2) \tag{408}$$

Die Schnittkräfte M_x, T_x A_n werden nach den allgemeinen Gln. (288), (289), (290), (299) (300), (321), (322), (323) der Abschn. 7.1 bis 7.3 und die Verformungen w_x, Φ_x, ψ_x nach den Gln. (336), (337), (340), (341), (342), (343), (348), (351), (352) des Abschn. 7.4 errechnet.

9. Der durchlaufende Träger auf sechs Stützen mit freier „Biege-Drehbarkeit“ an den Auflagern

Mit den Bezeichnungen nach Abb. 29 werden entsprechend Kap. 6 die Stützenmomente X_n als Unbekannte des statisch unbestimmten Hauptsystems der Abb. 30 eingeführt.

Mit den bekannten Enddrehwinkeln Φ der Einzelfelder werden die Unbekannten X_n und damit die Schnittkräfte für verschiedene $\varphi_1 : \varphi_2 : \varphi_3 : \varphi_4 : \varphi_5$ ermittelt.

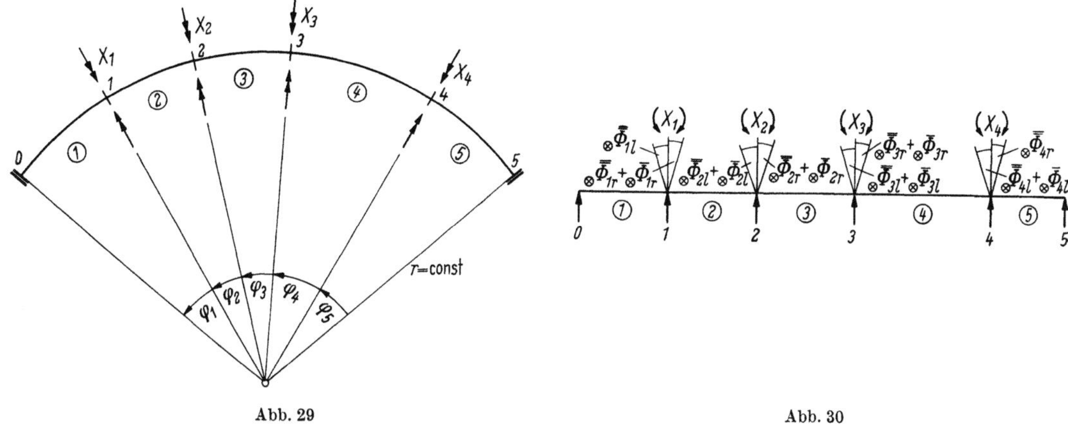

Abb. 29
Abb. 30

9.1 Schnittkräfte aus Gleichlast q

9.11 Stützenmomente X_n (n = 1···4)

$$
\begin{aligned}
0 &= X_1 \left({}_\otimes\overline{\overline{\varPhi}}_{1l} + {}_\otimes\overline{\overline{\varPhi}}_{1r}\right) + X_2 \, {}_\otimes\overline{\varPhi}_{1r} &&&+ {}_{q_1}\varPhi_{1l} + {}_{q_2}\varPhi_{1r}\\
0 &= X_1 \, {}_\otimes\overline{\varPhi}_{2l} &+ X_2 \left({}_\otimes\overline{\overline{\varPhi}}_{2l} + {}_\otimes\overline{\overline{\varPhi}}_{2r}\right) + X_3 \, {}_\otimes\overline{\varPhi}_{2r} &&+ {}_{q_2}\varPhi_{2l} + {}_{q_3}\varPhi_{2r}\\
0 &= &+ X_2 \, {}_\otimes\overline{\varPhi}_{3l} + X_3 \left({}_\otimes\overline{\overline{\varPhi}}_{3l} + {}_\otimes\overline{\overline{\varPhi}}_{3r}\right) + X_4 \, {}_\otimes\overline{\varPhi}_{3r} &&+ {}_{q_3}\varPhi_{3l} + {}_{q_4}\varPhi_{3r}\\
0 &= &+ X_3 \, {}_\otimes\overline{\varPhi}_{4l} + X_4 \left({}_\otimes\overline{\overline{\varPhi}}_{4l} + {}_\otimes\overline{\overline{\varPhi}}_{4r}\right) &&+ {}_{q_4}\varPhi_{4l} + {}_{q_5}\varPhi_{4r}
\end{aligned}
$$

$$(409\,\mathrm{a-d})$$

Auflösung der Matrix nach dem Gaußschen Algorithmus. Die Vorzahlen der Matrix werden wieder entsprechend Abschn. 8.1 durch die vereinfachten Symbole v_{ik} ausgedrückt. Die neue Matrix hat dann die allgemeine Form:

$$
\begin{aligned}
V_1 &= v_{11}\,X_1 + v_{12}\,X_2 &&&= -v_{1q}\\
V_2 &= v_{21}\,X_1 + v_{22}\,X_2 + v_{23}\,X_3 &&&= -v_{2q}\\
V_3 &= \phantom{v_{21}\,X_1 +} v_{32}\,X_2 + v_{33}\,X_3 + v_{34}\,X_4 &&= -v_{3q}\\
V_4 &= \phantom{v_{21}\,X_1 + v_{32}\,X_2 +} v_{43}\,X_3 + v_{44}\,X_4 &&= -v_{4q}
\end{aligned}
$$

$$(410\,\mathrm{a-d})$$

Nach Elimination von X_1 lauten die Gl. (410 b—d)

$$
\left.
\begin{aligned}
X_2\left(v_{22} - v_{12}\frac{v_{21}}{v_{11}}\right) + X_3\,v_{23} &= -\left(v_{2q} - v_{1q}\frac{v_{21}}{v_{11}}\right)\\
X_2 \cdot v_{32} \phantom{\left(v_{22}\right)} + X_3\,v_{33} + X_4\,v_{34} &= -v_{3q}\\
\phantom{X_2 \cdot v_{32}} + X_3\,v_{43} + X_4\,v_{44} &= -v_{4q}
\end{aligned}
\right\}
$$

$$(411\,\mathrm{a-c})$$

Nach Elimination von X_4 lauten die Gln. (411 a—b)

$$
\left.
\begin{aligned}
X_2\left(v_{22} - v_{12}\frac{v_{21}}{v_{11}}\right) + X_3\,v_{23} &= -\left(v_{2q} - v_{1q}\frac{v_{21}}{v_{11}}\right)\\
X_2\,v_{32} + X_3\left(v_{33} - v_{43}\frac{v_{34}}{v_{44}}\right) &= -\left(v_{3q} - v_{4q}\frac{v_{34}}{v_{44}}\right)
\end{aligned}
\right\}
$$

$$(412\,\mathrm{a-b})$$

Nach Elimination von X_3 wird (412b)

$$X_2\left[v_{32} + \left(v_{22} - v_{12}\frac{v_{21}}{v_{11}}\right)\left(-\frac{v_{33}}{v_{23}} + \frac{v_{43}}{v_{23}}\cdot\frac{v_{34}}{v_{44}}\right)\right]$$

$$= -\left[\left(v_{3q} - v_{4q}\frac{v_{34}}{v_{44}}\right) - \left(v_{2q} - v_{1q}\frac{v_{21}}{v_{11}}\right)\left(\frac{v_{33}}{v_{23}} - \frac{v_{43}}{v_{23}}\cdot\frac{v_{34}}{v_{44}}\right)\right] \qquad (413)$$

Zur Vereinfachung werden die Symbole (362), erweitert um die nachstehenden Symbole (414) eingeführt:

$$\left.\begin{aligned}
&\beta_8 = \frac{v_{21}}{v_{11}}, \qquad \beta_9 = \frac{v_{34}}{v_{44}}, \qquad \beta_{10} = \frac{v_{43}}{v_{23}}\beta_9, \qquad \beta_{11} = \beta_{10} - \beta_1 \\[1mm]
&\beta_{12} = \beta_8\beta_{11}, \qquad \beta_{13} = \frac{v_{22}}{v_{23}}, \qquad \beta_{14} = \frac{1}{v_{23}}\beta_8, \qquad \beta_{15} = \beta_{13} - \beta_{17} \\[1mm]
&\qquad \beta_{16} = \frac{v_{43}}{v_{44}}, \qquad \beta_{17} = v_{12}\beta_{14}, \qquad \beta_{18} = \frac{1}{v_{23}}, \qquad \beta_{19} = \frac{1}{v_{44}} \\[1mm]
&\qquad\qquad \bar{\beta} = v_{32} + \beta_{11}v_{22} - \beta_{12}v_{12}
\end{aligned}\right\} \quad (414\,\text{a–m})$$

Damit ist (413)

$$X_2(v_{32} + \beta_{11}v_{22} - \beta_{12}v_{12}) = -(v_{3q} - \beta_9 v_{4q} + \beta_{11}v_{2q} - \beta_{12}v_{1q}) \qquad (415)$$

$$X_2 = -\frac{v_{3q} - \beta_9 v_{4q} + \beta_{11}v_{2q} - \beta_{12}v_{1q}}{\bar{\beta}} \qquad (416\,\text{a})$$

Aus (412a)

$$X_3 = -\frac{1}{v_{23}}(v_{2q} - \beta_8 v_{1q}) - \beta_{15}X_2 \qquad (416\,\text{b})$$

Aus (411c)

$$X_4 = -\frac{v_{4q}}{v_{44}} - \beta_{16}X_3 \qquad (416\,\text{c})$$

Aus (410a)

$$X_1 = -\frac{v_{1q}}{v_{11}} - \beta_6 X_2 \qquad (416\,\text{d})$$

Nach Umformung und Umstellung

$$\boxed{\begin{aligned}
X_1 &= -q\,r^2\,[{}^x\!\beta_4\,{}^x v_{1q} + {}^x\!\beta_6\,{}^x X_2] &\qquad (417) \\[1mm]
X_2 &= -q\,r^2\left[\frac{1}{\bar{\beta}}\,({}^x v_{3q} - {}^x\!\beta_9\,{}^x v_{4q} + {}^x\!\beta_{11}\,{}^x v_{2q} - {}^x\!\beta_{12}\,{}^x v_{1q})\right] &\qquad (418) \\[1mm]
X_3 &= -q\,r^2\,[{}^x\!\beta_{18}\,{}^x v_{2q} - {}^x\!\beta_{14}\,{}^x v_{1q} + {}^x\!\beta_{15}\,{}^x X_2] &\qquad (419) \\[1mm]
X_4 &= -q\,r^2\,[{}^x\!\beta_{19}\,{}^x v_{4q} + {}^x\!\beta_{16}\,{}^x X_3] &\qquad (420)
\end{aligned}}$$

Für Systemsymmetrie gilt $X_1 = X_4$ und $X_2 = X_3$. Sind darüber hinaus die Feldweiten, bzw. die Öffnungswinkel φ gleich, so werden für J, Q, q, $= \mathrm{c}$ alle anliegenden ($\overline{\overline{\Phi}}$) und abliegenden ($\overline{\Phi}$) Stabenddrehwinkel gleich und die Matrix vereinfacht sich zu:

$$\left.\begin{aligned}
X_1\cdot 2\,\overline{\overline{\Phi}} + X_2\,\overline{\Phi} &= -2\,{}_q\Phi \\
X_1\,\overline{\Phi} + X_2(2\,\overline{\overline{\Phi}} + \overline{\Phi}) &= -2\,{}_q\Phi
\end{aligned}\right\} \qquad (421\,\text{a–b})$$

Nach Elimination von X_2

$$X_1\left(\overline{\Phi} - 2\,\overline{\overline{\Phi}} - 4\,\frac{\overline{\overline{\Phi}}^2}{\overline{\Phi}}\right) = 4\,{}_q\Phi\,\frac{\overline{\overline{\Phi}}}{\overline{\Phi}}$$

Mit
$$\gamma = \frac{\overline{\overline{\Phi}}}{\overline{\Phi}}$$

$$X_1 = X_4 = + \frac{4\,\gamma \cdot {}_q\Phi}{\overline{\Phi}\,(1 - 2\,\gamma - 4\,\gamma^2)} = 4\,q\,r^2\left[\frac{{}^{\mathrm{x}}\gamma\; {}^{\mathrm{x}}_q\Phi}{{}^{\mathrm{x}}\overline{\Phi}\,(1 - 2\,{}^{\mathrm{x}}\gamma - 4\,{}^{\mathrm{x}}\gamma^2)}\right] \qquad (422)$$

$$X_2 = X_3 = -2\left(\frac{{}_q\Phi}{\overline{\Phi}} + \gamma\,X_1\right) = -2\,q\,r^2\left[\frac{{}^{\mathrm{x}}_q\Phi}{{}^{\mathrm{x}}\overline{\Phi}} + {}^{\mathrm{x}}\gamma\;{}^{\mathrm{x}}X_1\right] \qquad (423)$$

9.2 Schnittkräfte aus Gleichlast q_i in einem Feld „i"

9.21 Gleichlast q_1 im Feld 1

Stützenmomente X_n. Nach (410) lautet die Matrix, wenn v_{iq} jeweils nur den Anteil des allein belasteten Feldes ausdrückt:

$$\left|\begin{aligned}
V_1 &= -v_{1\,q_1} \\
V_2 &= 0 \\
V_3 &= 0 \\
V_4 &= 0
\end{aligned}\right. \qquad (424\,\mathrm{a-d})$$

Nach Elimination von X_1 entsprechend (411)

$$\left.\begin{aligned}
V_1^{(1)} &= v_{1\,q_1}\frac{v_{21}}{v_{11}} \\[2mm]
V_2^{(1)} &= \phantom{v_{1\,q_1}}0 \\[2mm]
V_3^{(1)} &= \phantom{v_{1\,q_1}}0
\end{aligned}\right\} \qquad (425\,\mathrm{a-c})$$

Nach Elimination von X_4 entsprechend (412)

$$\left.\begin{aligned}
V_1^{(2)} &= v_{1\,q_1}\frac{v_{21}}{v_{11}} \\[2mm]
V_2^{(2)} &= \phantom{v_{1\,q_1}}0
\end{aligned}\right\} \qquad (426\,\mathrm{a-b})$$

Nach Elimination von X_3 entsprechend (413)

$$\bar{\beta}\,X_2 = \beta_{12}\,v_{1\,q_1}$$

Nach Umformung und Umstellung entsprechend den Gln. (417) bis (420)

$$X_1 = -q_1\,r^2\left[{}^{\mathrm{x}}\beta_4\;{}^{\mathrm{x}}v_{1\,q_1} + {}^{\mathrm{x}}\beta_6\,X_2\right] \qquad (428)$$

$$X_2 = -q_1\,r^2\left[-\frac{{}^{\mathrm{x}}\beta_{12}}{{}^{\mathrm{x}}\bar{\beta}}\,{}^{\mathrm{x}}v_{1\,q_1}\right] \qquad (429)$$

$$X_3 = -q_1\,r^2\left[-{}^{\mathrm{x}}\beta_{14}\;{}^{\mathrm{x}}v_{1\,q_1} + {}^{\mathrm{x}}\beta_{15}\;{}^{\mathrm{x}}X_2\right] \qquad (430)$$

$$X_4 = -q_1\,r^2\left[+{}^{\mathrm{x}}\beta_{16}\;{}^{\mathrm{x}}X_3\right] \qquad (431)$$

9.22 Gleichlast q_2 im Feld 2

Stützenmomente X_n. Die Matrix lautet entsprechend (410)

$$\left|\begin{aligned}
V_1 &= -v_{1\,q_2} \\
V_2 &= -v_{2\,q_2} \\
V_3 &= 0 \\
V_4 &= 0
\end{aligned}\right. \qquad (432\,\mathrm{a-d})$$

Nach Elimination von X_1 entsprechend (411)

$$\left.\begin{aligned}
V_1^{(1)} &= -\left(v_{2\,q_2} - v_{1\,q_2}\frac{v_{21}}{v_{11}}\right)\\
V_2^{(1)} &= \quad 0\\
V_3^{(1)} &= \quad 0
\end{aligned}\right\} \qquad (433\,\mathrm{a-c})$$

Nach Elimination von X_4 entsprechend (412)

$$\left.\begin{aligned}
V_1^{(2)} &= -\left(v_{2\,q_2} - v_{1\,q_2}\frac{v_{21}}{v_{11}}\right)\\
V_2^{(2)} &= \quad 0
\end{aligned}\right\} \qquad (434\,\mathrm{a-b})$$

Nach Elimination von X_3 entsprechend (413)

$$\overline{\beta}\,X_2 = -\,(\beta_{11}\,v_{2\,q_2} - \beta_{12}\,v_{1\,q_2})$$

Nach Umformung und Umstellung entsprechend den Gln. (417) bis (420)

$$X_1 = -\,q_2\,r^2\,[{}^{\mathrm{x}}\beta_4\,{}^{\mathrm{x}}v_{1\,q_2} + {}^{\mathrm{x}}\beta_6\,{}^{\mathrm{x}}X_2] \qquad (436)$$

$$X_2 = -\,q_2\,r^2\left[\frac{1}{\overline{\beta}}\,({}^{\mathrm{x}}\beta_{11}\,{}^{\mathrm{x}}v_{2\,q_2} - {}^{\mathrm{x}}\beta_{12}\,{}^{\mathrm{x}}v_{1\,q_2})\right] \qquad (437)$$

$$X_3 = -\,q_2\,r^2\,[{}^{\mathrm{x}}\beta_{18}\,{}^{\mathrm{x}}v_{2\,q_2} - {}^{\mathrm{x}}\beta_{14}\,{}^{\mathrm{x}}v_{1\,q_2} + {}^{\mathrm{x}}\beta_{15}\,{}^{\mathrm{x}}X_2] \qquad (438)$$

$$X_4 = -\,q_2\,r^2\,[+\,{}^{\mathrm{x}}\beta_{16}\,{}^{\mathrm{x}}X_3] \qquad (439)$$

9.23 Gleichlast q_3 im Feld 3

Stützenmomente X_n. Die Matrix lautet entsprechend (410)

$$\left|\begin{aligned}
V_1 &= \quad 0\\
V_2 &= -\,v_{2\,q_3}\\
V_3 &= -\,v_{3\,q_3}\\
V_4 &= \quad 0
\end{aligned}\right. \qquad (440\,\mathrm{a-d})$$

Nach Auflösung der Matrix entsprechend den Abschn. 9.1 und 9.21—9.22 werden die Unbekannte X_n durch direktes Einsetzen der $v_{i\,q}$-Anteile in die Gln. (417) bis (420) gefunden.

$$X_1 = -\,q_3\,r^2\,[{}^{\mathrm{x}}\beta_6\,{}^{\mathrm{x}}X_2] \qquad (441)$$

$$X_2 = -\,q_3\,r^2\left[\frac{1}{{}^{\mathrm{x}}\overline{\beta}}\,({}^{\mathrm{x}}v_{3\,q_3} + {}^{\mathrm{x}}\beta_{11}\,{}^{\mathrm{x}}v_{2\,q_3})\right] \qquad (442)$$

$$X_3 = -\,q_3\,r^2\,[{}^{\mathrm{x}}\beta_{18}\,{}^{\mathrm{x}}v_{2\,q_3} + {}^{\mathrm{x}}\beta_{15}\,{}^{\mathrm{x}}X_2] \qquad (443)$$

$$X_4 = -\,q_3\,r^2\,[+\,{}^{\mathrm{x}}\beta_{16}\,{}^{\mathrm{x}}X_3] \qquad (444)$$

9.24 Gleichlast q_4 im Feld 4

Stützenmomente X_n. Die Matrix lautet entsprechend (410)

$$\left|\begin{array}{l} V_1 = 0 \\ V_2 = 0 \\ V_3 = -\,v_{3\,q_4} \\ V_4 = -\,v_{4\,q_4} \end{array}\right. \tag{445a--d}$$

Nach Auflösung der Matrix wie vor

$$X_1 = -\,q_4\,r^2\,[{}^x\beta_6\,{}^xX_2] \tag{446}$$

$$X_2 = -\,q_4\,r^2\left[\frac{1}{{}^x\overline{\beta}}\,({}^xv_{3\,q_4} - {}^x\beta_9\,{}^xv_{4\,q_4})\right] \tag{447}$$

$$X_3 = -\,q_4\,r^2\,[+\,{}^x\beta_{15}\,{}^xX_2] \tag{448}$$

$$X_4 = -\,q_4\,r^2\,[{}^x\beta_{19}\,{}^xv_{4\,q_4} + {}^x\beta_{16}\,{}^xX_3] \tag{449}$$

9.25 Gleichlast q_5 im Feld 5

Stützenmomente X_n. Die Matrix lautet entsprechend (410)

$$\left|\begin{array}{l} V_1 = 0 \\ V_2 = 0 \\ V_3 = 0 \\ V_4 = -\,v_{4\,q_5} \end{array}\right. \tag{450a--d}$$

Nach Auflösung der Matrix wie vor

$$X_1 = -\,q_5\,r^2\,[{}^x\beta_6\,{}^xX_2] \tag{451}$$

$$X_2 = -\,q_5\,r^2\left[-\,\frac{{}^x\beta_9}{{}^x\overline{\beta}}\,v_{4\,q_5}\right] \tag{452}$$

$$X_3 = -\,q_5\,r^2\,[+\,{}^x\beta_{15}\,{}^xX_2] \tag{453}$$

$$X_4 = -\cdot q_5\,r^2\,[{}^x\beta_{19}\,{}^xv_{4\,q_5} + {}^x\beta_{16}\,{}^xX_3] \tag{454}$$

9.3 Schnittkräfte aus Einzellast $P(\varphi_p)$ an der Stelle φ_x

9.31 Laststellung Feld 1

Stützenmomente X_n. Die Matrix lautet entsprechend (424) mit dem Lastglied $v_{1\,p_1}$

$$\left|\begin{array}{l} V_1 = -\,v_{1\,p_1} \\ V_2 = 0 \\ V_3 = 0 \\ V_4 = 0 \end{array}\right. \tag{455a--d}$$

Da der Rechnungsgang analog Abschn. 9.21 verläuft, lassen sich die Unbekannten direkt entsprechend (428) bis (431) anschreiben.

$$X_1 = - P_1\, r\, [{}^{x}\!\beta_4\, {}^{x}v_{1\,p_1} + {}^{x}\!\beta_6\, {}^{x}X_2] \tag{456}$$

$$X_2 = - P_1\, r\left[- \frac{{}^{x}\!\beta_{12}}{{}^{x}\overline{\beta}}\, v_{1\,p_1} \right] \tag{457}$$

$$X_3 = - P_1 r\, [- {}^{x}\!\beta_{14}\, {}^{x}v_{1\,p_1} + {}^{x}\!\beta_{15}\, {}^{x}X_2] \tag{458}$$

$$X_4 = - P_1 r\, [+ {}^{x}\!\beta_{16}\, {}^{x}X_3] \tag{459}$$

9.32 Laststellung Feld 2

Stützenmomente X_n. Die Matrix lautet entsprechend (432)

$$\begin{aligned} V_1 &= - v_{1\,p_2} \\ V_2 &= - v_{2\,p_2} \\ V_3 &= \quad 0 \\ V_4 &= \quad 0 \end{aligned} \tag{460 a—d}$$

Daraus im direkten Vergleich mit (436) bis (439)

$$X_1 = - P_2\, r\, [{}^{x}\!\beta_4\, {}^{x}v_{1\,p_2} + {}^{x}\!\beta_6\, {}^{x}X_2] \tag{461}$$

$$X_2 = - P_2\, r\left[\frac{1}{{}^{x}\overline{\beta}}\, ({}^{x}\!\beta_{11}\, {}^{x}v_{2\,p_2} - {}^{x}\!\beta_{12}\, {}^{x}v_{1\,p_2}) \right] \tag{462}$$

$$X_3 = - P_2\, r\, [{}^{x}\!\beta_{18}\, {}^{x}v_{2\,p_2} - {}^{x}\!\beta_{14}\, v_{1\,p_2} + {}^{x}\!\beta_{15}\, {}^{x}X_2] \tag{463}$$

$$X_4 = - P_2\, r\, [+ {}^{x}\!\beta_{16}\, {}^{x}X_3] \tag{464}$$

9.33 Laststellung Feld 3

Stützenmomente X_n. Die Matrix lautet entsprechend (440)

$$\begin{aligned} V_1 &= \quad 0 \\ V_2 &= - v_{2\,p_3} \\ V_3 &= - v_{3\,p_3} \\ V_4 &= \quad 0 \end{aligned} \tag{465 a—d}$$

Daraus im direkten Vergleich mit (441) bis (444)

$$X_1 = - P_3\, r\, [{}^{x}\!\beta_6\, {}^{x}X_2] \tag{466}$$

$$X_2 = - P_3\, r\left[\frac{1}{{}^{x}\overline{\beta}}\, (v_{3\,p_3} + {}^{x}\!\beta_{11}\, v_{2\,p_3}) \right] \tag{467}$$

$$X_3 = - P_3\, r\, [{}^{x}\!\beta_{18}\, {}^{x}v_{2\,p_3} + {}^{x}\!\beta_{15}\, {}^{x}X_2] \tag{468}$$

$$X_4 = - P_3\, r\, [+ {}^{x}\!\beta_{16}\, {}^{x}X_3] \tag{469}$$

9.34 Laststellung Feld 4

Stützenmomente X_n. Die Matrix lautet entsprechend (445)

$$\left|\begin{aligned} V_1 &= \ \ 0 \\ V_2 &= \ \ 0 \\ V_3 &= -\,v_{3p_4} \\ V_4 &= -\,v_{4p_4} \end{aligned}\right. \qquad (470\,\text{a}-\text{d})$$

Daraus in direktem Vergleich mit (446) bis (449)

$$X_1 = -\,P_4\,r\,[{}^{x}\beta_6\,{}^{x}X_2] \qquad (471)$$

$$X_2 = -\,P_4\,r\left[\frac{1}{{}^{x}\overline{\beta}}\,({}^{x}v_{3p_4} - {}^{x}\beta_9\,{}^{x}v_{4p_4})\right] \qquad (472)$$

$$X_3 = -\,P_4\,r\,[+\,{}^{x}\beta_{15}\,{}^{x}X_2] \qquad (473)$$

$$X_4 = -\,P_4\,r\,[{}^{x}\beta_{19}\,{}^{x}v_{4p_4} + {}^{x}\beta_{16}\,{}^{x}X_3] \qquad (474)$$

9.35 Laststellung Feld 5

Stützenmomente X_n. Die Matrix lautet entsprechend (450)

$$\left|\begin{aligned} V_1 &= \ \ 0 \\ V_2 &= \ \ 0 \\ V_3 &= \ \ 0 \\ V_4 &= -\,v_{4p_5} \end{aligned}\right. \qquad (475\,\text{a}-\text{d})$$

Daraus in direktem Vergleich mit (451) bis (454)

$$X_1 = -\,P_5\,r\,[{}^{x}\beta_6\,{}^{x}X_2] \qquad (476)$$

$$X_2 = -\,P_5\,r\left[-\,\frac{{}^{x}\beta_9}{{}^{x}\overline{\beta}}\,v_{4p_5}\right] \qquad (477)$$

$$X_3 = -\,P_5\,r\,[+\,{}^{x}\beta_{15}\,{}^{x}X_2] \qquad (478)$$

$$X_4 = -\,P_5\,r\,[{}^{x}\beta_{19}\,{}^{x}v_{4p_5} + {}^{x}\beta_{16}\,{}^{x}X_3] \qquad (479)$$

Die Schnittkräfte M_x, T_x, A_n und die Verformungen w_x, Φ_x, ψ_x werden entsprechend Kap. 8 nach 7.1 bis 7.4 errechnet.

10. Tabellen und Tafeln zur Berechnung

Erläuterung zum Gebrauch der Tabellen und Tafeln

10.1 Einführung

Für den kreisförmig gekrümmten Träger mit starrer Torsionseinspannung an den Auflagerpunkten werden für eine beliebige, winkelrecht zu seiner Ebene wirkende Belastung Tafeln und Tabellen vorgelegt, die die Berechnung seiner

Verformungen und Schnittkräfte mit den Mitteln der Statik des geraden Trägers nach den Gleichungen der Kap. 1 bis 9 ermöglichen, ohne die Kenntnis der Theorie vorauszusetzen. Darüber hinaus wird die Berechnung der Einflußlinien und Schnittgrößen weitgehend vorweggenommen, so daß der geringe verbleibende Rechenaufwand auch von einem ungeübten Ingenieur nach dem Einlesen in kürzester Zeit bewältigt werden kann.

Die Lösungen bauen auf dem Einfeldträger mit freier „Biege-Drehbarkeit", aber torsionsfester Einspannung an den Auflagern auf (Abb. 31). Hierbei ist es möglich, den Krümmungseinfluß im „Biege-Enddrehwinkel" des Trägers mit auszudrücken, so daß die Berechnung von Endeinspannungen oder Kontinuitätsbedingungen dem Prinzip nach auf die Methoden der Statik des geraden Trägers zurückgeführt wird, und damit formale Vorstellungsschwierigkeiten bei der Anwendung der Gleichungen und Tabellen ausscheiden.

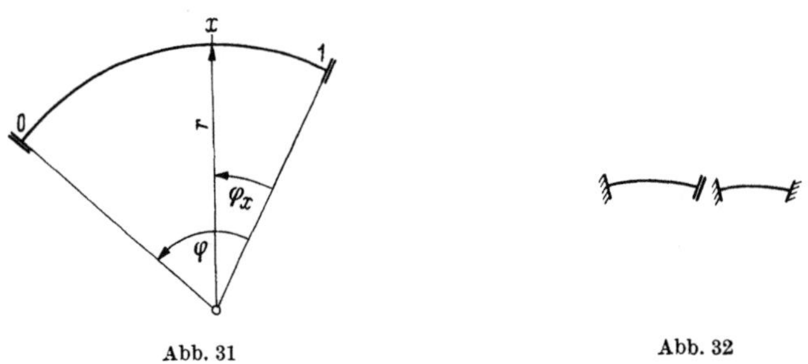

Abb. 31   Abb. 32

Der Einfluß des Öffnungswinkels φ auf den Kraftverlauf wird bis zum Vollkreis $\varphi = 360°$ gezeigt. Schnittkräfte für Gleichlast q, Einzellast P in der Laststellung $\varphi_p = \frac{\varphi}{2}$ und $\frac{\varphi}{5}$, Stabendmoment $X = 1$ und Einflußlinien werden bis $\varphi = 50°$ für $\Delta\varphi = 5°$, bis $\varphi = 180°$ für $\Delta\varphi = 10°$, bis $\varphi = 360°$ für $\Delta\varphi = 15°$ angegeben. Für die gleichen Öffnungswinkel und die genannten Lastfälle liegen die „Biege-Enddrehwinkel Φ" für feldweise konstantes Trägheitsmoment vor.

Schnittkräfte und Enddrehwinkel sind vom Öffnungswinkel φ abhängig in Kurventafeln dargestellt. Hierdurch wird es dem Konstrukteur anschaulich ermöglicht, den Einfluß der Stützenstellung auf Verformungen und Schnittkräfte auch beim Durchlaufträger unmittelbar zu beurteilen und die in den Tabellen nicht ausgedruckten Zwischenwerte mit ausreichender Genauigkeit abzulesen. Zur Unterstützung des Vorstellungsvermögens ist der Schnittkraftverlauf entlang des Trägers für einige ausgezeichnete Öffnungswinkel φ angegeben.

Die Berechnung der statisch unbestimmten „Biege-Endeinspannmomente X_n" bei ein- oder beidseitiger „Biege-Endeinspannung" (s. Abb. 32) des Einfeldträgers erfolgt unter Benutzung der tabellarisch ausgedruckten Enddrehwinkel Φ als Lastglieder. Der in Φ enthaltene Einfluß des Steifigkeitsverhältnisses $k = \dfrac{E\,J}{G\,\Theta}$ (Biege- zur Torsionssteifigkeit) auf die Einspannmomente X_n wurde für Gleichlast q mit $k = 1, 2, 3, 5, 10$ aufgezeigt und X_n für das gewählte Zahlenraster $\Delta\varphi$ angegeben.

Analog liegen die Einflußlinien für die Einspannmomente X_n vor. Wegen der Ähnlichkeit des Steifigkeitseinflusses genügt jedoch die Angabe für $k = 1$ und 10.

Für die Halbkreisträger ($\varphi = 180°$) ist das Steifigkeitsverhältnis ohne Einfluß auf die Verformungen und Schnittkräfte. Wegen seiner Sonderstellung wurden die Schnittkräfte und Einflußlinien für ein- und beidseitige Biegevolleinspannung für die Zehntelpunkte des Trägers unmittelbar angegeben. Ein Vergleich der zugehörigen Schaubilder zeigt den Einfluß der ein- und beidseitigen Biegeendeinspannung auf den Kraftverlauf im Träger.

Im allgemeinen werden Verformungen, Einflußlinien und Schnittkräfte durch einfaches Zusammensetzen der Grundwerte des biegefrei gelagerten Einfeldträgers unter Verwendung der zugehörigen Einspannmomente X_n gefunden. Dies gilt entsprechend für den Durchlaufträger. Die Rechenanweisungen sind in den vorhergehenden Kapiteln bis zum Fünffeldträger mit beliebigen Öffnungswinkeln der einzelnen Felder in Form von Gleichungen angegeben, zu deren Lösung nur die Rechengrundoperationen unter Verwendung der vorliegenden Tabellenwerte anzuwenden sind; eine mechanische Arbeit, die schon mit einer kleinen Rechenmaschine mit ausreichender Genauigkeit ausführbar ist.

Zur schnellen und sicheren Handhabung der Tabellen und Tafeln ist das jeweils zugehörige Trägersystem als Kennzeichnung angegeben.

10.2 Bezeichnungen und statische Angaben

Die „i" Felder eines Trägers werden nach Abb. 33 von links beginnend mit $i = 1, 2, 3 \ldots$ bezeichnet, die Stützen entsprechend mit $n = i - 1 = 0, 1, 2, 3, \ldots$ Die statisch unbestimmten Biegemomente X_n über den Stützen erzeugen für $X_n = 1$ eine Endverdrehung der biegefrei gelagerten, benachbarten Einfeldträger von $_\otimes\overline{\Phi}_{(n-1)r}$; $_\otimes\overline{\overline{\Phi}}_{nl}$; $_\otimes\overline{\Phi}_{nr}$; $_\otimes\overline{\overline{\Phi}}_{(n+1)l}$ (Abb. 34). Der Fußindex unten rechts gibt den zugehörigen Auflagerpunkt des Enddrehwinkels an. Mit „l" oder „r" ist gesagt, ob das Feld „links" oder „rechts" vom Auflager gemeint ist.

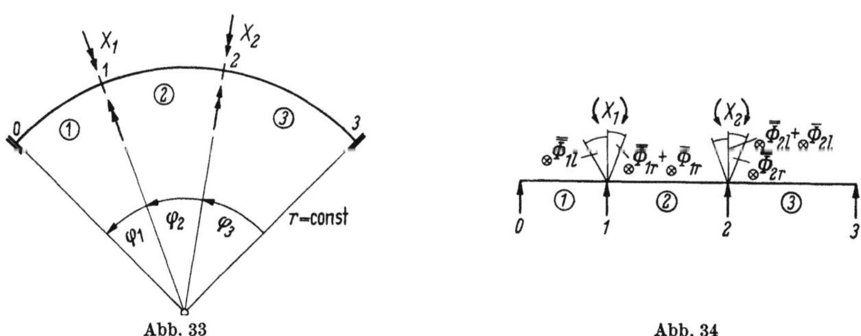

Abb. 33   Abb. 34

Der Fußindex unten links bezeichnet den zugehörigen Lastfall. Es deuten q = Gleichlast, q_i = Gleichlast im Feld „i", entsprechend P_i = Einzellast im Feld „i". $\otimes$ weist auf ein Stabendmoment $X = 1$ hin, wobei ein Doppelquerstrich über dem Symbol ($\overline{\overline{\Phi}}$) z. B. den anliegenden und ein einfacher Querstrich ($\overline{\Phi}$) den abliegenden Enddrehwinkel bezeichnet.

Während der Platz rechts vom Kopf des Symbols für Potenzangaben frei bleibt, ist mit einem ^{x} links am Kopf ausgesagt, daß es sich um einen reduzierten Drehwinkel ohne die Anteile „P", „q" für die Belastung, den Krümmungsradius „r" und die Biegesteifigkeit „$E\,J$" handelt, wobei die Torsionssteifigkeit durch $G\,\Theta = \dfrac{E\,J}{k}$ ausgedrückt ist.

Im Feld „i" mit den Auflagern A_{i-1} und A_i ergeben sich also folgende Enddrehwinkel $\Phi_{(i-1)\,r}$ und Φ_{il} nach den in Klammern genannten Tabellen:

Gleichlast q	$_q\Phi_{(i-1)\,r}$ $_q\Phi_{il}$		(9)
Einzellast P in beliebiger Laststellung	$_P\Phi_{(i-1)\,r}$ $_P\Phi_{il}$		(10)
Stabendmoment $X_{i-1} = 1$	$_\otimes\overline{\overline{\Phi}}_{(i-1)\,r}$ $_\otimes\overline{\Phi}_{il}$		(13a, b)
Stabendmoment $X_i = 1$	$_\otimes\overline{\Phi}_{(i-1)\,r}$ $_\otimes\overline{\overline{\Phi}}_{i}$·		(13a, b)

Die Bezeichnung der Öffnungswinkel φ deckt sich mit den zugehörigen Feldern. Die veränderliche Koordinate φ_x läuft jedoch jeweils von rechts nach links, mit 0 beginnend bis φ (Abb. 33). Für die Enddrehwinkel ist also jeweils $\varphi_{x_i} = \varphi_i$ für $\Phi_{(i-1)\,r}$ und $\varphi_{x_i} = 0$ für Φ_{il}.

Die genannten Bezeichnungen gelten auch für die übrigen statischen Größen: Durchbiegung w, Tangentenneigung der Biegelinie Φ, Trägerverwindung ψ, Biegemoment M, Torsionsmoment T, Querkraft Q, Auflagerkraft A. Ein Richtungspfeil über dem Symbol $_\otimes\vec{T}_{x_i}$; $_\otimes\overleftarrow{T}_{x_i}$ gibt zur Erleichterung an, in welcher Richtung das zugehörige Stabendmoment $X = 1$ auf das betrachtete Trägerfeld wirkt.

10.3 Handhabung der Einflußlinien

Für den an seinen Enden biegefrei gelagerten Einfeldträger sind die Einflußlinien der Schnittkräfte M und T für das oben genannte Zahlenraster $\varDelta\varphi$ angegeben. Die Ordinaten für die Zehntelpunkte des Trägerfeldes wurden für jeden Öffnungswinkel φ des Rasters in einer Tabelle zusammengestellt. Die Kopfzeile enthält die Koordinaten φ_x der Schnittstelle, die erste Spalte die Koordinaten φ_p der Laststellung.

Wegen der möglichen „Vertauschung" liegen damit gleichzeitig die Zustandslinien der Momente für die Last $P = 1$ vor. Die Einflußzahlen der Tabellen sind mit dem Radius „r" und für eine beliebige Last P mit „$P \cdot r$" zu multiplizieren.

Die Einflußlinien für die Zehntelpunkte eines Trägerfeldes mit den Stützenmomenten X_{i-1} und X_i an den Enden werden mit den vorliegenden Tabellenwerten zum Beispiel für ein Biegemoment nach der Gleichung

$$\eta_{xp} = {}_0\eta_{xp} + {}_{X_{(i-1)}}\eta_p \cdot {}_\otimes\vec{M}_x + {}_{X_i}\eta_p \cdot {}_\otimes\overleftarrow{M}_x = {}^x\eta_{xp} \cdot r \tag{480}$$

gefunden. Es ist η_{xp} die Einflußordinate an der Stelle φ_p des Biegemomentes im Schnitt φ_x mit $_0\eta_{xp}$ als entsprechender Einflußordinate des biegefrei aufliegenden Trägers nach Tab. 7, $_{X_{(i-1)}}\eta_p$ und $_{X_i}\eta_p$ den Einflußordinaten der End- oder Stützmomente (Tab. 15, 19 und Kap. 6 bis 9 — Gleichungen für X mit $P = 1$ je nach Stützungsart), $_\otimes\vec{M}_x$ und $_\otimes\overleftarrow{M}_x$ den Biegemomenten in φ_x aus den Stabendmomenten $X = 1$ am biegefrei aufliegenden Träger nach Tab. 11.

Für die Einflußlinien der anderen Schnittgrößen treten die zugehörigen Einfluß- und Schnittkraftordinaten des biegefrei aufliegenden Trägers an Stelle von $_0\eta_{xp}$ und $_\otimes \vec{M}_x$, $_\otimes \overleftarrow{M}_x$ in die Gleichung ein, während der Einfluß $_{X_{(i-1)}}\eta_p$ und $_{X_i}\eta_p$ unverändert bleibt.

10.4 Durchlaufträger

Für Gleichlast q und feldweise Gleichlast q_K sind die Stützmomente X_n direkt angegeben.

Das Biegemoment im Schnitt „x" des Trägerfeldes „i" für eine Gleichlast q wird bestimmt durch die Gleichung

$$M_{x_i}(q) = q\,r^2\,(^x_q M_{x_i} + {}^x_q X_{(i-1)}\,_\otimes \vec{M}_{x_i} + {}^x_q X_i\,_\otimes \overleftarrow{M}_{x_i}) \qquad \text{[s. (288)]}$$

Darin sind $_q M_{x_i}$ und $_\otimes \vec{M}_{x_i}$, $_\otimes \overleftarrow{M}_{x_i}$ die Momente am biegefrei gestützten Einfeldträger aus der Gleichlast q und den Stabendmomenten $X = 1$; sowie X_n die Stützmomente des zugehörigen Lastfalles.

Alle übrigen Verformungs- und Schnittgrößen werden nach dem gleichen Schema errechnet, z. B. die Durchbiegungen an der Stelle x nach

$$w_{x_i}(q) = \frac{q\,r^4}{E\,J}\,(^x_q w_{x_i} + {}^x_q w_{(i-1)}\,_\otimes \vec{w}_{x_i} + {}^x_q X_i\,_\otimes \overleftarrow{w}_{x_i}) \qquad \text{[s. (336)]}$$

$$T_{x_i}(q) \to (289), \qquad A_n(q) \to (290)$$

$$\Phi_{x_i}(q) \to (340) \qquad \psi_{x_i}(q) \to (341)$$

Für eine Gleichlast q_K im Feld $(i = k)$ wird das Biegemoment

$$M_{x_i}(q_K) = q_K\,r^2\,(^x_{q_K} M_{xK(i=K)} + {}^x_{q_K} X_{(i-1)}\,_\otimes \vec{M}_{x_i} + {}^x_{q_K} X_i\,_\otimes \overleftarrow{M}_{x_i}) \qquad \text{[s.(299)]}$$

und entsprechend für eine Einzellast P im Feld „K"

$$M_{x_i}(P_K) = P_K \cdot r\,(^x_{P_K} M_{xK(i=k)} + {}^x_{P_K} X_{(i-1)}\,_\otimes \vec{M}_{x_i} + {}^x_{P_K} X_i\,_\otimes \overleftarrow{M}_{x_i}) \qquad \text{[s. (321)]}$$

$$T_{x_i}(q_K) \to (300), \qquad A_n(q_K) \to (290 \text{ mit } q_K \text{ für } q)$$

$$w_{x_i}(q_K) \to (337), \qquad \Phi_{x_i}(q_K) \to (342), \quad \psi_{x_i}(q_K) \to (343)$$

$$T_{x_i}(P_K) \to (322), \qquad A_n(P_K) \to (323)$$

$$w_{x_i}(P_K) \to (348), \qquad \Phi_{x_i}(P_K) \to (351), \quad \psi_{x_i}(P_K) \to (352)$$

Die Handhabung der Gleichungen für die verschiedenen statischen Größen für Gleichlast q, feldweise Gleichlast q_K und Einzellast P in beliebiger Stellung zeigt die Rechenanweisung zu den genannten Gleichungen. Mit Hilfe der Rechenanweisung lassen sich auch die Stützmomente der Durchlaufträger mit Öffnungswinkelverhältnissen $\varphi_1:\varphi_2:\varphi_3 \ldots$, die noch nicht in Tabellen vorliegen, und solche mit geraden oder gegengekrümmten Zwischen- oder Endfeldern schnell berechnen, weil die Bestimmungsgleichungen nur Einflußzahlen α oder β und Lastenddrehwinkel $_P\Phi$ oder $_q\Phi$ des biegefrei gelagerten Einfeldträgers enthalten. Da sich α und β aus den von der Last unabhängigen Enddrehwinkeln $_\otimes \bar{\bar{\Phi}}$ und $_\otimes \bar{\Phi}$ der Stabendmomente $X = 1$ am biegefrei gelagerten Einfeldträger aufbauen, lassen sie sich für jede Aufgabe schematisch vorberechnen, so daß auch zur Bestimmung der Stützmomente lediglich eine mechanische Rechenarbeit verbleibt.

10.5 Tabellen

Tabelle 1. *Gleichlast q*

$$M_x = q \cdot r^2 \sin \cdot \varphi_x \left[\tan \varphi/2 - \tan \varphi_x/2\right] \qquad (12)$$

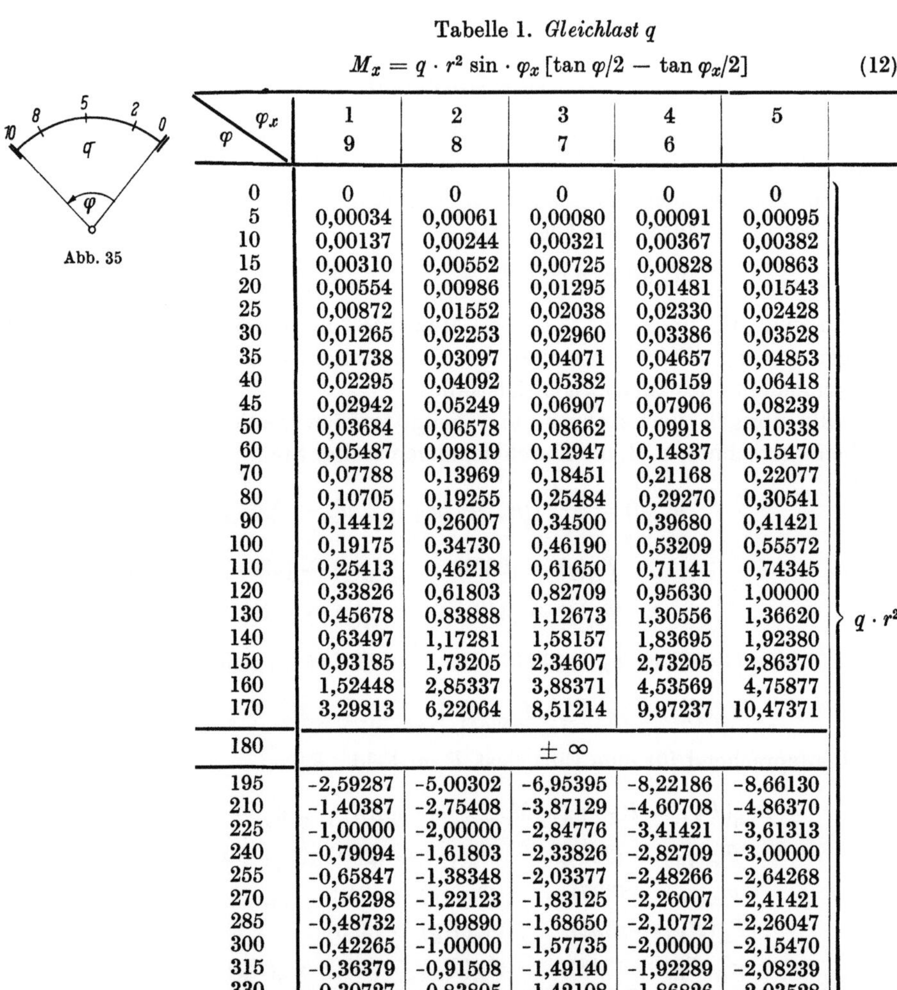

Abb. 35

$\varphi \backslash \varphi_x$	1 / 9	2 / 8	3 / 7	4 / 6	5
0	0	0	0	0	0
5	0,00034	0,00061	0,00080	0,00091	0,00095
10	0,00137	0,00244	0,00321	0,00367	0,00382
15	0,00310	0,00552	0,00725	0,00828	0,00863
20	0,00554	0,00986	0,01295	0,01481	0,01543
25	0,00872	0,01552	0,02038	0,02330	0,02428
30	0,01265	0,02253	0,02960	0,03386	0,03528
35	0,01738	0,03097	0,04071	0,04657	0,04853
40	0,02295	0,04092	0,05382	0,06159	0,06418
45	0,02942	0,05249	0,06907	0,07906	0,08239
50	0,03684	0,06578	0,08662	0,09918	0,10338
60	0,05487	0,09819	0,12947	0,14837	0,15470
70	0,07788	0,13969	0,18451	0,21168	0,22077
80	0,10705	0,19255	0,25484	0,29270	0,30541
90	0,14412	0,26007	0,34500	0,39680	0,41421
100	0,19175	0,34730	0,46190	0,53209	0,55572
110	0,25413	0,46218	0,61650	0,71141	0,74345
120	0,33826	0,61803	0,82709	0,95630	1,00000
130	0,45678	0,83888	1,12673	1,30556	1,36620
140	0,63497	1,17281	1,58157	1,83695	1,92380
150	0,93185	1,73205	2,34607	2,73205	2,86370
160	1,52448	2,85337	3,88371	4,53569	4,75877
170	3,29813	6,22064	8,51214	9,97237	10,47371
180	$\pm \infty$				
195	-2,59287	-5,00302	-6,95395	-8,22186	-8,66130
210	-1,40387	-2,75408	-3,87129	-4,60708	-4,86370
225	-1,00000	-2,00000	-2,84776	-3,41421	-3,61313
240	-0,79094	-1,61803	-2,33826	-2,82709	-3,00000
255	-0,65847	-1,38348	-2,03377	-2,48266	-2,64268
270	-0,56298	-1,22123	-1,83125	-2,26007	-2,41421
285	-0,48732	-1,09890	-1,68650	-2,10772	-2,26047
300	-0,42265	-1,00000	-1,57735	-2,00000	-2,15470
315	-0,36379	-0,91508	-1,49140	-1,92289	-2,08239
330	-0,30727	-0,83805	-1,42108	-1,86826	-2,03528
345	-0,25044	-0,76454	-1,36146	-1,83124	-2,00863
360	-0,19098	-0,69098	-1,30902	-1,80902	-2,00249

Spalte rechts: $q \cdot r^2$

Tabelle 2. *Gleichlast q*

$$T_x = q \cdot r^2 \left[\sin \varphi_x - \tan \varphi/2 \cdot \cos \varphi_x - \varphi_x + \varphi/2\right] \qquad (13)$$

φ_x / φ	0 / -10	1 / -9	2 / -8	3 / -7	4 / -6	5
0	0	0	0	0	0	
5	-0,00003	-0,00003	-0,00002	-0,00002	-0,00001	
10	-0,00022	-0,00021	-0,00018	-0,00013	-0,00007	
15	-0,00075	-0,00071	-0,00060	-0.00043	-0,00022	
20	-0,00179	-0,00169	-0,00142	-0,00102	-0,00053	
25	-0,00353	-0,00333	-0,00280	-0,00201	-0,00105	
30	-0,00615	-0,00581	-0,00487	-0,00350	-0,00182	
35	-0,00987	-0,00932	-0,00782	-0,00561	-0,00292	
40	-0,01490	-0,01407	-0,01182	-0,00848	-0,00442	
45	-0,02151	-0,02032	-0,01706	-0,01224	-0,00638	
50	-0,02998	-0,02831	-0,02378	-0,01707	-0,00890	
60	-0,05375	-0,05078	-0,04266	-0,03064	-0,01598	
70	-0,08934	-0,08443	-0,07097	-0,05099	-0,02660	
80	-0,14097	-0,13326	-0,11208	-0,08057	-0,04205	
90	-0,21460	-0,20294	-0,17080	-0,12286	-0,06415	
100	-0,31909	-0,30187	-0,25426	-0,18302	-0,09562	
110	-0,46822	-0,44316	-0,37359	-0,26913	-0,14068	
120	-0,68485	-0,64853	-0,54725	-0,39459	-0,20638	
130	-1,01004	-0,95702	-0,80842	-0,58349	-0,30539	0
140	-1,52575	-1,44656	-1,22337	-0,88395	-0,46299	
150	-2,42305	-2,29887	-1,94665	-1,40825	-0,73820	
160	-4,27502	-4,05894	-3,44184	-2,49318	-1,30808	
170	-9,94652	-9,45142	-8,02663	-5,82261	-3,05788	
180			$\mp \infty$			
195	9,29745	8,85524	7,55335	5,50209	2,89773	
210	5,56465	5,30861	4,54214	3,31836	1,75115	
225	4,37771	4,18392	3,59231	2,63316	1,39270	
240	3,82645	3,66456	3,15875	2,32405	1,23235	
255	3,52852	3,38702	2,93247	2,16672	1,15225	
270	3,35619	3,22995	2,81052	2,08660	1,11328	
285	3,25442	3,14117	2,74884	2,05196	1,09886	
300	3,19534	3,09440	2,72550	2,04720	1,10095	
315	3,16311	3,07479	2,72839	2,06398	1,11533	
330	3,14774	3,07319	2,75041	2,09769	1,13981	
345	3,14235	3,08346	2,78718	2,14591	1,17343	
360	3,14159	3,10106	2,83601	2,20769	1,21610	

Abb. 36

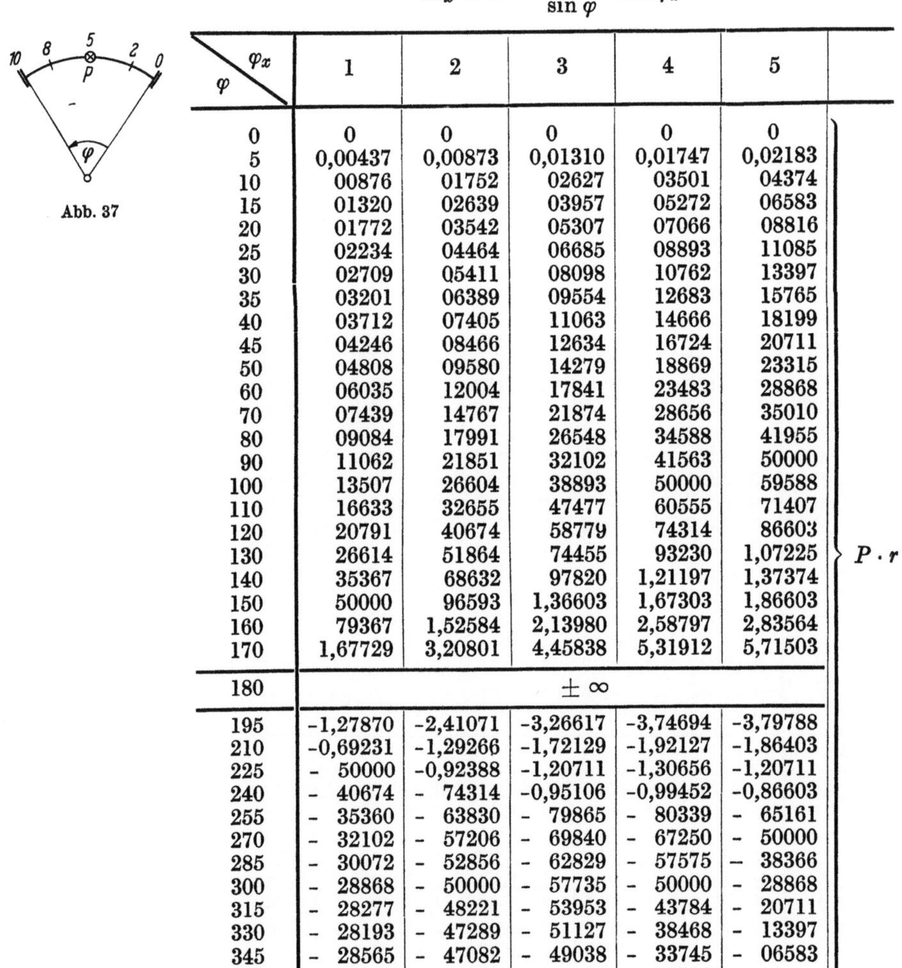

Tabelle 3. *Einzellast P in $\varphi_p = \varphi/2$*

$$M_x = P \cdot r \frac{\sin \varphi/2}{\sin \varphi} \cdot \sin \varphi_x$$

$\varphi \diagdown \varphi_x$	1	2	3	4	5	
0	0	0	0	0	0	
5	0,00437	0,00873	0,01310	0,01747	0,02183	
10	00876	01752	02627	03501	04374	
15	01320	02639	03957	05272	06583	
20	01772	03542	05307	07066	08816	
25	02234	04464	06685	08893	11085	
30	02709	05411	08098	10762	13397	
35	03201	06389	09554	12683	15765	
40	03712	07405	11063	14666	18199	
45	04246	08466	12634	16724	20711	
50	04808	09580	14279	18869	23315	
60	06035	12004	17841	23483	28868	
70	07439	14767	21874	28656	35010	
80	09084	17991	26548	34588	41955	
90	11062	21851	32102	41563	50000	
100	13507	26604	38893	50000	59588	
110	16633	32655	47477	60555	71407	
120	20791	40674	58779	74314	86603	
130	26614	51864	74455	93230	1,07225	$P \cdot r$
140	35367	68632	97820	1,21197	1,37374	
150	50000	96593	1,36603	1,67303	1,86603	
160	79367	1,52584	2,13980	2,58797	2,83564	
170	1,67729	3,20801	4,45838	5,31912	5,71503	
180			$\pm \infty$			
195	−1,27870	−2,41071	−3,26617	−3,74694	−3,79788	
210	−0,69231	−1,29266	−1,72129	−1,92127	−1,86403	
225	− 50000	−0,92388	−1,20711	−1,30656	−1,20711	
240	− 40674	− 74314	−0,95106	−0,99452	−0,86603	
255	− 35360	− 63830	− 79865	− 80339	− 65161	
270	− 32102	− 57206	− 69840	− 67250	− 50000	
285	− 30072	− 52856	− 62829	− 57575	− 38366	
300	− 28868	− 50000	− 57735	− 50000	− 28868	
315	− 28277	− 48221	− 53953	− 43784	− 20711	
330	− 28193	− 47289	− 51127	− 38468	− 13397	
345	− 28565	− 47082	− 49038	− 33745	− 06583	
360	− 29390	− 47553	− 47553	− 29390	− 0	

Tabelle 4. *Einzellast P in* $\varphi_p = \varphi/5$. M_x *nach* (22a, b)

φ_x / φ	1	2	3	4	5	6	7	8	9	10	
0	0	0	0	0	0	0	0	0	0		
5	0,00698	0,01397	0,01222	0,01048	0,00873	0,00699	0,00524	0,00349	0,00175		
10	01399	02797	02449	02101	01752	01402	01052	00701	00351		
15	02103	04204	03685	03163	02639	02114	01587	01058	00529		
20	02813	05622	04934	04240	03542	02838	02132	14023	00712		
25	03530	07035	06201	05338	04464	03581	02692	01797	00900		
30	04257	08503	07492	06460	05411	04347	03270	02185	01094		
35	04997	09975	08811	07614	06389	05140	03872	02589	01297		
40	05751	11474	10165	08806	07405	05968	04502	03013	01510		
45	06522	13004	11559	10044	08466	06836	05165	03461	01736		
50	07313	14571	13002	11334	09580	07753	05867	03936	01976		
60	08970	17841	16064	14111	12004	09765	07419	04991	02509		
70	10752	21343	19430	17227	14767	12086	09226	06228	03138		
80	12702	25156	23204	20800	17991	14832	11384	07715	03895		
90	14878	29389	27534	25000	21851	18164	14029	09549	04834		
100	17365	34202	32635	30077	26604	22324	17365	11878	06031		
110	20293	39841	38843	36418	32655	27692	21712	14934	07607		
120	23876	46709	46709	44667	40674	34902	27606	19103	09765	0	$P \cdot r$
130	28493	55525	57217	55975	51864	45094	36013	25086	12873		
140	34896	67719	72326	72637	68632	60550	48871	34289	17669		
150	44829	86603	96593	1,00000	96593	86603	70711	50000	25882		
160	63507	1,22093	1,43656	1,54089	1,52584	1,39257	1,15141	82105	42707		
170	1,16960	2,23698	2,81651	3,14989	3,20801	2,98578	2,50261	1,80075	94151		
180	$\pm \infty$										
195	−0,52458	−0,98898	−1,67374	−2,16649	−2,41071	−2,37837	−2,07320	−1,53020	−0,81165		
210	−0,14902	−0,27824	−0,72887	−1,08268	−1,29266	−1,33093	−1,19240	−0,89547	−0,47959		
225	0,00000	0,00000	−0,38268	−0,70711	−0,92388	−1,00000	−0,92388	−0,70711	−0,38268		
240	0,09765	0,17841	−0,17841	−0,50438	−0,74314	−0,85341	−0,81611	−0,63770	−0,34902		
255	0,18128	0,32724	−0,02106	−0,36526	−0,63830	−0,78698	−0,78233	−0,62526	−0,34637		
270	0,26685	0,47553	0,12656	−0,25000	−0,57206	−0,76942	−0,79906	−0,65451	−0,36729		
285	0,36711	0,64524	0,28083	−0,13583	−0,52856	−0,79319	−0,86558	−0,72818	−0,41430		
300	0,50000	0,86603	0,50000	−0,00000	−0,50000	−0,86603	−1,00000	−0,86603	−0,50000		
315	0,70276	1,19840	0,81835	0,19712	−0,48221	−1,01942	−1,25619	−1,12273	−0,65839		
330	1,08331	1,81708	1,41992	0,56460	−0,47289	−1,35779	−1,80460	−1,66913	−0,99511		
345	2,17644	3,58732	3,16996	1,63758	−0,47082	−2,41361	−3,50741	−3,36750	−2,04307		
360	imag.										

Tabelle 5. *Einzellast P in $\varphi_p = \varphi/2$*

$$T_x = P \cdot r \left[0{,}5 - \frac{\sin \varphi/2}{\sin \varphi} \cdot \cos \varphi_x \right]$$

Abb. 39

φ \\ φ_x	0	1	2	3	4	5	
	−10	−9	−8	−7	−6		
0	0	0	0	0	0		
5	−0,0005	−0,0005	−0,0004	−0,0003	+0,0002		
10	−0,0019	−0,0018	−0,0016	−0,0012	−0,0007		
15	−0,0043	−0,0041	−0,0036	−0,0028	−0,0016		
20	−0,0077	−0,0074	−0,0065	−0,0049	−0,0028		
25	− 0121	− 0117	− 0102	− 0078	− 0044		
30	− 0176	− 0169	− 0148	− 0113	− 0063		
35	− 0243	− 0233	− 0204	− 0155	− 0087		
40	− 0321	− 0308	− 0269	− 0205	− 0115		
45	− 0412	− 0395	− 0345	− 0262	− 0147		
50	− 0517	− 0496	− 0433	− 0329	− 0184		
60	− 0774	− 0742	− 0647	− 0491	− 0274		
70	− 1104	− 1058	− 0923	− 0698	− 0389		
80	− 1527	− 1464	− 1274	− 0963	− 0535		
90	− 2071	− 1984	− 1725	− 1300	− 0721		
100	− 2779	− 2660	− 2310	− 1736	− 0959		
110	− 3717	− 3557	− 3082	− 2311	− 1271	0	$P \cdot r$
120	− 5000	− 4781	− 4135	− 3090	− 1691		
130	− 6831	− 6528	− 5634	− 4194	− 2284		
140	− 9619	− 9185	− 7908	− 5864	− 3175		
150	−1,4319	−1,3660	−1,1730	− 8660	− 4659		
160	−2,3794	−2,2678	−1,9419	−1,4267	− 7622		
170	−5,2369	−4,9862	−4,2561	−3,1103	−1,6491		
180	$\mp \infty$						
195	4,3306	4,1109	3,4770	2,5015	1,2964		
210	2,4319	2,3035	1,9356	1,3770	0,7019		
225	1,8066	1,7071	1,4239	1,0000	0,5000		
240	1,5000	1,4135	1,1691	0,8090	0,3955		
255	1,3213	1,2413	1,0169	0,6917	0,3292		
270	1,2071	1,1300	0,9156	0,6106	0,2815		
285	1,1302	1,0539	8433	5494	2437		
300	1,0774	1,0000	7887	5000	2113		
315	1,0412	0,9614	7457	4575	1819		
330	1.0176	9341	7105	4190	1536		
345	1,0043	9156	6807	3823	1252		
360	1,0000	9045	6545	3455	0955		

Tabelle 6. *Einzellast P in* $\varphi_p = \varphi/5$. T_x nach (23a, b)

$\varphi \backslash \varphi_x$	0	1	2	3	4	5	6	7	8	9	10
0	0	0	0	0	0	0	0	0	0	0	0
5	-0,0004	-0,0003	-0,0002	-0,0001	- 0,0000	0,0001	0,0001	0,0002	0,0002	0,0002	0,0002
10	- 0015	- 0013	- 0010	- 0005	- 0001	0002	0005	0007	0009	0009	0010
15	- 0033	- 0030	- 0022	- 0012	- 0003	0005	0011	0016	0019	0021	0022
20	- 0059	- 0054	- 0039	- 0021	- 0005	0009	0020	0028	0035	0038	0040
25	- 0093	- 0085	- 0062	- 0033	- 0008	0013	0031	0045	0054	0060	0062
30	- 0135	- 0124	- 0090	- 0048	- 0012	0019	0045	0065	0079	0088	0091
35	- 0185	- 0170	- 0124	- 0067	- 0016	0026	0062	0089	0109	0121	0125
40	- 0244	- 0244	- 0164	- 0088	- 0022	0035	0081	0118	0144	0160	0165
45	- 0313	- 0287	- 0210	- 0144	- 0029	0044	0104	0151	0185	0205	0212
50	- 0391	- 0359	- 0264	- 0143	- 0037	0054	0130	0190	0232	0258	0267
60	- 0581	- 0534	- 0394	- 0216	- 0058	0079	0193	0283	0348	0388	0401
70	- 0822	- 0757	- 0560	- 0311	- 0087	0109	0273	0403	0498	0555	0574
80	- 1127	- 1038	- 0773	- 0435	- 0127	0144	0374	0557	0690	0772	0799
90	- 1511	- 1393	- 1045	- 0597	- 0184	0185	0500	0753	0939	1052	1030
100	- 2000	- 1848	- 1397	- 0812	- 0264	0232	0660	1008	1264	1420	1473
110	- 2635	- 2440	- 1861	- 1103	- 0379	0287	0868	1343	1696	1913	1986
120	- 3484	- 3233	- 2491	- 1509	- 0549	0348	1143	1800	2291	2594	2697
130	- 4666	- 4342	- 3384	- 2100	- 0810	0418	1523	2447	3143	3576	3723
140	- 6424	- 5996	- 4736	- 3016	- 1237	0498	2084	3428	4449	5087	5304
150	- 9321	- 8730	- 7000	- 4588	- 2000	0588	3000	5071	6660	7659	8000
160	-1,5040	-1,4147	-1,1539	-0,7804	-0,3620	0,0690	0,4792	0,8367	1,1139	1,2894	1,3494
170	-3,2004	-3,0256	-2,5165	-1,7612	-0,8695	0,0807	1,0063	1,8266	2,4697	2,8796	3,0203
180	$\mp \pm \infty$										
195	2,3715	2,2814	2,0213	1,5638	0,9039	0,1174	-0,7055	-1,4705	-2,0896	-2,4920	-2,6315
210	1,2158	1,1882	1,1090	0,9224	0,5866	0,1464	-0,3399	-0,8076	-1,1945	-1,4494	-1,5383
225	0,8000	0,8000	0,8000	0,7239	0,5071	0,1827	-0,2000	-0,5827	-0,9071	-1,1239	-1,2000
240	0,5599	0,5807	0,6394	0,6394	0,4942	0,2291	-0,1103	-0,4652	-0,7742	-0,9839	-1,0581
255	0,3789	0,4199	0,5350	0,6043	0,5169	0,2898	-0,0327	-0,3878	-0,7063	-0,9262	-1,0046
270	0,2122	0,2763	0,4545	0,5991	0,5694	0,3721	0,0500	-0,3266	-0,6755	-0,9208	-1,0090
285	0,0306	0,1239	0,3810	0,6185	0,6576	0,4888	0,1532	-0,2681	-0,6729	-0,9630	-1,0683
300	-0,2000	-0,0660	0,3000	0,6660	0,8000	0,6660	0,3000	-0,2000	-0,7000	-1,0660	-1,2000
315	-0,5450	-0,3468	0,1894	0,7582	1,0446	0,9642	0,5407	-0,1011	-0,7721	-1,2744	-1,4601
330	-1,1890	-0,8682	-0,0090	0,9498	1,5377	1,5648	1,0226	0,0858	-0,9431	-1,7323	-2,0271
345	-3,0425	-2,3667	-0,5770	1,5211	3,0139	3,3762	2,4806	0,6421	-1,4927	-3,1727	-3,8071
360	imag.										

$P \cdot r$

Abb. 40

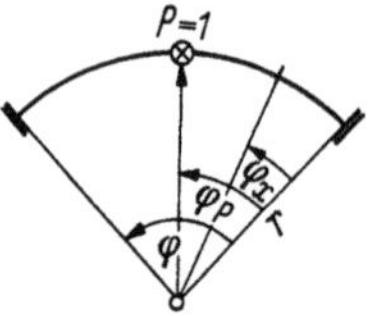

Tabelle 7. *Einflußlinien $M(\varphi_p)$ für $P = 1$*
$$M = \eta \cdot P \cdot r$$

Abb. 41

$\varphi_p \backslash \varphi_x$	1	2	3	4	5	6	7	8	9
$\varphi = 5°$									
1	0,00786	0,00698	0,00611	0,00524	0,00437	0,00349	0,00262	0,00175	0,00087
2	0,00698	0,01397	0,01222	0,01048	0,00873	0,00699	0,00524	0,00349	0,00175
3	0,00611	0,01222	0,01834	0,01572	0,01310	0,01048	0,00786	0,00524	0,00262
4	0,00524	0,01048	0,01572	0,02096	0,01747	0,01397	0,01048	0,00699	0,00349
5	0,00437	0,00873	0,01310	0,01747	0,02183	0,01747	0,01310	0,00873	0,00437
6	0,00349	0,00699	0,01048	0,01397	0,01747	0,02096	0,01572	0,01048	0,00524
7	0,00262	0,00524	0,00786	0,01048	0,01310	0,01572	0,01834	0,01222	0,00611
8	0,00175	0,00349	0,00524	0,00699	0,00873	0,01048	0,01222	0,01397	0,00698
9	0,00087	0,00175	0,00262	0,00349	0,00437	0,00524	0,00611	0,00698	0,00786
$\varphi = 10°$									
1	0,01572	0,01399	0,01225	0,01051	0,00876	0,00701	0,00526	0,00351	0,00175
2	0,01399	0,02797	0,02449	0,02101	0,01752	0,01402	0,01052	0,00701	0,00351
3	0,01225	0,02449	0,03673	0,03150	0,02627	0,02102	0,01577	0,01052	0,00526
4	0,01051	0,02101	0,03150	0,04199	0,03501	0,02802	0,02102	0,01402	0,00701
5	0,00876	0,01752	0,02627	0,03501	0,04374	0,03501	0,02627	0,01752	0,00876
6	0,00701	0,01402	0,02102	0,02802	0,03501	0,04199	0,03150	0,02101	0,01051
7	0,00526	0,01052	0,01577	0,02102	0,02627	0,03150	0,03673	0,02449	0,01225
8	0,00351	0,00701	0,01052	0,01402	0,01752	0,02101	0,02449	0,02797	0,01399
9	0,00175	0,00351	0,00526	0,00701	0,00876	0,01051	0,01225	0,01399	0,01572
$\varphi = 15°$									
1	0,02361	0,02103	0,01843	0,01582	0,01320	0,01057	0,00794	0,00529	0,00265
2	0,02103	0,04204	0,03685	0,03163	0,02639	0,02114	0,01587	0,01058	0,00529
3	0,01843	0,03685	0,05524	0,04742	0,03957	0,03169	0,02378	0,01587	0,00794
4	0,01582	0,03163	0,04742	0,06318	0,05272	0,04222	0,03169	0,02114	0,01057
5	0,01320	0,02639	0,03957	0,05272	0,06583	0,05272	0,03957	0,02639	0,01320
6	0,01057	0,02114	0,03169	0,04222	0,05272	0,06318	0,04742	0,03163	0,01582
7	0,00794	0,01587	0,02378	0,03169	0,03957	0,04742	0,05524	0,03685	0,01843
8	0,00529	0,01058	0,01587	0,02114	0,02639	0,03163	0,03685	0,04204	0,02103
9	0,00265	0,00529	0,00794	0,01057	0,01320	0,01582	0,01843	0,02103	0,02361
$\varphi = 20°$									
1	0,03153	0,02813	0,02469	0,02122	0,01772	0,01420	0,01067	0,00712	0,00356
2	0,02813	0,05622	0,04934	0,04240	0,03542	0,02838	0,02132	0,01423	0,00712
3	0,02469	0,04934	0,07394	0,06354	0,05307	0,04253	0,03195	0,02132	0,01067
4	0,02122	0,04240	0,06354	0,08460	0,07066	0,05663	0,04253	0,02838	0,01420
5	0,01772	0,03542	0,05307	0,07066	0,08816	0,07066	0,05307	0,03542	0,01772
6	0,01420	0,02838	0,04253	0,05663	0,07066	0,08460	0,06354	0,04240	0,02122
7	0,01067	0,02132	0,03195	0,04253	0,05307	0,06354	0,07394	0,04934	0,02469
8	0,00712	0,01423	0,02132	0,02838	0,03542	0,04240	0,04934	0,05622	0,02813
9	0,00356	0,00712	0,01067	0,01420	0,01772	0,02122	0,02469	0,02813	0,03153

Tabelle 7 (Fortsetzung)

φ_p \ φ_x	1	2	3	4	5	6	7	8	9
$\varphi = 25°$									
1	0,03950	0,03530	0,03104	0,02671	0,02234	0,01792	0,01347	0,00900	0,00450
2	0,03530	0,07053	0,06201	0,05338	0,04464	0,03581	0,02692	0,01797	0,00900
3	0,03104	0,06201	0,09287	0,07994	0,06685	0,05363	0,04031	0,02692	0,01347
4	0,02671	0,05338	0,07994	0,10635	0,08893	0,07135	0,05363	0,03581	0,01792
5	0,02234	0,04464	0,06685	0,08893	0,11085	0,08893	0,06685	0,04464	0,02234
6	0,01792	0,03581	0,05363	0,07135	0,08893	0,10635	0,07994	0,05338	0,02671
7	0,01347	0,02692	0,04031	0,05363	0,06685	0,07994	0,09287	0,06201	0,03104
8	0,00900	0,01797	0,02692	0,03581	0,04464	0,05338	0,06201	0,07053	0,03530
9	0,00450	0,00900	0,01347	0,01792	0,02234	0,02671	0,03104	0,03530	0,03950
$\varphi = 30°$									
1	0,04752	0,04257	0,03751	0,03235	0,02709	0,02176	0,01637	0,01094	0,00548
2	0,04257	0,08503	0,07492	0,06460	0,05411	0,04347	0,03270	0,02185	0,01094
3	0,03751	0,07492	0,11212	0,09668	0,08098	0,06505	0,04894	0,03270	0,01637
4	0,03235	0,06460	0,09668	0,12850	0,10762	0,08645	0,06505	0,04347	0,02176
5	0,02709	0,05411	0,08098	0,10762	0,13397	0,10762	0,08098	0,05411	0,02709
6	0,02176	0,04347	0,06505	0,08645	0,10762	0,12850	0,09668	0,06460	0,03235
7	0,01637	0,03270	0,04894	0,06505	0,08098	0,09668	0,11212	0,07492	0,03751
8	0,01094	0,02185	0,03270	0,04347	0,05411	0,06460	0,07492	0,08503	0,04257
9	0,00548	0,01094	0,01637	0,02176	0,02709	0,03235	0,03751	0,04257	0,04752
$\varphi = 35°$									
1	0,05561	0,04997	0,04414	0,03814	0,03201	0,02575	0,01940	0,01297	0,00650
2	0,04997	0,09975	0,08811	0,07614	0,06389	0,05140	0,03872	0,02589	0,01297
3	0,04414	0,08811	0,13176	0,11386	0,09554	0,07686	0,05790	0,03872	0,01940
4	0,03814	0,07614	0,11386	0,15115	0,12683	0,10204	0,07686	0,05140	0,02575
5	0,03201	0,06389	0,09554	0,12683	0,15765	0,12683	0,09554	0,06389	0,03201
6	0,02575	0,05140	0,07686	0,10204	0,12683	0,15115	0,11386	0,07614	0,03814
7	0,01940	0,03872	0,05790	0,07686	0,09554	0,11386	0,13176	0,08811	0,04414
8	0,01297	0,02589	0,03872	0,05140	0,06389	0,07614	0,08811	0,09975	0,04997
9	0,00650	0,01297	0,01940	0,02575	0,03201	0,03814	0,04414	0,04997	0,05561
$\varphi = 40°$									
1	0,06379	0,05751	0,05095	0,04414	0,03712	0,02991	0,02256	0,01510	0,00757
2	0,05751	0,11474	0,10165	0,08806	0,07405	0,05968	0,04502	0,03013	0,01510
3	0,05095	0,10165	0,15185	0,13156	0,11063	0,08916	0,06725	0,04502	0,02256
4	0,04414	0,08806	0,13156	0,17442	0,14666	0,11820	0,08916	0,05968	0,02991
5	0,03712	0,07405	0,11063	0,14666	0,18199	0,14666	0,11063	0,07405	0,03712
6	0,02991	0,05968	0,08916	0,11820	0,14666	0,17442	0,13156	0,08806	0,04414
7	0,02256	0,04502	0,06725	0,08916	0,11063	0,13156	0,15185	0,10165	0,05095
8	0,01510	0,03013	0,04502	0,05968	0,07405	0,08806	0,10165	0,11474	0,05751
9	0,00757	0,01510	0,02256	0,02991	0,03712	0,04414	0,05095	0,05751	0,06379
$\varphi = 45°$									
1	0,07206	0,06522	0,05798	0,05037	0,04246	0,03429	0,02590	0,01736	0,00871
2	0,06522	0,13004	0,11559	0,10044	0,08466	0,06836	0,05165	0,03461	0,01736
3	0,05798	0,11559	0,17250	0,14988	0,12634	0,10202	0,07707	0,05165	0,02590
4	0,05037	0,10044	0,14988	0,19840	0,16724	0,13505	0,10202	0,06836	0,03429
5	0,04246	0,08466	0,12634	0,16724	0,20711	0,16724	0,12634	0,08466	0,04246
6	0,03429	0,06836	0,10202	0,13505	0,16724	0,19840	0,14988	0,10044	0,05037
7	0,02590	0,05165	0,07707	0,10202	0,12634	0,14988	0,17250	0,11559	0,05798
8	0,01736	0,03461	0,05165	0,06836	0,08466	0,10044	0,11559	0,13004	0,06522
9	0,00871	0,01736	0,02590	0,03429	0,04246	0,05037	0,05798	0,06522	0,07206

Tabelle 7 (Fortsetzung)

φ_p \ φ_x	1	2	3	4	5	6	7	8	9
$\varphi = 50°$									
1	0,08045	0,07313	0,06526	0,05689	0,04808	0,03891	0,02945	0,01976	0,00992
2	0,07313	0,14571	0,13002	0,11334	0,09580	0,07753	0,05867	0,03936	0,01976
3	0,06526	0,13002	0,19379	0,16893	0,14279	0,11556	0,08745	0,05867	0,02945
4	0,05689	0,11334	0,16893	0,22324	0,18869	0,15270	0,11556	0,07753	0,03891
5	0,04808	0,09580	0,14279	0,18869	0,23315	0,18869	0,14279	0,09580	0,04808
6	0,03891	0,07753	0,11556	0,15270	0,18869	0,22324	0,16893	0,11334	0,05689
7	0,02945	0,05867	0,08745	0,11556	0,14279	0,16893	0,19379	0,13002	0,06526
8	0,01976	0,03936	0,05867	0,07753	0,09580	0,11334	0,13002	0,14571	0,07313
9	0,00992	0,01976	0,02945	0,03891	0,04808	0,05689	0,06526	0,07314	0,08045
$\varphi = 60°$									
1	0,09765	0,08970	0,08076	0,07095	0,06035	0,04909	0,03730	0,02509	0,01262
2	0,08970	0,17841	0,16064	0,14111	0,12004	0,09765	0,07419	0,04991	0,02509
3	0,08076	0,16064	0,23876	0,20973	0,17841	0,14513	0,11026	0,07419	0,03730
4	0,07095	0,14111	0,20973	0,27606	0,23483	0,19103	0,14513	0,09765	0,04909
5	0,06035	0,12004	0,17841	0,23483	0,28868	0,23483	0,17841	0,12004	0,06035
6	0,04909	0,09765	0,14513	0,19103	0,23483	0,27606	0,20973	0,14111	0,07095
7	0,03730	0,07419	0,11026	0,14513	0,17841	0,20973	0,23876	0,16064	0,08076
8	0,02509	0,04991	0,07419	0,09765	0,12004	0,14111	0,16064	0,17841	0,08970
9	0,01262	0,02509	0,03730	0,04909	0,06035	0,07095	0,08076	0,08970	0,09765
$\varphi = 70°$									
1	0,11556	0,10752	0,09788	0,08678	0,07439	0,06089	0,04648	0,03138	0,01581
2	0,10752	0,21343	0,19430	0,17227	0,14767	0,12086	0,09226	0,06228	0,03138
3	0,09788	0,19430	0,28782	0,25518	0,21874	0,17904	0,13667	0,09226	0,04648
4	0,08678	0,17227	0,25518	0,33430	0,28656	0,23455	0,17904	0,12086	0,06089
5	0,07439	0,14767	0,21874	0,28656	0,35010	0,28656	0,21874	0,14767	0,07439
6	0,06089	0,12086	0,17904	0,23455	0,28656	0,33430	0,25518	0,17227	0,08678
7	0,04648	0,09226	0,13667	0,17904	0,21874	0,25518	0,28782	0,19430	0,09788
8	0,03138	0,06228	0,09226	0,12086	0,14767	0,17227	0,19430	0,21343	0,10752
9	0,01581	0,03138	0,04648	0,06089	0,07439	0,08678	0,09788	0,10752	0,11556
$\varphi = 80°$									
1	0,13440	0,12702	0,11716	0,10502	0,09084	0,07489	0,05748	0,03895	0,01967
2	0,12702	0,25156	0,23204	0,20800	0,17991	0,14832	0,11384	0,07715	0,03895
3	0,11716	0,23204	0,34240	0,30693	0,26548	0,21886	0,16799	0,11384	0,05748
4	0,10502	0,20800	0,30693	0,39988	0,34588	0,28515	0,21886	0,14832	0,07489
5	0,09084	0,17991	0,26548	0,34588	0,41955	0,34588	0,26548	0,17991	0,09084
6	0,07489	0,14832	0,21886	0,28515	0,34588	0,39988	0,30693	0,20800	0,10502
7	0,05748	0,11384	0,16799	0,21886	0,26548	0,30693	0,34240	0,23204	0,11716
8	0,03895	0,07715	0,11384	0,14832	0,17991	0,20800	0,23204	0,25156	0,12702
9	0,01967	0,03895	0,05748	0,07489	0,09084	0,10502	0,11716	0,12702	0,13440
$\varphi = 90°$									
1	0,15451	0,14878	0,13938	0,12656	0,11062	0,09195	0,07102	0,04834	0,02447
2	0,14878	0,29389	0,27534	0,25000	0,21851	0,18164	0,14029	0,09549	0,04834
3	0,13938	0,27534	0,40451	0,36729	0,32102	0,26685	0,20611	0,14029	0,07102
4	0,12656	0,25000	0,36729	0,47553	0,41563	0,34549	0,26685	0,18164	0,09195
5	0,11062	0,21851	0,32102	0,41563	0,50000	0,41563	0,32102	0,21851	0,11062
6	0,09195	0,18164	0,26685	0,34549	0,41563	0,47553	0,36729	0,25000	0,12656
7	0,07102	0,14029	0,20611	0,26685	0,32102	0,36729	0,40451	0,27534	0,13938
8	0,04834	0,09549	0,14029	0,18164	0,21851	0,25000	0,27534	0,29389	0,14878
9	0,02447	0,04834	0,07102	0,09195	0,11062	0,12656	0,13938	0,14878	0,15451

Tabelle 7 (Fortsetzung)

φ_p \ φ_x	1	2	3	4	5	6	7	8	9
$\varphi = 100°$									
1	0,17633	0,17365	0,16569	0,15270	0,13507	0,11334	0,08816	0,06031	0,03062
2	0,17365	0,34202	0,32635	0,30077	0,26604	0,22324	0,17365	0,11878	0,06031
3	0,16569	0,32635	0,47709	0,43969	0,38893	0,32635	0,25386	0,17365	0,08816
4	0,15270	0,30077	0,43969	0,56526	0,50000	0,41955	0,32635	0,22324	0,11334
5	0,13507	0,26604	0,38893	0,50000	0,59588	0,50000	0,38893	0,26604	0,13507
6	0,11334	0,22324	0,32635	0,41955	0,50000	0,56526	0,43969	0,30077	0,15270
7	0,08816	0,17365	0,25386	0,32635	0,38893	0,43969	0,47709	0,32635	0,16569
8	0,06031	0,11878	0,17365	0,22324	0,26604	0,30077	0,32635	0,34202	0,17365
9	0,03062	0,06031	0,08816	0,11334	0,13507	0,15270	0,16569	0,17365	0,17633
$\varphi = 110°$									
1	0,20055	0,20293	0,19785	0,18550	0,16633	0,14105	0,11059	0,07607	0,03874
2	0,20293	0,39841	0,38843	0,36418	0,32655	0,27692	0,21712	0,14934	0,07607
3	0,19785	0,38843	0,56474	0,52948	0,47477	0,40262	0,31567	0,21712	0,11059
4	0,18550	0,36418	0,52948	0,67533	0,60555	0,51352	0,40262	0,27692	0,14105
5	0,16633	0,32655	0,47477	0,60555	0,71407	0,60555	0,47477	0,32655	0,16633
6	0,14105	0,27692	0,40262	0,51352	0,60555	0,67533	0,52948	0,36418	0,18550
7	0,11059	0,21712	0,31567	0,40262	0,47477	0,52948	0,56474	0,38843	0,19785
8	0,07607	0,14934	0,21712	0,27692	0,32655	0,36418	0,38843	0,39841	0,20293
9	0,03874	0,07607	0,11059	0,14105	0,16633	0,18550	0,19785	0,20293	0,20055
$\varphi = 120°$									
1	0,22833	0,23876	0,23876	0,22833	0,20791	0,17841	0,14111	0,09765	0,04991
2	0,23876	0,46709	0,46709	0,44667	0,40674	0,34902	0,27606	0,19103	0,09765
3	0,23876	0,46709	0,67500	0,64550	0,58779	0,50438	0,39894	0,27606	0,14111
4	0,22833	0,44667	0,64550	0,81611	0,74314	0,63770	0,50438	0,34902	0,17841
5	0,20791	0,40674	0,58779	0,74314	0,86603	0,74314	0,58779	0,40674	0,20791
6	0,17841	0,34902	0,50438	0,63770	0,74314	0,81611	0,64550	0,44667	0,22833
7	0,14111	0,27606	0,39894	0,50438	0,58779	0,64550	0,67500	0,46709	0,23876
8	0,09765	0,19103	0,27606	0,34902	0,40674	0,44667	0,46709	0,46709	0,23876
9	0,04991	0,09765	0,14111	0,17841	0,20791	0,22833	0,23876	0,23876	0,22833
$\varphi = 130°$									
1	0,26165	0,28493	0,29361	0,28724	0,26614	0,23140	0,18480	0,12873	0,06606
2	0,28493	0,55525	0,57217	0,55975	0,51864	0,45094	0,36013	0,25086	0,12873
3	0,29361	0,57217	0,82139	0,80357	0,74455	0,64737	0,51700	0,36013	0,18480
4	0,28724	0,55975	0,80357	1,00620	0,93230	0,81061	0,64737	0,45094	0,23140
5	0,26614	0,51864	0,74455	0,93230	1,07225	0,93230	0,74455	0,51864	0,26614
6	0,23140	0,45094	0,64737	0,81061	0,93230	1,00620	0,80357	0,55975	0,28724
7	0,18480	0,36013	0,51700	0,64737	0,74455	0,80357	0,82139	0,57217	0,29361
8	0,12873	0,25086	0,36013	0,45094	0,51864	0,55975	0,57217	0,55525	0,28493
9	0,06606	0,12873	0,18480	0,23140	0,26614	0,28724	0,29361	0,28493	0,26165
$\varphi = 140°$									
1	0,30448	0,34896	0,37270	0,37430	0,35367	0,31202	0,25184	0,17669	0,09105
2	0,34896	0,67719	0,72326	0,72637	0,68632	0,60550	0,48871	0,34289	0,17669
3	0,37270	0,72326	1,03085	1,03528	0,97820	0,86301	0,69655	0,48871	0,25184
4	0,37430	0,72637	1,03528	1,28269	1,21197	1,06925	0,86301	0,60550	0,31202
5	0,35367	0,68632	0,97820	1,21197	1,37374	1,21197	0,97820	0,68632	0,35367
6	0,31202	0,60550	0,86301	1,06925	1,21197	1,28269	1,03528	0,72637	0,37430
7	0,25184	0,48871	0,69655	0,86301	0,97820	1,03528	1,03085	0,72326	0,37270
8	0,17669	0,34289	0,48871	0,60550	0,68632	0,72637	0,72326	0,67719	0,34896
9	0,09105	0,17669	0,25184	0,31202	0,35367	0,37430	0,37270	0,34896	0,30448

Tabelle 7 (Fortsetzung)

$\varphi = 150°$

φ_p \ φ_x	1	2	3	4	5	6	7	8	9
1	0,36603	0,44829	0,50000	0,51764	0,50000	0,44829	0,36603	0,25882	0,13397
2	0,44829	0,86603	0,96593	1,00000	0,96593	0,86603	0,70711	0,50000	0,25882
3	0,50000	0,96593	1,36603	1,41421	1,36603	1,22474	1,00000	0,70711	0,36603
4	0,51764	1,00000	1,41421	1,73205	1,67303	1,50000	1,22474	0,86603	0,44829
5	0,50000	0,96593	1,36603	1,67303	1,86603	1,67303	1,36603	0,96593	0,50000
6	0,44829	0,86603	1,22474	1,50000	1,67303	1,73205	1,41421	1,00000	0,51764
7	0,36603	0,70711	1,00000	1,22474	1,36603	1,41421	1,36603	0,96593	0,50000
8	0,25882	0,50000	0,70711	0,86603	0,96593	1,00000	0,96593	0,86603	0,41829
9	0,13397	0,25882	0,36603	0,44829	0,50000	0,51764	0,50000	0,44829	0,36603

$\varphi = 160°$

φ_p \ φ_x	1	2	3	4	5	6	7	8	9
1	0,47370	0,63507	0,74723	0,80149	0,79367	0,72435	0,59891	0,42707	0,22214
2	0,63507	1,22093	1,43656	1,54089	1,52584	1,39257	1,15141	0,82105	0,42707
3	0,74723	1,43656	2,01459	2,16091	2,13980	1,95291	1,61471	1,15141	0,59891
4	0,80149	1,54089	2,16091	2,61350	2,58797	2,36194	1,95291	1,39257	0,72435
5	0,79367	1,52584	2,13980	2,58797	2,83564	2,58797	2,13980	1,52584	0,79367
6	0,72435	1,39257	1,95291	2,36194	2,58797	2,61350	2,16091	1,54089	0,80149
7	0,59891	1,15141	1,61471	1,95291	2,13980	2,16091	2,01459	1,43656	0,74723
8	0,42707	0,82105	1,15141	1,39257	1,52584	1,54089	1,43656	1,22093	0,63507
9	0,22214	0,42707	0,59891	0,72435	0,79367	0,80149	0,74723	0,63507	0,47370

$\varphi = 170°$

φ_p \ φ_x	1	2	3	4	5	6	7	8	9
1	0,76438	1,16960	1,47260	1,64691	1,67729	1,56110	1,30848	0,94151	0,49227
2	1,16960	2,23698	2,81651	3,14989	3,20801	2,98578	2,50261	1,80075	0,94151
3	1,47260	2,81651	3,91428	4,37761	4,45838	4,14952	3,47804	2,50261	1,30848
4	1,64691	3,14989	4,37761	5,22276	5,31912	4,95064	4,14952	2,98578	1,56110
5	1,67729	3,20801	4,45838	5,31912	5,71503	5,31912	4,45838	3,20801	1,67729
6	1,56110	2,98578	4,14952	4,95064	5,31912	5,22276	4,37761	3,14989	1,64691
7	1,30848	2,50261	3,47804	4,14952	4,45838	4,37761	3,91428	2,81651	1,47260
8	0,94151	1,80075	2,50261	2,98578	3,20801	3,14989	2,81651	2,23698	1,16960
9	0,49227	0,94151	1,30848	1,56110	1,67729	1,64691	1,47260	1,16960	0,76438

$\varphi = 180°$

$\pm \infty$

$\varphi = 195°$

φ_p \ φ_x	1	2	3	4	5	6	7	8	9
1	-0,10119	-0,52458	-0,88779	-1,14916	-1,27870	-1,26155	-1,09968	-0,81165	-0,43052
2	-0,52458	-0,98898	-1,67374	-2,16649	-2,41071	-2,37837	-2,07320	-1,53020	-0,81165
3	-0,88779	-1,67374	-2,26768	-2,93529	-3,26617	-3,22236	-2,80889	-2,07320	-1,09968
4	-1,14916	-2,16649	-2,93529	-3,36736	-3,74694	-3,69669	-3,22236	-2,37837	-1,26155
5	-1,27870	-2,41071	-3,26617	-3,74694	-3,79788	-3,74694	-3,26617	-2,41071	-1,27870
6	-1,26155	-2,37837	-3,22236	-3,69669	-3,74694	-3,36736	-2,93529	-2,16649	-1,14916
7	-1,09968	-2,07320	-2,80889	-3,22236	-3,26617	-2,93529	-2,26768	-1,67374	-0,88779
8	-0,81165	-1,53020	-2,07320	-2,37837	-2,41071	-2,16649	-1,67374	-0,98898	-0,52458
9	-0,43052	-0,81165	-1,09968	-1,26155	-2,27870	-1,14916	-0,88779	-0,52458	-0,10119

Tabelle 7 (Fortsetzung)

φ_p \ φ_x	1	2	3	4	5	6	7	8	9
$\varphi = 210°$									
1	0,11212	-0,14902	-0,39036	-0,57985	-0,69231	-0,71281	-0,63862	-0,47959	-0,25686
2	-0,14902	-0,27824	-0,72887	-1,08268	-1,29266	-1,33093	-1,19240	-0,89547	-0,47959
3	-0,39036	-0,72887	-0,97055	-1,44168	-1,72129	-1,77225	-1,58779	-1,19240	-0,63862
4	-0,57985	-1,08268	-1,44168	-1,60917	-1,92127	-1,97815	-1,77225	-1,33093	-0,71281
5	-0,69231	-1,29266	-1,72129	-1,92127	-1,86603	-1,92127	-1,72129	-1,29266	-0,69231
6	-0,71281	-1,33093	-1,77225	-1,97815	-1,92127	-1,60917	-1,44168	-1,08268	-0,57985
7	-0,63862	-1,19240	-1,58779	-1,77225	-1,72129	-1,44168	-0,97055	-0,72887	-0,39036
8	-0,47959	-0,89547	-1,19240	-1,33093	-1,29266	-1,08268	-0,72887	-0,27824	-0,14902
9	-0,25686	-0,47959	-0,63862	-0,71281	-0,69231	-0,57985	-0,39036	-0,14902	0,11212
$\varphi = 225°$									
1	0,20711	0,00000	-0,20711	-0,38268	-0,50000	-0,54120	-0,50000	-0,38268	-0,20711
2	0,00000	0,00000	-0,38268	-0,70711	-0,92388	-1,00000	-0,92388	-0,70711	-0,38268
3	-0,20711	-0,38268	-0,50000	-0,92388	-1,20711	-1,30656	-1,20711	-0,92388	-0,50000
4	-0,38268	-0,70711	-0,92388	-1,00000	-1,30656	-1,41421	-1,30656	-1,00000	-0,54120
5	-0,50000	-0,92388	-1,20711	-1,30656	-1,20711	-1,30656	-1,20711	-0,92388	-0,50000
6	-0,54120	-1,00000	-1,30656	-1,41421	-1,30656	-1,00000	-0,92388	-0,70711	-0,38268
7	-0,50000	-0,92388	-1,20711	-1,30656	-1,20711	-0,92388	-0,50000	-0,38268	-0,20711
8	-0,38268	-0,70711	-0,92388	-1,00000	-0,92388	-0,70711	-0,38268	0,00000	0,00000
9	-0,20711	-0,38268	-0,50000	-0,54120	-0,50000	-0,38268	-0,20711	0,00000	0,20711
$\varphi = 240°$									
1	0,27606	0,09765	-0,09765	-0,27606	-0,40674	-0,46709	-0,44667	-0,34902	-0,19103
2	0,09765	0,17841	-0,17841	-0,50438	-0,74314	-0,85341	-0,81611	-0,63770	-0,34902
3	-0,09765	-0,17841	-0,22833	-0,64550	-0,95106	-1,09217	-1,04444	-0,81611	-0,44667
4	-0,27606	-0,50438	-0,64550	-0,67500	-0,99452	-1,14208	-1,09217	-0,85341	-0,46709
5	-0,40674	-0,74314	-0,95106	-0,99452	-0,86603	-0,99452	-0,95106	-0,74314	-0,40674
6	-0,46709	-0,85341	-1,09217	-1,14208	-0,99452	-0,67500	-0,64550	-0,50438	-0,27606
7	-0,44667	-0,81611	-1,04444	-1,09217	-0,95106	-0,64550	-0,22833	-0,17841	-0,09765
8	-0,34902	-0,63770	-0,81611	-0,85341	-0,74314	-0,50438	-0,17841	0,17841	0,09765
9	-0,19103	-0,34902	-0,44667	-0,46709	-0,40674	-0,27606	-0,09765	0,09765	0,27606
$\varphi = 255°$									
1	0,33891	0,18128	-0,01167	-0,20234	-0,35360	-0,43596	-0,43338	-0,34637	-0,19188
2	0,18128	0,32724	-0,02106	-0,36526	-0,63830	-0,78698	-0,78233	-0,62526	-0,34637
3	-0,01167	-0,02106	-0,02635	-0,45702	-0,79865	-0,98467	-0,97886	-0,78233	-0,43338
4	-0,20234	-0,36526	-0,45702	-0,45973	-0,80339	-0,99052	-0,98467	-0,78698	-0,43596
5	-0,35360	-0,63830	-0,79805	-0,80339	-0,65161	-0,80339	-0,79865	-0,63830	-0,35360
6	-0,43596	-0,78698	-0,98467	-0,99052	-0,80339	-0,45973	-0,45702	-0,36526	-0,20234
7	-0,43338	-0,78233	-0,97886	-0,98467	-0,79865	-0,45702	-0,02635	-0,02106	-0,01167
8	-0,34637	-0,62526	-0,78233	-0,78698	-0,63830	-0,36526	-0,02106	0,32724	0,18128
9	-0,19188	-0,34637	-0,43338	-0,43596	-0,35360	-0,20234	-0,01167	0,18128	0,33891
$\varphi = 270°$									
1	0,40451	0,26685	0,07102	-0,14029	-0,32102	-0,43177	-0,44840	-0,36729	-0,20611
2	0,26685	0,47553	0,12656	-0,25000	-0,57206	-0,76942	-0,79906	-0,65451	-0,36729
3	0,07102	0,12656	0,15451	-0,30521	-0,69840	-0,93935	-0,97553	-0,79906	-0,44840
4	-0,14029	-0,25000	-0,30521	-0,29389	-0,67250	-0,90451	-0,93935	-0,76942	-0,43177
5	-0,32102	-0,57206	-0,69840	-0,67250	-0,50000	-0,67250	-0,69840	-0,57206	-0,32102
6	-0,43177	-0,76942	-0,93935	-0,90451	-0,67250	-0,29389	-0,30521	-0,25000	-0,14029
7	-0,44840	-0,79906	-0,97553	-0,93935	-0,69840	-0,30521	0,15451	0,12656	0,07102
8	-0,36729	-0,65451	-0,79906	-0,76942	-0,57206	-0,25000	0,12656	0,47553	0,26685
9	-0,20611	-0,36729	-0,44840	-0,43177	-0,32102	-0,14029	0,07102	0,26685	0,40451

Tabelle 7 (Fortsetzung)

φ_p \ φ_x	1	2	3	4	5	6	7	8	9
$\varphi = 285°$									
1	0,48034	0,36711	0,16490	-0,07728	-0,30072	-0,45128	-0,49247	-0,41430	-0,23571
2	0,36711	0,64524	0,28983	-0,13583	-0,52856	-0,79319	-0,86558	-0,72818	-0,41430
3	0,16490	0,28983	0,34452	-0,16145	-0,62829	-0,94286	-1,02890	-0,86558	-0,49247
4	-0,07728	-0,13583	-0,16145	-0,14795	-0,57575	-0,86401	-0,94286	-0,79319	-0,45128
5	-0,30072	-0,52856	-0,62829	-0,57575	-0,38366	-0,57575	-0,62829	-0,52856	-0,30072
6	-0,45128	-0,79319	-0,94286	-0,86401	-0,57575	-0,14795	-0,16145	-0,13583	-0,07728
7	-0,49247	-0,86558	-1,02890	-0,94286	-0,62829	-0,16145	0,34452	0,28983	0,16490
8	-0,41430	-0,72818	-0,86558	-0,79319	-0,52856	-0,13583	0,28983	0,64524	0,36711
9	-0,23571	-0,41430	-0,49247	-0,45128	-0,30072	-0,07728	0,16490	0,36711	0,48034
$\varphi = 300°$									
1	0,57735	0,50000	0,28868	0,00000	-0,28868	-0,50000	-0,57735	-0,50000	-0,28868
2	0,50000	0,86603	0,50000	0,00000	-0,50000	-0,86603	-1,00000	-0,86603	-0,50000
3	0,28868	0,50000	0,57735	0,00000	-0,57735	-1,00000	-1,15470	-1,00000	-0,57735
4	0,00000	0,00000	0,00000	0,00000	-0,50000	-0,86603	-1,00000	-0,86603	-0,50000
5	-0,28868	-0,50000	-0,57735	-0,50000	-0,28868	-0,50000	-0,57735	-0,50000	-0,28868
6	-0,50000	-0,86603	-1,00000	-0,86603	-0,50000	0,00000	0,00000	0,00000	0,00000
7	-0,57735	-1,00000	-1,15470	-1,00000	-0,57735	0,00000	0,57735	0,50000	0,28868
8	-0,50000	-0,86603	-1,00000	-0,86603	-0,50000	0,00000	0,50000	0,86603	0,50000
9	-0,28868	-0,50000	-0,57735	-0,50000	-0,28868	0,00000	0,28868	0,50000	0,57735
$\varphi = 315°$									
1	0,71851	0,70276	0,47989	0,11559	-0,28277	-0,59780	-0,73665	-0,65839	-0,38609
2	0,70276	1,19840	0,81835	0,19712	-0,48221	-1,01942	-1,25619	-1,12273	-0,65839
3	0,47989	0,81835	0,91563	0,22055	-0,53953	-1,14060	-1,40551	-1,25619	-0,73665
4	0,11559	0,19712	0,22055	0,17898	-0,43784	-0,92561	-1,14060	-1,01942	-0,59780
5	-0,28277	-0,48221	-0,53953	-0,43784	-0,20711	-0,43784	-0,53953	-0,48221	-0,28277
6	-0,59780	-1,01942	-1,14060	-0,92561	-0,43784	0,17898	0,22055	0,19712	0,11559
7	-0,73665	-1,25619	-1,40551	-1,14060	-0,53953	0,22055	0,91563	0,81835	0,47989
8	-0,65839	-1,12273	-1,25619	-1,01942	-0,48221	0,19712	0,81835	1,19840	0,70276
9	-0,38609	-0,65839	-0,73665	-0,59780	-0,28277	0,11559	0,47989	0,70276	0,71851
$\varphi = 330°$									
1	0,97055	1,08331	0,84653	0,33661	-0,28193	-0,80949	-1,07587	-0,99511	-0,59326
2	1,08331	1,81708	1,41992	0,56460	-0,47289	-1,35779	-1,80460	-1,66913	-0,99511
3	0,84653	1,41992	1,53516	0,61042	-0,51127	-1,46799	-1,95106	-1,80460	-1,07587
4	0,33661	0,56460	0,61042	0,45929	-0,38468	-1,10453	-1,46799	-1,35779	-0,80949
5	-0,28193	-0,47289	-0,51127	-0,38468	-0,13397	-0,38468	-0,51127	-0,47289	-0,28193
6	-0,80949	-1,35779	-1,46799	-1,10453	-0,38468	0,45929	0,61042	0,56460	0,33661
7	-1,07587	-1,80460	-1,95106	-1,46799	-0,51127	0,61042	1,53516	1,41992	0,84653
8	-0,99511	-1,66913	-1,80460	-1,35779	-0,47289	0,56460	1,41992	1,81708	1,08331
9	-0,59326	-0,99511	-1,07587	-0,80949	-0,28193	0,33661	0,84653	1,08331	0,97055
$\varphi = 345°$									
1	1,66409	2,17644	1,92323	0,99352	-0,28565	-1,46434	-2,12796	-2,04307	-1,23954
2	2,17644	3,58732	3,16996	1,63758	-0,47082	-2,41361	-3,50741	-3,36750	-2,04307
3	1,92323	3,16996	3,30167	1,70562	-0,49038	-2,51389	-3,65314	-3,50741	-2,12796
4	0,99352	1,63758	1,70562	1,17371	-0,33745	-1,72992	-2,51389	-2,41361	-1,46434
5	-0,28565	-0,47082	-0,49038	-0,33745	-0,06583	-0,33745	-0,49038	-0,47082	-0,28565
6	-1,46434	-2,41361	-2,51389	-1,72992	-0,33745	1,17371	1,70562	1,63758	0,99352
7	-2,12796	-3,50741	-3,65314	-2,51389	-0,49038	1,70562	3,30167	3,16996	1,92323
8	-2,04307	-3,36750	-3,50741	-2,41361	-0,47082	1,63758	3,16996	3,58732	2,17644
9	-1,23954	-2,04307	-2,12796	-1,46434	-0,28565	0,99352	1,92323	2,17644	1,66409

Tabelle 7 (Fortsetzung)

φ_p \ φ_x	1	2	3	4	5	6	7	8	9
$\varphi = 360°$									
1									
2									
3				imag.					
4									
5	-0,29390	-0,47553	-0,47553	-0,29390	0	-0,29390	-0,47553	-0,47553	-0,29390
6									
7				imag.					
8									
9									

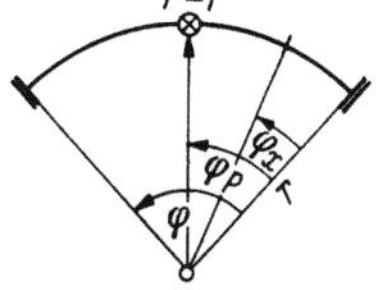

Tabelle 8. *Einflußlinien $T(\varphi_p)$ für $P = 1$*   Abb. 42
$$T = \vartheta \cdot P \cdot r$$

φ_p \ φ_x	0	1	2	3	4	5	6	7	8	9	10
$\varphi = 5°$											
1	-0,0002	-0,0002	-0,0001	-0,0001	-0,0000	0,0000	0,0001	0,0001	0,0001	0,0001	0,0001
2	-0,0004	-0,0003	-0,0002	-0,0001	-0,0000	0,0001	0,0001	0,0002	0,0002	0,0002	0,0002
3	-0,0005	-0,0004	-0,0003	-0,0002	-0,0001	0,0001	0,0002	0,0002	0,0003	0,0003	0,0003
4	-0,0005	-0,0005	-0,0004	-0,0003	-0,0001	0,0000	0,0002	0,0003	0,0004	0,0004	0,0004
5	-0,0005	-0,0005	-0,0004	-0,0003	-0,0002	-0,0000	0,0002	0,0003	0,0004	0,0005	0,0005
6	-0,0004	-0,0004	-0,0004	-0,0003	-0,0002	-0,0000	0,0001	0,0003	0,0004	0,0005	0,0005
7	-0,0003	-0,0003	-0,0003	-0,0002	-0,0002	-0,0001	0,0001	0,0002	0,0003	0,0004	0,0005
8	-0,0002	-0,0002	-0,0002	-0,0002	-0,0001	-0,0001	0,0000	0,0001	0,0002	0,0003	0,0004
9	-0,0001	-0,0001	-0,0001	-0,0001	-0,0001	-0,0000	0,0000	0,0001	0,0001	0,0002	0,0002
$\varphi = 10°$											
1	-0,0009	-0,0007	-0,0005	-0,0002	-0,0000	0,0001	0,0003	0,0004	0,0004	0,0005	0,0005
2	-0,0015	-0,0013	-0,0010	-0,0005	-0,0001	0,0002	0,0005	0,0007	0,0009	0,0009	0,0010
3	-0,0018	-0,0017	-0,0014	-0,0009	-0,0003	0,0002	0,0007	0,0010	0,0012	0,0013	0,0014
4	-0,0020	-0,0019	-0,0016	-0,0011	-0,0005	0,0002	0,0007	0,0012	0,0015	0,0017	0,0017
5	-0,0019	-0,0018	-0,0016	-0,0012	-0,0007	-0,0000	0,0007	0,0012	0,0016	0,0018	0,0019
6	-0,0017	-0,0017	-0,0015	-0,0012	-0,0007	-0,0002	0,0005	0,0011	0,0016	0,0019	0,0020
7	-0,0014	-0,0013	-0,0012	-0,0010	-0,0007	-0,0002	0,0003	0,0009	0,0014	0,0017	0,0018
8	-0,0010	-0,0009	-0,0009	-0,0007	-0,0005	-0,0002	0,0001	0,0005	0,0010	0,0013	0,0015
9	-0,0005	-0,0005	-0,0004	-0,0004	-0,0003	-0,0001	0,0000	0,0002	0,0005	0,0007	0,0009
$\varphi = 15°$											
1	-0,0020	-0,0017	-0,0011	-0,0006	-0,0001	0,0003	0,0006	0,0008	0,0010	0,0011	0,0011
2	-0,0033	-0,0030	-0,0022	-0,0012	-0,0003	0,0005	0,0011	0,0016	0,0019	0,0021	0,0022
3	-0,0041	-0,0039	-0,0031	-0,0019	-0,0006	0,0005	0,0015	0,0022	0,0027	0,0030	0,0031
4	-0,0044	-0,0042	-0,0036	-0,0026	-0,0011	0,0004	0,0017	0,0026	0,0033	0,0037	0,0039
5	-0,0043	-0,0041	-0,0036	-0,0028	-0,0016	0,0000	0,0016	0,0028	0,0036	0,0041	0,0043
6	-0,0039	-0,0037	-0,0033	-0,0026	-0,0017	-0,0004	0,0011	0,0026	0,0036	0,0042	0,0044
7	-0,0031	-0,0030	-0,0027	-0,0022	-0,0015	-0,0005	0,0006	0,0019	0,0031	0,0039	0,0041
8	-0,0022	-0,0021	-0,0019	-0,0016	-0,0011	-0,0005	0,0003	0,0012	0,0022	0,0030	0,0033
9	-0,0011	-0,0011	-0,0010	-0,0008	-0,0006	-0,0003	0,0001	0,0006	0,0011	0,0017	0,0020

Tabelle 8 (Fortsetzung)

φ_p \ φ_x	0	1	2	3	4	5	6	7	8	9	10
$\varphi = 20°$											
1	-0,0035	-0,0030	-0,0019	-0,0010	-0,0002	0,0005	0,0010	0,0015	0,0018	0,0020	0,0020
2	-0,0059	-0,0054	-0,0039	-0,0021	-0,0005	0,0009	0,0020	0,0028	0,0035	0,0038	0,0040
3	-0,0073	-0,0069	-0,0056	-0,0035	-0,0011	0,0010	0,0026	0,0039	0,0049	0,0054	0,0056
4	-0,0079	-0,0075	-0,0064	-0,0046	-0,0020	0,0007	0,0030	0,0047	0,0059	0,0067	0,0069
5	-0,0077	-0,0074	-0,0065	-0,0049	-0,0028	0,0000	0,0028	0,0049	0,0065	0,0074	0,0077
6	-0,0069	-0,0067	-0,0059	-0,0047	-0,0030	-0,0007	0,0020	0,0046	0,0064	0,0075	0,0079
7	-0,0056	-0,0054	-0,0049	-0,0039	-0,0026	-0,0010	0,0011	0,0035	0,0056	0,0069	0,0073
8	-0,0040	-0,0038	-0,0035	-0,0028	-0,0020	-0,0009	0,0005	0,0021	0,0039	0,0054	0,0059
9	-0,0020	-0,0020	-0,0018	-0,0015	-0,0010	-0,0005	0,0002	0,0010	0,0019	0,0030	0,0035
$\varphi = 25°$											
1	-0,0055	-0,0046	-0,0030	-0,0016	-0,0003	0,0008	0,0016	0,0023	0,0028	0,0031	0,0032
2	-0,0093	-0,0085	-0,0062	-0,0033	-0,0008	0,0013	0,0031	0,0045	0,0054	0,0060	0,0062
3	-0,0115	-0,0109	-0,0088	-0,0054	-0,0017	0,0015	0,0042	0,0062	0,0077	0,0086	0,0089
4	-0,0124	-0,0118	-0,0101	-0,0072	-0,0031	0,0011	0,0046	0,0074	0,0093	0,0105	0,0109
5	-0,0121	-0,0117	-0,0102	-0,0078	-0,0044	0,0000	0,0044	0,0078	0,0102	0,0117	0,0121
6	-0,0109	-0,0105	-0,0093	-0,0074	-0,0046	-0,0011	0,0031	0,0072	0,0101	0,0118	0,0124
7	-0,0089	-0,0086	-0,0077	-0,0062	-0,0042	-0,0015	0,0017	0,0054	0,0088	0,0109	0,0115
8	-0,0062	-0,0060	-0,0054	-0,0045	-0,0031	-0,0013	0,0008	0,0033	0,0062	0,0085	0,0093
9	-0,0032	-0,0031	-0,0028	-0,0023	-0,0016	-0,0008	0,0003	0,0016	0,0030	0,0046	0,0055
$\varphi = 30°$											
1	-0,0080	-0,0067	-0,0044	-0,0023	-0,0005	0,0011	0,0024	0,0034	0,0041	0,0045	0,0047
2	-0,0135	-0,0124	-0,0090	-0,0048	-0,0012	0,0019	0,0045	0,0065	0,0079	0,0088	0,0091
3	-0,0167	-0,0158	-0,0128	-0,0079	-0,0024	0,0022	0,0060	0,0090	0,0112	0,0124	0,0129
4	-0,0180	-0,0172	-0,0146	-0,0104	-0,0045	0,0017	0,0067	0,0107	0,0135	0,0153	0,0158
5	-0,0176	-0,0169	-0,0148	-0,0113	-0,0063	0,0000	0,0063	0,0113	0,0148	0,0169	0,0176
6	-0,0158	-0,0153	-0,0135	-0,0107	-0,0067	-0,0017	0,0045	0,0104	0,0146	0,0172	0,0180
7	-0,0129	-0,0124	-0,0112	-0,0090	-0,0060	-0,0022	0,0024	0,0079	0,0128	0,0158	0,0167
8	-0,0091	-0,0088	-0,0079	-0,0065	-0,0045	-0,0019	0,0012	0,0048	0,0090	0,0124	0,0135
9	-0,0047	-0,0045	-0,0041	-0,0034	-0,0024	-0,0011	0,0005	0,0023	0,0044	0,0067	0,0080
$\varphi = 35°$											
1	-0,0109	-0,0092	-0,0060	-0,0031	-0,0006	0,0015	0,0033	0,0047	0,0056	0,0062	0,0064
2	-0,0185	-0,0170	-0,0124	-0,0067	-0,0016	0,0026	0,0062	0,0089	0,0109	0,0121	0,0125
3	-0,0230	-0,0216	-0,0176	-0,0109	-0,0034	0,0030	0,0083	0,0124	0,0153	0,0171	0,0177
4	-0,0248	-0,0236	-0,0201	-0,0143	-0,0062	0,0023	0,0092	0,0147	0,0186	0,0210	0,0218
5	-0,0243	-0,0233	-0,0204	-0,0155	-0,0087	0,0000	0,0087	0,0155	0,0204	0,0233	0,0243
6	-0,0218	-0,0210	-0,0186	-0,0147	-0,0092	-0,0023	0,0062	0,0143	0,0201	0,0236	0,0248
7	-0,0177	-0,0171	-0,0153	-0,0124	-0,0083	-0,0030	0,0034	0,0109	0,0176	0,0216	0,0230
8	-0,0125	-0,0121	-0,0109	-0,0089	-0,0062	-0,0026	0,0016	0,0067	0,0124	0,0170	0,0185
9	-0,0064	-0,0062	-0,0056	-0,0047	-0,0033	-0,0015	0,0006	0,0031	0,0060	0,0092	0,0106
$\varphi = 40°$											
1	-0,0144	-0,0122	-0,0080	-0,0042	-0,0009	0,0020	0,0043	0,0062	0,0075	0,0083	0,0085
2	-0,0244	-0,0224	-0,0164	-0,0088	-0,0022	0,0035	0,0081	0,0118	0,0144	0,0160	0,0165
3	-0,0304	-0,0286	-0,0233	-0,0144	-0,0045	0,0039	0,0109	0,0164	0,0203	0,0227	0,0235
4	-0,0328	-0,0312	-0,0266	-0,0189	-0,0083	0,0030	0,0122	0,0194	0,0246	0,0278	0,0288
5	-0,0321	-0,0308	-0,0269	-0,0205	-0,0115	0,0000	0,0115	0,0205	0,0269	0,0308	0,0321
6	-0,0288	-0,0278	-0,0246	-0,0194	-0,0122	-0,0030	0,0083	0,0189	0,0266	0,0312	0,0328
7	-0,0235	-0,0227	-0,0203	-0,0164	-0,0109	-0,0039	0,0045	0,0144	0,0233	0,0286	0,0304
8	-0,0165	-0,0160	-0,0144	-0,0118	-0,0081	-0,0035	0,0022	0,0088	0,0164	0,0224	0,0244
9	-0,0085	-0,0083	-0,0075	-0,0062	-0,0043	-0,0020	0,0009	0,0042	0,0080	0,0122	0,0144

Tabelle 8 (Fortsetzung)

φ_p \ φ_x	0	1	2	3	4	5	6	7	8	9	10
$\varphi = 45°$											
1	-0,0185	-0,0156	-0,0102	-0,0054	-0,0011	0,0025	0,0055	0,0079	0,0096	0,0106	0,0110
2	-0,0313	-0,0287	-0,0210	-0,0114	-0,0029	0,0044	0,0104	0,0151	0,0185	0,0205	0,0212
3	-0,0389	-0,0366	-0,0298	-0,0185	-0,0058	0,0050	0,0140	0,0210	0,0261	0,0291	0,0301
4	-0,0420	-0,0401,	-0,0341	-0,0243	-0,0106	0,0038	0,0156	0,0249	0,0316	0,0357	0,0370
5	-0,0412	-0,0395	-0,0345	-0,0262	-0,0147	0,0000	0,0147	0,0262	0,0345	0,0395	0,0412
6	-0,0370	-0,0357	-0,0316	-0,0249	-0,0156	-0,0038	0,0106	0,0243	0,0341	0,0401	0,0420
7	-0,0301	-0,0291	-0,0261	-0,0210	-0,0140	-0,0050	0,0058	0,0185	0,0298	0,0366	0,0389
8	-0,0212	-0,0205	-0,0185	-0,0151	-0,0104	-0,0044	0,0029	0,0114	0,0210	0,0287	0,0313
9	-0,0110	-0,0106	-0,0096	-0,0079	-0,0055	-0,0025	0,0011	0,0054	0,0102	0,0156	0,0185
$\varphi = 50°$											
1	-0,0231	-0,0195	-0,0128	-0,0068	-0,0015	0,0031	0,0069	0,0099	0,0120	0,0133	0,0138
2	-0,0391	-0,0359	-0,0264	-0,0143	-0,0037	0,0054	0,0130	0,0190	0,0232	0,0258	0,0267
3	-0,0488	-0,0459	-0,0374	-0,0232	-0,0074	0,0062	0,0175	0,0264	0,0327	0,0366	0,0379
4	-0,0527	-0,0502	-0,0428	-0,0305	-0,0133	0,0046	0,0195	0,0313	0,0397	0,0448	0,0465
5	-0,0517	-0,0496	-0,0433	-0,0329	-0,0184	0,0000	0,0184	0,0329	0,0433	0,0496	0,0517
6	-0,0465	-0,0448	-0,0397	-0,0313	-0,0195	-0,0046	0,0133	0,0305	0,0428	0,0502	0,0527
7	-0,0379	-0,0366	-0,0327	-0,0264	-0,0175	-0,0062	0,0074	0,0232	0,0374	0,0459	0,0488
8	-0,0267	-0,0258	-0,0232	-0,0190	-0,0130	-0,0054	0,0037	0,0143	0,0264	0,0359	0,0391
9	-0,0138	-0,0133	-0,0120	-0,0099	-0,0069	-0,0031	0,0015	0,0068	0,0128	0,0195	0,0231
$\varphi = 60°$											
1	-0,0342	-0,0291	-0,0192	-0,0103	-0,0024	0,0045	0,0103	0,0148	0,0181	0,0200	0,0207
2	-0,0581	-0,0534	-0,0394	-0,0216	-0,0058	0,0079	0,0193	0,0283	0,0348	0,0388	0,0401
3	-0,0726	-0,0684	-0,0558	-0,0348	-0,0113	0,0090	0,0260	0,0394	0,0490	0,0549	0,0568
4	-0,0787	-0,0750	-0,0639	-0,0455	-0,0200	0,0067	0,0291	0,0467	0,0594	0,0671	0,0697
5	-0,0774	-0,0742	-0,0647	-0,0491	-0,0274	0,0000	0,0274	0,0491	0,0647	0,0742	0,0774
6	-0,0697	-0,0671	-0,0594	-0,0467	-0,0291	-0,0067	0,0200	0,0455	0,0639	0,0750	0,0787
7	-0,0568	-0,0549	-0,0490	-0,0394	-0,0260	-0,0090	0,0113	0,0348	0,0558	0,0684	0,0726
8	-0,0401	-0,0388	-0,0348	-0,0283	-0,0193	-0,0079	0,0058	0,0216	0,0394	0,0534	0,0581
9	-0,0207	-0,0200	-0,0181	-0,0148	-0,0103	-0,0045	0,0024	0,0103	0,0192	0,0291	0,0342
$\varphi = 70°$											
1	-0,0482	-0,0411	-0,0275	-0,0149	-0,0036	0,0062	0,0145	0,0211	0,0258	0,0287	0,0297
2	-0,0822	-0,0757	-0,0560	-0,0311	-0,0087	0,0109	0,0273	0,0403	0,0498	0,0555	0,0574
3	-0,1031	-0,0972	-0,0793	-0,0498	-0,0166	0,0124	0,0367	0,0560	0,0700	0,0785	0,0814
4	-0,1121	-0,1068	-0,0909	-0,0648	-0,0287	0,0092	0,0411	0,0664	0,0848	0,0959	0,0996
5	-0,1104	-0,1058	-0,0923	-0,0698	-0,0389	0,0000	0,0389	0,0698	0,0923	0,1058	0,1104
6	-0,0996	-0,0959	-0,0848	-0,0664	-0,0411	-0,0092	0,0287	0,0648	0,0909	0,1068	0,1121
7	-0,0814	-0,0785	-0,0700	-0,0560	-0,0367	-0,0124	0,0166	0,0498	0,0793	0,0972	0,1031
8	-0,0574	-0,0555	-0,0498	-0,0403	-0,0273	-0,0109	0,0087	0,0311	0,0560	0,0757	0,0822
9	-0,0297	-0,0287	-0,0258	-0,0211	-0,0145	-0,0062	0,0036	0,0149	0,0275	0,0411	0,0482
$\varphi = 80°$											
1	-0,0657	-0,0563	-0,0380	-0,0210	-0,0054	0,0083	0,0198	0,0291	0,0358	0,0399	0,0413
2	-0,1127	-0,1038	-0,0773	-0,0435	-0,0127	0,0144	0,0374	0,0557	0,0690	0,0772	0,0799
3	-0,1418	-0,1336	-0,1092	-0,0690	-0,0236	0,0164	0,0503	0,0773	0,0970	0,1090	0,1130
4	-0,1546	-0,1473	-0,1254	-0,0894	-0,0399	0,0122	0,0563	0,0916	0,1172	0,1329	0,1381
5	-0,1527	-0,1464	-0,1274	-0,0963	-0,0535	0,0000	0,0535	0,0963	0,1274	0,1464	0,1527
6	-0,1381	-0,1329	-0,1172	-0,0916	-0,0563	-0,0122	0,0399	0,0894	0,1254	0,1473	0,1546
7	-0,1130	-0,1090	-0,0970	-0,0773	-0,0503	-0,0164	0,0236	0,0690	0,1092	0,1336	0,1418
8	-0,0799	-0,0772	-0,0690	-0,0557	-0,0374	-0,0144	0,0127	0,0435	0,0773	0,1038	0,1127
9	-0,0413	-0,0399	-0,0358	-0,0291	-0,0198	-0,0083	0,0054	0,0210	0,0380	0,0563	0,0657

Tabelle 8 (Fortsetzung)

φ_p \ φ_x	0	1	2	3	4	5	6	7	8	9	10
$\varphi = 90°$											
1	-0,0877	-0,0755	-0,0517	-0,0290	-0,0081	0,0106	0,0266	0,0394	0,0488	0,0545	0,0564
2	-0,1511	-0,1393	-0,1045	-0,0597	-0,0184	0,0185	0,0500	0,0753	0,0939	0,1052	0,1090
3	-0,1910	-0,1800	-0,1474	-0,0939	-0,0332	0,0210	0,0673	0,1045	0,1318	0,1484	0,1540
4	-0,2090	-0,1991	-0,1694	-0,1208	-0,0545	0,0156	0,0755	0,1237	0,1590	0,1805	0,1878
5	-0,2071	-0,1984	-0,1725	-0,1300	-0,0721	0,0000	0,0721	0,1300	0,1725	0,1984	0,2071
6	-0,1878	-0,1805	-0,1590	-0,1237	-0,0755	-0,0156	0,0545	0,1208	0,1694	0,1991	0,2090
7	-0,1540	-0,1484	-0,1318	-0,1045	-0,0673	-0,0210	0,0332	0,0939	0,1474	0,1800	0,1910
8	-0,1090	-0,1052	-0,0939	-0,0753	-0,0500	-0,0185	0,0184	0,0597	0,1045	0,1393	0,1511
9	-0,0564	-0,0545	-0,0488	-0,0394	-0,0266	-0,0106	0,0081	0,0290	0,0517	0,0755	0,0877
$\varphi = 100°$											
1	-0,1154	-0,1000	-0,0694	-0,0397	-0,0118	0,0133	0,0351	0,0527	0,0657	0,0736	0,0763
2	-0,2000	-0,1848	-0,1397	-0,0812	-0,0264	0,0232	0,0660	0,1008	0,1264	0,1420	0,1473
3	-0,2542	-0,2397	-0,1966	-0,1264	-0,0461	0,0264	0,0889	0,1397	0,1771	0,2000	0,2077
4	-0,2794	-0,2660	-0,2264	-0,1616	-0,0736	0,0195	0,1000	0,1653	0,2133	0,2428	0,2527
5	-0,2779	-0,2660	-0,2310	-0,1736	-0,0959	0,0000	0,0959	0,1736	0,2310	0,2660	0,2779
6	-0,2527	-0,2428	-0,2133	-0,1653	-0,1000	-0,0195	0,0736	0,1616	0,2264	0,2660	0,2794
7	-0,2077	-0,2000	-0,1771	-0,1397	-0,0889	-0,0264	0,0461	0,1264	0,1966	0,2397	0,2542
8	-0,1473	-0,1420	-0,1264	-0,1008	-0,0660	-0,0232	0,0264	0,0812	0,1397	0,1848	0,2000
9	-0,0763	-0,0736	-0,0657	-0,0527	-0,0351	-0,0133	0,0118	0,0397	0,0694	0,1000	0,1154
$\varphi = 110°$											
1	-0,1511	-0,1318	-0,0929	-0,0543	-0,0174	0,0165	0,0461	0,0703	0,0883	0,0993	0,1031
2	-0,2635	-0,2440	-0,1861	-0,1103	-0,0379	0,0287	0,0868	0,1343	0,1696	0,1913	0,1986
3	-0,3369	-0,3179	-0,2614	-0,1696	-0,0643	0,0324	0,1169	0,1861	0,2374	0,2689	0,2796
4	-0,3722	-0,3543	-0,3014	-0,2153	-0,0993	0,0240	0,1318	0,2200	0,2854	0,3257	0,3392
5	-0,3717	-0,3557	-0,3082	-0,2311	-0,1271	-0,0000	0,1271	0,2311	0,3082	0,3557	0,3717
6	-0,3392	-0,3257	-0,2854	-0,2200	-0,1318	-0,0240	0,0993	0,2153	0,3014	0,3543	0,3722
7	-0,2796	-0,2689	-0,2374	-0,1861	-0,1169	-0,0324	0,0643	0,1696	0,2614	0,3179	0,3369
8	-0,1986	-0,1913	-0,1696	-0,1343	-0,0868	-0,0287	0,0379	0,1103	0,1861	0,2440	0,2635
9	-0,1031	-0,0993	-0,0883	-0,0703	-0,0461	-0,0165	0,0174	0,0543	0,0929	0,1318	0,1511
$\varphi = 120°$											
1	-0,1982	-0,1742	-0,1251	-0,0749	-0,0258	0,0200	0,0606	0,0942	0,1193	0,1348	0,1401
2	-0,3484	-0,3233	-0,2491	-0,1509	-0,0549	0,0348	0,1143	0,1800	0,2291	0,2594	0,2697
3	-0,4484	-0,4233	-0,3491	-0,2291	-0,0903	0,0394	0,1541	0,2491	0,3200	0,3639	0,3787
4	-0,4982	-0,4742	-0,4032	-0,2885	-0,1348	0,0291	0,1742	0,2942	0,3839	0,4394	0,4581
5	-0,5000	-0,4781	-0,4135	-0,3090	-0,1691	0,0000	0,1691	0,3090	0,4135	0,4781	0,5000
6	-0,4581	-0,4394	-0,3839	-0,2942	-0,1742	-0,0291	0,1348	0,2885	0,4032	0,4742	0,4982
7	-0,3787	-0,3639	-0,3200	-0,2491	-0,1541	-0,0394	0,0903	0,2291	0,3491	0,4233	0,4484
8	-0,2697	-0,2594	-0,2291	-0,1800	-0,1143	-0,0348	0,0549	0,1509	0,2491	0,3233	0,3484
9	-0,1401	-0,1348	-0,1193	-0,0942	-0,0606	-0,0200	0,0258	0,0749	0,1251	0,1742	0,1982
$\varphi = 130°$											
1	-0,2631	-0,2333	-0,1710	-0,1051	-0,0389	0,0241	0,0808	0,1282	0,1639	0,1861	0,1937
2	-0,4666	-0,4342	-0,3384	-0,2100	-0,0810	0,0418	0,1523	0,2447	0,3143	0,3576	0,3723
3	-0,6052	-0,5718	-0,4731	-0,3143	-0,1292	0,0472	0,2058	0,3384	0,4384	0,5005	0,5215
4	-0,6769	-0,6442	-0,5477	-0,3923	-0,1861	0,0347	0,2333	0,3994	0,5246	0,6023	0,6287
5	-0,6831	-0,6528	-0,5634	-0,4194	-0,2284	0,0000	0,2284	0,4194	0,5634	0,6528	0,6831
6	-0,6287	-0,6023	-0,5246	-0,3994	-0,2333	-0,0347	0,1861	0,3923	0,5477	0,6442	0,6769
7	-0,5215	-0,5005	-0,4384	-0,3384	-0,2058	-0,0472	0,1292	0,3143	0,4731	0,5718	0,6052
8	-0,3723	-0,3576	-0,3143	-0,2447	-0,1523	-0,0418	0,0810	0,2100	0,3384	0,4342	0,4666
9	-0,1937	-0,1861	-0,1639	-0,1282	-0,0808	-0,0241	0,0389	0,1051	0,1710	0,2333	0,2631

Tabelle 8 (Fortsetzung)

$\varphi_p \backslash \varphi_x$	0	1	2	3	4	5	6	7	8	9	10
$\varphi = 140°$											
1	-0,3586	-0,3212	-0,2410	-0,1524	-0,0607	0,0287	0,1105	0,1797	0,2323	0,2652	0,2764
2	-0,6424	-0,5996	-0,4736	-0,3016	-0,1237	0,0498	0,2084	0,3428	0,4449	0,5087	0,5304
3	-0,8406	-0,7948	-0,6603	-0,4449	-0,1912	0,0560	0,2821	0,4736	0,6191	0,7101	0,7410
4	-0,9472	-0,9012	-0,7661	-0,5498	-0,2652	0,0411	0,3212	0,5585	0,7388	0,8514	0,8898
5	-0,9619	-0,9185	-0,7908	-0,5864	-0,3175	0,0000	0,3175	0,5864	0,7908	0,9185	0,9619
6	-0,8898	-0,8514	-0,7388	-0,5585	-0,3212	-0,0411	0,2652	0,5498	0,7661	0,9012	0,9472
7	-0,7410	-0,7101	-0,6191	-0,4736	-0,2821	-0,0560	0,1912	0,4449	0,6603	0,7948	0,8406
8	-0,5304	-0,5087	-0,4449	-0,3428	-0,2084	-0,0498	0,1237	0,3016	0,4736	0,5996	0,6424
9	-0,2764	-0,2652	-0,2323	-0,1797	-0,1105	-0,0287	0,0607	0,1524	0,2410	0,3212	0,3586
$\varphi = 150°$											
1	-0,5142	-0,4660	-0,3588	-0,2340	-0,1000	0,0340	0,1588	0,2660	0,3483	0,4000	0,4176
2	-0,9321	-0,8730	-0,7000	-0,4588	-0,2000	0,0588	0,3000	0,5071	0,6660	0,7659	0,8000
3	-1,2319	-1,1660	-0,9730	-0,6660	-0,3000	0,0660	0,4071	0,7000	0,9247	1,0660	1,1142
4	-1,4000	-1,3319	-1,1321	-0,8142	-0,4000	0,0483	0,4660	0,8247	1,1000	1,2730	1,3321
5	-1,4319	-1,3660	-1,1730	-0,8660	-0,4659	0,0000	0,4659	0,8660	1,1730	1,3660	1,4319
6	-1,3321	-1,2730	-1,1000	-0,8247	-0,4660	-0,0483	0,4000	0,8142	1,1321	1,3319	1,4000
7	-1,1142	-1,0660	-0,9247	-0,7000	-0,4071	-0,0660	0,3000	0,6660	0,9730	1,1660	1,2319
8	-0,8000	-0,7659	-0,6660	-0,5071	-0,3000	-0,0588	0,2000	0,4588	0,7000	0,8730	0,9321
9	-0,4176	-0,4000	-0,3483	-0,2660	-0,1588	-0,0340	0,1000	0,2340	0,3588	0,4660	0,5142
$\varphi = 160°$											
1	-0,8186	-0,7520	-0,5962	-0,4019	-0,1842	0,0399	0,2533	0,4393	0,5835	0,6747	0,7059
2	-1,5040	-1,4147	-1,1539	-0,7804	-0,3620	0,0690	0,4792	0,8367	1,1139	1,2894	1,3494
3	-2,0109	-1,9059	-1,5990	-1,1139	-0,5271	0,0773	0,6525	1,1539	1,5426	1,7886	1,8728
4	-2,3078	-2,1951	-1,8659	-1,3457	-0,6747	0,0563	0,7520	1,3584	1,8286	2,1261	2,2279
5	-2,3794	-2,2678	-1,9419	-1,4267	-0,7622	0,0000	0,7622	1,4267	1,9419	2,2678	2,3794
6	-2,2279	-2,1261	-1,8286	-1,3584	-0,7520	-0,0563	0,6747	1,3457	1,8659	2,1951	2,3078
7	-1,8728	-1,7886	-1,5426	-1,1539	-0,6525	-0,0773	0,5271	1,1139	1,5990	1,9059	2,0109
8	-1,3494	-1,2894	-1,1139	-0,8367	-0,4792	-0,0690	0,3620	0,7804	1,1539	1,4147	1,5040
9	-0,7059	-0,6747	-0,5835	-0,4393	-0,2533	-0,0399	0,1842	0,4019	0,5962	0,7520	0,8186
$\varphi = 170°$											
1	-1,7144	-1,6002	-1,3112	-0,9163	-0,4501	0,0467	0,5307	0,9596	1,2959	1,5101	1,5837
2	-3,2004	-3,0256	-2,5165	-1,7612	-0,8695	0,0807	1,0063	1,8266	2,4697	2,8796	3,0203
3	-4,3367	-4,1167	-3,4756	-2,4697	-1,2305	0,0901	1,3765	2,5165	3,4103	3,9799	4,1754
4	-5,0329	-4,7868	-4,0699	-2,9449	-1,5101	0,0654	1,6002	2,9602	4,0266	4,7061	4,9394
5	-5,2309	-4,9802	-4,2561	-3,1103	-1,6491	-0,0000	1,6491	3,1103	4,2561	4,9802	5,2304
6	-4,9394	-4,7061	-4,0266	-2,9602	-1,6002	-0,0651	1,5101	2,9449	4,0699	4,7868	5,0329
7	-4,1754	-3,9799	-3,4103	-2,5165	-1,3765	-0,0901	1,2305	2,4697	3,4756	4,1167	4,3367
8	-3,0203	-2,8796	-2,4697	-1,8266	-1,0063	-0,0807	-0,8695	1,7615	2,5165	3,0256	3,2004
9	-1,5837	-1,5101	-1,2959	-0,9596	-0,5307	-0,0467	0,4501	0,9163	1,3112	1,6002	1,7144
$\varphi = 180°$											

$$\mp \infty$$

Tabelle 8 (Fortsetzung)

φ_p \ φ_x	0	1	2	3	4	5	6	7	8	9	10
$\varphi = 195°$											
1	1,2031	1,1858	1,0782	0,8355	0,4855	0,0683	-0,3682	-0,7739	-1,1023	-1,3158	-1,3897
2	2,3715	2,2814	2,0213	1,5638	0,9039	0,1174	-0,7055	-1,4705	-2,0896	-2,4920	-2,6315
3	3,3596	3,2070	2,7669	2,0896	1,1956	0,1300	-0,9849	-2,0213	-2,8602	-3,4054	-3,5943
4	4,0426	3,8451	3,2754	2,3987	1,3158	0,0933	-1,1858	-2,3747	-3,3370	-3,9625	-4,1793
5	4,3306	4,1109	3,4770	2,5015	1,2964	0,0000	-1,2964	-2,5015	-3,4770	-4,1109	-4,3306
6	4,1793	3,9625	3,3370	2,3747	1,1858	-0,0933	-1,3158	-2,3987	-3,2754	-3,8451	-4,0426
7	3,5943	3,4054	2,8602	2,0213	0,9849	-0,1300	-1,1956	-2,0896	-2,7669	-3,2070	-3,3596
8	2,6315	2,4920	2,0896	1,4705	0,7055	-0,1174	-0,9039	-1,5638	-2,0213	-2,2814	-2,3715
9	1,3897	1,3158	1,1023	0,7739	0,3682	-0,0683	-0,4855	-0,8355	-1,0782	-1,1858	-1,2031
$\varphi = 210°$											
1	0,5871	0,6079	0,6011	0,5011	0,3213	0,0855	-0,1749	-0,4254	-0,6326	-0,7691	-0,8167
2	1,2158	1,1882	1,1090	0,9224	0,5866	0,1464	-0,3399	-0,8076	-1,1945	-1,4494	-1,5383
3	1,7893	1,7169	1,5095	1,1945	0,7474	0,1612	-0,4863	-1,1090	-1,6243	-1,9637	-2,0820
4	2,2180	2,1106	1,8024	1,3346	0,7691	0,1148	-0,6079	-1,3030	-1,8781	-2,2569	-2,3890
5	2,4319	2,3035	1,9356	1,3770	0,7019	-0,0000	-0,7019	-1,3770	-1,9356	-2,3035	-2,4319
6	2,3890	2,2569	1,8781	1,3030	0,6079	-0,1148	-0,7691	-1,3346	-1,8024	-2,1106	-2,2180
7	2,0820	1,9637	1,6243	1,1090	0,4863	-0,1612	-0,7474	-1,1945	-1,5095	-1,7169	-1,7893
8	1,5383	1,4494	1,1945	0,8076	0,3399	-0,1464	-0,5866	-0,9224	-1,1090	-1,1882	-0,2158
9	0,8167	0,7691	0,6326	0,4254	0,1749	-0,0855	-0,3213	-0,5011	-0,6011	-0,6079	-0,5871
$\varphi = 225°$											
1	0,3588	0,4000	0,4412	0,4000	0,2827	0,1071	-0,1000	-0,3071	-0,4827	-0,6000	-0,6412
2	0,8000	0,8000	0,8000	0,7239	0,5071	0,1827	-0,2000	-0,5827	-0,9071	-1,1239	-1,2000
3	1,2412	1,2000	1,0827	0,9071	0,6239	0,2000	-0,3000	-0,8000	-1,2239	-1,5071	-1,6066
4	1,6000	1,5239	1,3071	0,9827	0,6000	0,1412	-0,4000	-0,9412	-1,4000	-1,7066	-1,8142
5	1,8066	1,7071	1,4239	1,0000	0,5000	-0,0000	-0,5000	-1,0000	-1,4239	-1,7071	-1,8066
6	1,8142	1,7066	1,4000	0,9412	0,4000	-0,1412	-0,6000	-0,9827	-1,3071	-1,5639	-1,6000
7	1,6066	1,5071	1,2239	0,8000	0,3000	-0,2000	-0,6239	-0,9071	-1,0827	-1,2000	-1,2412
8	1,2000	1,1239	0.9071	0,5827	0,2000	-0,1827	-0,5071	-0,7239	-0,8000	-0,8000	-0,8200
9	0,6412	0,6000	0,4827	0,3071	0,1000	-0,1071	-0,2827	-0,4000	-0,4412	-0,4000	-0,3588
$\varphi = 240°$											
1	0,2213	0,2800	0,3594	0,3594	0,2800	0,1348	-0,0509	-0,2451	-0,4143	-0,5291	-0,5697
2	0,5599	0,5807	0,6394	0,6394	0,4942	0,2291	-0,1103	-0,4652	-0,7742	-0,9839	-1,0581
3	0,9401	0,9193	0,8606	0,7742	0,5885	0,2491	-0,1852	-0,6394	-0,0348	-1,3032	-1,3982
4	1,2787	1,2200	1,0541	0,8097	0,5291	0,1742	-0,2800	-0,7549	-0,1684	-1,4491	-1,5484
5	1,5000	1,4135	1,1691	0,8090	0,3955	0,0000	-0,3955	-0,8090	-1,1691	-1,4135	-1,5000
6	1,5484	1,4491	1,1684	0,7549	0,2800	-0,1742	-0,5291	-0,8097	-1,0541	-1,2200	-1,2787
7	1,3982	1,3032	1,0348	0,6394	0,1852	-0,2491	-0,5885	-0,7742	-0,8606	-0,9193	-0,9401
8	1,0581	0,9839	0,7742	0,4652	0,1103	-0,2291	-0,4942	-0,6394	-0,6394	-0,5807	-0,5599
9	0,5697	0,5291	0,4143	0,2451	0,0509	-0,1348	-0,2800	-0,3594	-0,3594	-0,2800	-0,2213
$\varphi = 255°$											
1	0,1128	0,1895	0,3072	0,3455	0,2971	0,1713	-0,0073	-0,2040	-0,3805	-0,5023	-0,5457
2	0,3789	0,4199	0,5350	0,6043	0,5169	0,2898	-0,0327	-0,3878	-0,7063	-0,9262	-1,0046
3	0,7271	0,7245	0,7171	0,7063	0,5970	0,3128	-0,0907	-0,5350	-0,9335	-1,2086	-1,3067
4	1,0700	1,0242	0,8958	0,7097	0,5023	0,2165	-0,1895	-0,6364	-1,0373	-1,3140	-1,4127
5	1,3213	1,2413	1,0169	0,6917	0,3292	-0,0000	-0,3292	-0,6917	-1,0169	-1,2413	-1,3213
6	1,4127	1,3140	1,0373	0,6364	0,1895	-0,2165	-0,5023	-0,7097	-0,8958	-1,0242	-1,0700
7	1,3067	1,2086	0,9335	0,5350	0,0907	-0,3128	-0,5970	-0,7063	-0,7171	-0,7245	-0,7271
8	1,0046	0,9262	0,7063	0,3878	0,0327	-0,2898	-0,5169	-0,6043	-0,5350	-0,4199	-0,3789
9	0,5457	0,5023	0,3805	0,2040	0,0073	-0,1713	-0,2971	-0,3455	-0,3072	-0,1895	-0,1128

Tabelle 8 (Fortsetzung)

φ_p \ φ_x	0	1	2	3	4	5	6	7	8	9	10
$\varphi = 270°$											
1	0,0090	0,1061	0,2673	0,3484	0,3318	0,2210	0,0403	-0,1710	-0,3668	-0,5045	-0,5540
2	0,2122	0,2763	0,4545	0,5991	0,5694	0,3721	0,0500	-0,3266	-0,6755	-0,9208	-1,0090
3	0,5436	0,5606	0,6081	0,6755	0,6393	0,3984	0,0052	-0,4545	-0,8805	-1,1800	-1,2877
4	0,9090	0,8753	0,7816	0,6483	0,5045	0,2725	-0,1061	-0,5488	-0,9590	-1,2474	-1,3511
5	1,2071	1,1300	0,9156	0,6106	0,2815	0,0000	-0,2815	-0,6106	-0,9156	-1,1300	-1,2071
6	1,3511	1,2474	0,9590	0,5488	0,1061	-0,2725	-0,5045	-0,6483	-0,7816	-0,8753	-0,9090
7	1,2877	1,1800	0,8805	0,4545	-0,0052	-0,3984	-0,6393	-0,6755	-0,6081	-0,5606	-0,5436
8	1,0090	0,9208	0,6755	0,3266	-0,0500	-0,3721	-0,5694	-0,5991	-0,4545	-0,2763	-0,2122
9	0,5540	0,5045	0,3668	0,1710	-0,0403	-0,2210	-0,3318	-0,3484	-0,2673	-0,1061	-0,0090
$\varphi = 285°$											
1	-0,1067	0,0153	0,2305	0,3657	0,3879	0,2919	0,1009	-0,1388	-0,3690	-0,5341	-0,5940
2	0,0306	0,1239	0,3810	0,6185	0,6576	0,4888	0,1532	-0,2681	-0,6729	-0,9630	-1,0683
3	0,3544	0,3963	0,5118	0,6729	0,7194	0,5188	0,1198	-0,3810	-0,8621	-1,2070	-1,3321
4	0,7620	0,7423	0,6882	0,6127	0,5341	0,3503	-0,0153	-0,4742	-0,9151	-1,2312	-1,3458
5	1,1302	1,0539	0,8433	0,5494	0,2437	0,0000	-0,2437	-0,5494	-0,8433	-1,0539	-1,1302
6	1,3458	1,2312	0,9151	0,4742	0,0153	-0,3503	-0,5341	-0,6127	-0,6882	-0,7423	-0,7620
7	1,3321	1,2070	0,8621	0,3810	-0,1198	-0,5188	-0,7194	-0,6729	-0,5118	-0,3963	-0,3544
8	1,0683	0,9630	0,6729	0,2681	-0,1532	-0,4888	-0,6576	-0,6185	-0,3810	-0,1239	-0,0306
9	0,5940	0,5341	0,3690	0,1388	-0,1009	-0,2919	-0,3879	-0,3657	-0,2305	-0,0153	0,1067
$\varphi = 300°$											
1	-0,2547	-0,1000	0,1887	0,4000	0,4774	0,4000	0,1887	-0,1000	-0,3887	-0,6000	-0,6774
2	-0,2000	-0,0660	0,3000	0,6660	0,8000	0,6660	0,3000	-0,2000	-0,7000	-1,0660	-1,2000
3	0,1226	0,2000	0,4113	0,7000	0,8547	0,7000	0,2774	-0,3000	-0,8774	-1,3000	-1,4547
4	0,6000	0,6000	0,6000	0,6000	0,6000	0,4660	0,1000	-0,4000	-0,9000	-1,2660	-1,4000
5	1,0774	1,0000	0,7887	0,5000	0,2113	0,0000	-0,2113	-0,5000	-0,7887	-1,0000	-1,0774
6	1,4000	1,2660	0,9000	0,4000	-0,1000	-0,4660	-0,6000	-0,6000	-0,6000	-0,6000	-0,6000
7	1,4547	1,3000	0,8774	0,3000	-0,2774	-0,7000	-0,8547	-0,7000	-0,4113	-0,2000	-0,1226
8	1,2000	1,0660	0,7000	0,2000	-0,3000	-0,6660	-0,8000	-0,6660	-0,3000	0,0660	0,2000
9	0,6774	0,6000	0,3887	0,1000	-0,1887	-0,4000	-0,4774	-0,4000	-0,1887	0,1000	0,2547
$\varphi = 315°$											
1	-0,4751	-0,2725	0,1283	0,4619	0,6298	0,5827	0,3343	-0,0420	-0,4355	-0,7300	-0,8389
2	-0,5450	-0,3468	0,1894	0,7582	1,0446	0,9642	0,5407	-0,1011	-0,7721	-1,2744	-1,4601
3	-0,2185	-0,0831	0,2830	0,7721	1,0925	1,0025	0,5287	-0,1894	-0,9401	-1,5021	-1,7099
4	0,3788	0,4114	0,4996	0,6174	0,7300	0,6570	0,2725	-0,3102	-0,9194	-1,3755	-1,5441
5	1,0412	0,9614	0,7457	0,4575	0,1819	-0,0000	-0,1819	-0,4575	-0,7457	-0,9014	-1,0412
6	1,5441	1,3755	0,9194	0,3102	-0,2725	-0,6570	-0,7300	-0,6174	-0,4996	-0,4114	-0,3788
7	1,7099	1,5021	0,9401	0,1894	-0,5287	-1,0025	-1,0925	-0,7721	-0,2830	0,0831	0,2185
8	1,4601	1,2744	0,7721	0,1011	-0,5407	-0,9642	-1,0446	-0,7582	-0,1894	0,3468	0,5450
9	0,8389	0,7300	0,4355	0,0420	-0,3343	-0,5827	-0,6298	-0,4619	-0,1283	0,2725	0,4751
$\varphi = 330°$											
1	-0,8820	-0,5945	0,0139	0,5855	0,9360	0,9522	0,6289	0,0704	-0,5430	-1,0135	-1,1893
2	-1,1890	-0,8682	-0,0090	0,9498	1,5377	1,5648	1,0226	0,0858	-0,9431	-1,7323	-2,0271
3	-0,8543	-0,6035	0,0678	0,9431	1,5787	1,6081	1,0218	0,0090	-1,1035	-1,9567	-2,2754
4	-0,0180	0,0817	0,3486	0,6967	1,0135	1,0356	0,5945	-0,1675	-1,0045	-1,6465	-1,8863
5	1,0176	0,9341	0,7105	0,4190	0,1536	0,0000	-0,1536	-0,4190	-0,7105	-0,9341	-1,0176
6	1,8863	1,6465	1,0045	0,1675	-0,5945	-1,0356	-1,0135	-0,6967	-0,3486	-0,0817	0,0180
7	2,2754	1,9567	1,1035	-0,0090	-1,0218	-1,6081	-1,5787	-0,9431	-0,0678	0,6035	0,8543
8	2,0271	1,7323	0,9431	-0,0858	-1,0226	-1,5648	-1,5377	-0,9498	0,0090	0,8682	1,1890
9	1,1893	1,0135	0,5430	-0,0704	-0,6289	-0,9522	-0,9360	-0,5855	-0,0139	0,5945	0,8820

8*

Tabelle 8 (Fortsetzung)

φ_p \ φ_x	0	1	2	3	4	5	6	7	8	9	10
$\varphi = 345°$											
1	-2,0380	-1,5213	-0,3288	0,9442	1,8499	2,0697	1,5263	0,4109	-0,8843	-1,9035	-2,2884
2	-3,0425	-2,3667	-0,5770	1,5211	3,0139	3,3762	2,4806	0,6421	-1,4927	-3,1727	-3,8071
3	-2,6955	-2,0983	-0,5168	1,4927	3,0475	3,4248	2,4920	0,5770	-1,6464	-3,3962	-4,0569
4	-1,1541	-0,8456	-0,0286	1,0095	1,9035	2,1632	1,5213	0,2035	-1,3265	-2,5306	-2,9853
5	1,0043	0,9156	0,6807	0,3823	0,1252	-0,0000	-0,1252	-0,3823	-0,6807	-0,9156	-1,0043
6	2,9853	2,5306	1,3265	-0,2035	-1,5213	-2,1632	-1,9035	-1,0095	0,0286	0,8456	1,1541
7	4,0569	3,3962	1,6464	-0,5770	-2,4920	-3,4248	-3,0475	-1,4927	0,5168	2,0983	2,6955
8	3,8071	3,1727	1,4927	-0,6421	-2,4806	-3,3762	-3,0139	-1,5211	0,5770	2,3667	3,0425
9	2,2884	1,9035	0,8843	-0,4109	-1,5263	-2,0697	-1,8499	-0,9442	0,3288	1,5213	2,0380
$\varphi = 360°$											
1											
2					imag.						
3											
4											
5	1,0000	0,9045	0,6545	0,3455	0,0955	0	-0,0955	-0,3455	-0,6545	-0,9045	-1,0000
6											
7					imag.						
8											
9											

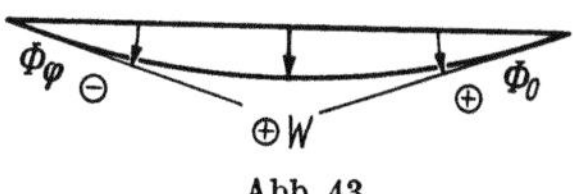

Abb. 43

Tabelle 9. $\Phi_0 = - \Phi_\varphi$ für Gleichlast q

φ	$z_1 + z_2 \cdot k$	
0	0,00000	0,00000
5	0,00003	0,00000
10	0,00022	0,00000
15	0,00076	0,00001
20	0,00182	0,00002
25	0,00360	0,00007
30	0,00632	0,00017
35	0,01025	0,00038
40	0,01567	0,00076
45	0,02293	0,00142
50	0,03245	0,00248
60	0,06039	0,00664
70	0,10508	0,01574
80	0,17529	0,03432
90	0,28540	0,07080
100	0,46017	0,14108
110	0,74483	0,27662
120	1,22837	0,54352
130	2,10363	1,09358
140	3,84832	2,32258
150	7,90446	5,48141
160	20,31681	16,04179
170	91,93544	81,98891
180	∞	
195	53,73881	63,03626
210	15,54471	21,10935
225	7,91090	12,28861
240	5,05482	8,88126
255	3,65398	7,18250
270	2,85619	6,21239
385	2,35940	5,61382
300	2,03400	5,22935
215	1,81737	4,98048
330	1,67725	4,82499
345	1,59726	4,73961
360	1,57080	4,71239

$$\frac{q \cdot r^3}{E \cdot J}$$

$$\Phi\,(\varphi_x = 0) = - \Phi\,(\varphi_x = \varphi) = [z_1 + z_2 k]\,\frac{q\,r^3}{E\,J} \quad \text{mit } k = \frac{E\,J}{G\,\Theta} \qquad (71)$$

Tabelle 10. $\Phi_0 = -\,\Phi_\varphi$ für wandernde Einzellast $P(\varphi_p)$

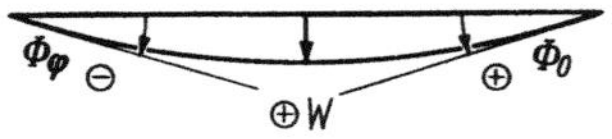

$$\Phi\,(\varphi_x = 0) = -\,\Phi\,(\varphi_x = \varphi) = [z_3 + z_4\,k]\,\frac{P\,r^2}{E\,J}\;;\;\;k = \frac{E\,J}{G\,\Theta} \qquad (101)$$

Abb. 44

φ_p / φ	1 / 9	2 / 8	3 / 7	4 / 6	5	6 / 4	7 / 3	8 / 2	9 / 1	Φ_0 / $-\,\Phi\,\varphi$
5	0,C0022 0,00000k	0,00037 0,00000	0,00045 0,00000	0,00049 0,00000	0,00048 0,00000	0,00043 0,00000	0,00035 0,00000	0,00024 0,00000	0,00013 0,00000	
10	0,00087 0,00000k	0,00147 0,00000	0,00182 0,00001	0,00196 0,00001	0,00192 0,00001	0,00172 0,00001	0,00140 0,00000	0,00098 0,00000	0,00051 0,00000	
15	0,00197 0,00001k	0,00333 0,00002	0,00413 0,00003	0,00445 0,00003	0,00435 0,00003	0,00390 0,00003	0,00317 0,00002	0,00223 0,00002	0,00115 0,00001	
20	0,00354 0,00003k	0,00597 0,00006	0,00742 0,00008	0,00799 0,00010	0,00781 0,00010	0,00701 0,00009	0,00570 0,00008	0,00401 0,00006	0,00207 0,00003	
25	0,00559 0,00008k	0,00944 0,00015	0,01174 0,00021	0,01266 0,00024	0,01239 0,00025	0,01112 0,00023	0,00904 0,00019	0,00637 0,00014	0,00328 0,00007	$\dfrac{P\cdot r^2}{E\cdot J}$
30	0,00815 0,00017k	0,01380 0,00032	0,01717 0,00044	0,01854 0,00050	0,01816 0,00052	0,01631 0,00048	0,01328 0,00041	0,00935 0,00029	0,00482 0,00015	
35	0,01127 0,00033k	0,01911 0,00061	0,02382 0,00082	0,02574 0,00095	0,02524 0,00098	0,02269 0,00092	0,01849 0,00077	0,01303 0,00055	0,00672 0,00029	
40	0,01500 0,00057k	0,02547 0,00106	0,03181 0,00144	0,03443 0,00166	0,03380 0,00171	0,03042 0,00160	0,02480 0,00135	0,01748 0,00037	0,00903 0,00051	
45	0,01939 0,00093k	0,03300 0,00175	0,04129 0,00237	0,04477 0,00273	0,04402 0,00282	0,03966 0,00264	0,03236 0,00222	0,02283 0,00160	0,01179 0,00083	
50	0,02453 0,00147k	0,04185 0,00275	0,05247 0,00372	0,05700 0,00429	0,05612 0,00444	0,05063 0,00415	0,04135 0,00349	0,02919 0,00251	0,01509 0,00131	
60	0,03744 0,00326k	0,06424 0,00613	0,08094 0,00830	0,08830 0,00959	0,08727 0,00992	0,07895 0,00929	0,06464 0,00781	0,04570 0,00563	0,02364 0,00294	

Tabelle 10 (Fortsetzung)

φ_p \\ q	1	2	3	4	5	6	7	8	9	$\Phi_0 - \Phi\varphi$
	9	8	7	6		4	3	2	1	$\dfrac{P \cdot r^2}{E \cdot J}$
70	0,05480 0,00661k	0,09466 0,01241	0,11997 0,01682	0,13154 0,01946	0,13054 0,02015	0,11851 0,01891	0,03728 0,01591	0,06891 0,01146	0,03569 0,00600	↑
80	0,07828 0,01255k	0,13626 0,02360	0,17386 0,03203	0,19172 0,03711	0,19118 0,03847	0,17423 0,03614	0,14344 0,03043	0,10183 0,02194	0,05280 0,01148	
90	0,11058 0,02289k	0,19416 0,04310	0,24959 0,05859	0,27699 0,06797	0,27768 0,07057	0,25416 0,06637	0,20994 0,05595	0,14939 0,04037	0,07757 0,02114	
100	0,15625 0,04082k	0,27697 0,07697	0,35898 0,10479	0,40115 0,12177	0,40449 0,12663	0,37196 0,11926	0,30835 0,10063	0,21998 0,07268	0,11440 0,03807	
110	0,22341 0,07233k	0,40010 0,13657	0,52314 0,18623	0,58896 0,21679	0,59753 0,22581	0,55221 0,21297	0,45952 0,17993	0,32871 0,13006	0,17122 0,06817	
120	0,32767 0,12948k	0,59319 0,24482	0,78278 0,33441	0,88816 0,38998	0,90690 0,40690	0,84246 0,38435	0,70383 0,32511	0,50489 0,23523	0,26343 0,12335	
130	0,50211 0,23899k	0,91913 0,45249	1,22437 0,61916	1,40024 0,72336	1,43916 0,75606	1,34393 0,71525	1,12730 0,60578	0,81096 0,43870	0,42383 0,23018	
140	0,82706 0,46846k	1,53059 0,88815	2,05793 1,21734	2,37193 1,42473	2,45357 1,49166	2,30302 1,41327	1,93942 1,19843	1,39906 0,86869	0,73241 0,45604	
150	1,54029 1,02608k	2,87979 1,94774	3,90568 2,67383	4,53450 3,13450	4,71878 3,28693	4,45059 3,11854	3,76174 2,64752	2,72070 1,92070	1,42649 1,00886	
160	3,62032 2,80175k	6,82787 5,32388	9,32907 7,31817	10,89882 8,59104	11,40035 9,02097	10,79699 8,56909	9,15484 7,28203	6,63615 5,28677	3,48406 2,77815	
170	15,14560 13,43117k	28,74081 25,54044	39,47733 35,14060	46,32698 41,29405	48,63944 43,40258	46,20361 41,26417	39,26684 35,09143	28,51028 25,49002	14,98285 13,39915	↓

Tabelle 10 (Fortsetzung)

φ_p / φ	1 / 9	2 / 8	3 / 7	4 / 6	5	6 / 4	7 / 3	8 / 2	9 / 1	Φ_0 / $-\Phi\varphi$
180					∞					
195	7,82433	14,78551	20,22908	23,65417	24,75684	23,45467	19,89120	14,42013	7,57107	
	9,02747k	17,15702	23,58867	27,69676	29,08749	27,63394	23,48555	17,05164	8,96080	
210	2,26497	4,18796	5,60925	6,42849	6,60630	6,16027	5,15719	3,70309	1,93285	
	2,85210k	5,40379	7,39853	8,64652	9,03815	8,54932	7,23920	5,24135	2,74959	
225	1,24625	2,22144	2,85844	3,14159	3,09675	2,77680	2,24664	1,57080	0,80609	$\dfrac{P \cdot r^2}{E \cdot J}$
	1,60506k	3,02144	4,09963	4,74159	4,90331	4,59102	3,85320	2,77080	1,44729	
240	0,94017	1,60214	1,94619	1,99462	1,81380	1,48973	1,10373	0,71398	0,34698	
	1,16145k	2,16207	2,88626	3,27333	3,31380	3,03811	2,50191	1,77209	0,91664	
255	0,87718	1,43262	1,62826	1,51187	1,19097	0,79540	0,43890	0,18977	0,05782	
	0,98995k	1,81153	2,35536	2,58187	2,51231	2,20806	1,74557	1,19433	0,60352	
270	0,96272	1,52496	1,62903	1,34452	0,83304	0,29124	-0,11058	-0,27699	-0,20994	
	0,97171k	1,73718	2,17260	2,25354	2,04015	1,64230	1,17711	0,73203	0,34405	
285	1,21183	1,89103	1,92930	1,41795	0,60138	-0,21137	-0,74840	-0,85909	-0,55548	
	1,10516k	1,92167	2,28372	2,17990	1,73161	1,13441	0,58368	0,20917	0,03851	
300	1,74533	2,72070	2,70526	1,81380	0,43633	-0,90690	-1,74533	-1,81380	-1,13446	
	1,49063k	2,52070	2,82791	2,41380	1,51368	0,49310	-0,29063	-0,61380	-0,45711	
315	2,96334	4,65830	4,59401	2,91194	0,30811	-2,23106	-3,78404	-3,81679	-2,36269	
	2,48820k	4,11331	4,37555	3,29071	1,34931	-0,68694	-2,07418	-2,35671	-1,52377	
330	6,53527	10,40288	10,28997	6,36934	0,19971	-5,87197	-9,58278	-9,58196	-5,91630	
	5,65326k	9,21384	9,43567	6,35130	1,21735	-3,98568	-7,30740	-7,55487	-4,72702	
345	26,21216	42,20224	42,03727	25,92774	0,09995	-25,59100	-41,39864	-41,36308	-25,54794	
	24,17418k	39,15971	39,34178	24,77365	1,10426	-22,60568	-37,34169	-37,55600	-23,25951	
360		$+\infty$							$-\infty$	

Tabelle 11 *Stabendmoment* $X_0 = 1$, $X_1 = 1$ $M_x = \dfrac{\sin \varphi_x}{\sin \varphi}$ (111)

Abb. 45

φ \ φ_x	1 / 9	2 / 8	3 / 7	4 / 6	5	6 / 4	7 / 3	8 / 2	9 / 1	01 / 0
5	0,10013	0,20024	0,30035	0,40043	0,50048	0,60049	0,70045	0,80037	0,90022	
10	0,10050	0,20098	0,30139	0,40171	0,50191	0,60196	0,70182	0,80147	0,90087	
15	0,10114	0,20221	0,30314	0,40387	0,50431	0,60442	0,70410	0,80331	0,90196	
20	0,10204	0,20395	0,30562	0,40691	0,50771	0,60789	0,70733	0,80591	0,90351	
25	0,10321	0,20623	0,30885	0,41089	0,51214	0,61242	0,71153	0,80929	0,90551	
30	0,10467	0,20906	0,31287	0,41582	0,51764	0,61803	0,71674	0,81347	0,90798	
35	0,10643	0,21247	0,31772	0,42178	0,52426	0,62480	0,72300	0,81850	0,91095	
40	0,10852	0,21651	0,32345	0,42882	0,53209	0,63277	0,73037	0,82441	0,91443	
45	0,11096	0,22123	0,33014	0,43702	0,54120	0,64204	0,73892	0,83125	0,91846	
50	0,11377	0,22668	0,33786	0,44648	0,55169	0,65270	0,74875	0,83910	0,92306	
60	0,12070	0,24008	0,35682	0,46966	0,57735	0,67872	0,77265	0,85811	0,93417	
70	0,12969	0,25745	0,38137	0,49960	0,61039	0,71207	0,80315	0,88224	0,94819	
80	0,14132	0,27989	0,41301	0,53809	0,65270	0,75461	0,84183	0,91266	0,96573	
90	0,15643	0,30902	0,45399	0,58779	0,70711	0,80902	0,89101	0,95106	0,98769	
100	0,17633	0,34730	0,50771	0,65270	0,77786	0,87939	0,95419	1,00000	1,01543	
110	0,20305	0,39865	0,57959	0,73924	0,87172	0,97217	1,03690	1,06353	1,05108	
120	0,24008	0,46966	0,67872	0,85811	1,00000	1,09819	1,14837	1,14837	1,09819	
130	0,29365	0,57225	0,82152	1,02867	1,18310	1,27688	1,30521	1,26663	1,16313	
140	0,37636	0,73037	1,04098	1,28975	1,46190	1,54720	1,54058	1,44244	1,25861	
150	0,51764	1,00000	1,41421	1,73205	1,93185	2,00000	1,93185	1,73205	1,41421	
160	0,80591	1,54938	2,17281	2,62790	5,87939	2,90779	2,71090	2,30399	1,71857	
170	1,68370	3,22026	4,47541	5,33944	2,73686	5,63293	5,03673	4,00038	2,61443	
180					$\pm \infty$					
195	-1,28973	-2,43151	-3,29435	-3,77927	-3,83065	-3,44258	-2,65960	-1,57151	-0,30314	
210	-0,71674	-1,33826	-1,78201	-1,98904	-1,93185	-1,61803	-1,08928	-0,41582	0,31287	
225	-0,54120	-1,00000	-1,30656	-1,41421	-1,30656	-1,00000	-0,54120	0,00000	0,54120	
240	-0,46966	-0,85811	-1,09819	-1,14837	-1,00000	-0,67872	-0,24008	0,24008	0,67872	
255	-0,44570	-0,80156	-1,00667	-1,01265	-0,82134	-0,47001	-0,02710	0,42108	0,78723	
270	-0,45399	-0,80902	-0,98769	-0,95106	-0,70711	-0,30902	0,15643	0,58779	0,89101	
285	-0,49399	-0,86826	-1,03208	-0,94577	-0,63024	-0,16195	0,34558	0,76936	1,00667	
300	-0,57735	-1,00000	-1,15470	-1,00000	-0,57735	0,00000	0,57735	1,00000	1,15470	
315	-0,73892	-1,26007	-1,40985	-1,14412	-0,54120	0,22123	0,91846	1,34500	1,37514	
330	-1,08928	-1,82709	-1,97538	-1,48629	-0,51764	0,61803	1,55429	1,98904	1,78201	
345	-2,18843	-3,60708	-3,75695	-2,58532	-0,50431	1,75408	3,39549	3,84254	2,93798	
360			$- \infty$		imag.		$+ \infty$			

Tabelle 12. *Stabendmoment* $X_0 = 1$, $X_1 = 1$. $T_x = \dfrac{1}{\varphi} - \dfrac{\cos \varphi_x}{\sin \varphi}$ (112)

| 0 | 1 | 2 | 3 | 4 | 5 | 6 | 7 | 8 | 9 | 10 | φ_x |
-10	-9	-8	-7	-6	-5	-4	-3	-2	-1	-0	φ
$-0,015$	$-0,014$	$-0,013$	$-0,011$	$-0,008$	$-0,004$	$0,001$	$0,007$	$0,013$	$0,021$	$0,029$	5
$-0,029$	$-0,028$	$-0,026$	$-0,021$	$-0,015$	$-0,007$	$0,002$	$0,014$	$0,027$	$0,042$	$0,058$	10
$-0,044$	$-0,043$	$-0,039$	$-0,032$	$-0,023$	$-0,011$	$0,004$	$0,021$	$0,040$	$0,063$	$0,088$	15
$-0,059$	$-0,057$	$-0,052$	$-0,043$	$-0,031$	$-0,015$	$0,005$	$0,028$	$0,054$	$0,084$	$0,117$	20
$-0,074$	$-0,072$	$-0,065$	$-0,054$	$-0,038$	$-0,018$	$0,006$	$0,035$	$0,068$	$0,106$	$0,147$	25
$-0,090$	$-0,087$	$-0,079$	$-0,066$	$-0,046$	$-0,022$	$0,008$	$0,043$	$0,083$	$0,128$	$0,178$	30
$-0,106$	$-0,103$	$-0,093$	$-0,077$	$-0,055$	$-0,026$	$0,009$	$0,051$	$0,098$	$0,150$	$0,209$	35
$-0,123$	$-0,120$	$-0,108$	$-0,089$	$-0,063$	$-0,030$	$0,011$	$0,059$	$0,113$	$0,174$	$0,241$	40
$-0,141$	$-0,137$	$-0,124$	$-0,102$	$-0,072$	$-0,033$	$0,013$	$0,067$	$0,129$	$0,198$	$0,273$	45
$-0,159$	$-0,155$	$-0,140$	$-0,115$	$-0,081$	$-0,037$	$0,015$	$0,077$	$0,146$	$0,223$	$0,307$	50
$-0,200$	$-0,193$	$-0,175$	$-0,143$	$-0,100$	$-0,045$	$0,021$	$0,097$	$0,182$	$0,276$	$0,378$	60
$-0,246$	$-0,238$	$-0,214$	$-0,175$	$-0,121$	$-0,053$	$0,028$	$0,120$	$0,223$	$0,335$	$0,455$	70
$-0,299$	$-0,289$	$-0,260$	$-0,211$	$-0,145$	$-0,062$	$0,037$	$0,148$	$0,271$	$0,402$	$0,540$	80
$-0,363$	$-0,351$	$-0,314$	$-0,254$	$-0,172$	$-0,070$	$0,049$	$0,183$	$0,328$	$0,480$	$0,637$	90
$-0,442$	$-0,427$	$-0,381$	$-0,306$	$-0,205$	$-0,080$	$0,065$	$0,226$	$0,397$	$0,573$	$0,749$	100
$-0,543$	$-0,524$	$-0,466$	$-0,372$	$-0,245$	$-0,090$	$0,088$	$0,281$	$0,484$	$0,687$	$0,885$	110
$-0,677$	$-0,652$	$-0,577$	$-0,457$	$-0,295$	$-0,100$	$0,121$	$0,357$	$0,598$	$0,834$	$1,055$	120
$-0,865$	$-0,831$	$-0,733$	$-0,574$	$-0,363$	$-0,111$	$0,169$	$0,464$	$0,757$	$1,033$	$1,280$	130
$-1,146$	$-1,100$	$-0,964$	$-0,747$	$-0,461$	$-0,123$	$0,247$	$0,626$	$0,992$	$1,324$	$1,601$	140
$-1,618$	$-1,550$	$-1,350$	$-1,032$	$-0,618$	$-0,136$	$0,382$	$0,900$	$1,382$	$1,796$	$2,114$	150
$-2,566$	$-2,452$	$-2,121$	$-1,598$	$-0,924$	$-0,150$	$0,664$	$1,453$	$2,158$	$2,724$	$3,106$	160
$-5,422$	$-5,170$	$-4,437$	$-3,287$	$-1,820$	$-0,165$	$1,534$	$3,129$	$4,480$	$5,468$	$6,008$	170
$\mp\infty$						$\pm\infty$					180
$4,158$	$3,936$	$3,296$	$2,313$	$1,097$	$-0,210$	$-1,460$	$-2,509$	$-3,236$	$-3,558$	$-3,438$	195
$2,273$	$2,140$	$1,759$	$1,181$	$0,482$	$-0,245$	$-0,903$	$-1,405$	$-1,683$	$-1,703$	$-1,459$	210
$1,669$	$1,561$	$1,255$	$0,796$	$0,255$	$-0,287$	$-0,745$	$-1,052$	$-1,160$	$-1,052$	$-0,745$	225
$1,393$	$1,294$	$1,011$	$0,596$	$0,118$	$-0,339$	$-0,695$	$-0,891$	$-0,891$	$-0,695$	$-0,339$	240
$1,260$	$1,159$	$0,876$	$0,466$	$0,009$	$-0,406$	$-0,698$	$-0,810$	$-0,721$	$-0,448$	$-0,043$	255
$1,212$	$1,103$	$0,800$	$0,369$	$-0,097$	$-0,495$	$-0,739$	$-0,775$	$-0,597$	$-0,242$	$0,212$	270
$1,236$	$1,111$	$0,765$	$0,282$	$-0,220$	$-0,620$	$-0,821$	$-0,775$	$-0,492$	$-0,041$	$0,469$	285
$1,346$	$1,191$	$0,768$	$0,191$	$-0,386$	$-0,809$	$-0,964$	$-0,809$	$-0,386$	$0,191$	$0,768$	300
$1,596$	$1,388$	$0,824$	$0,071$	$-0,649$	$-1,125$	$-1,215$	$-0,893$	$-0,255$	$0,512$	$1,182$	315
$2,174$	$1,851$	$0,987$	$-0,139$	$-1,165$	$-1,758$	$-1,728$	$-1,085$	$-0,035$	$1,082$	$1,906$	330
$4,030$	$3,350$	$1,551$	$-0,736$	$-2,705$	$-3,665$	$-3,277$	$-1,678$	$0,570$	$2,675$	$3,898$	345
					imag.						360

Abb. 46

Abb. 47

Tabelle 13a. $\Phi_0 = - \Phi_\varphi$ für Endmoment $\overline{X}_0 = 1$

φ	$z_5 + z_6 \cdot k$	
5	0,01457	0,00001k
10	0,02930	0,00010
15	0,04434	0,00035
20	0,05986	0,00085
25	0,07605	0,00168
30	0,09310	0,00296
35	0,11123	0,00480
40	0,13068	0,00735
45	0,15175	0,01077
50	0,17476	0,01527
60	0,22828	0,02851
70	0,29548	0,04982
80	0,38271	0,08349
90	0,50000	0,13662
100	0,66396	0,22149
110	0,90390	0,36059
120	1,27548	0,59825
130	1,89536	1,03069
140	3,04300	1,89653
150	5,53450	3,91647
160	12,67821	10,11250
170	51,33090	45,90916
180	∞	
195	22,60582	26,76335
210	5,34830	7,62113
225	2,06970	3,73856
240	0,81891	2,21235
255	0,09966	1,35963
270	- 0,50000	0,71221
285	- 1,20756	0,02875
300	- 2,32268	- 0,97699
315	- 4,59463	- 2,99852
330	-10,97590	- 8,80227
345	-45,34465	-41,31487
360	$- \infty$	

$$\frac{r}{E \cdot J}$$

$$\Phi\,(\varphi_x = 0) = - \Phi\,(\varphi_x = \varphi) = [z_5 + z_6\,k]\,\frac{r}{E\,J}\ \text{für } \overline{X} \qquad (162)$$

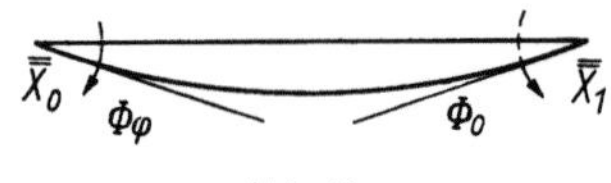

Abb. 48

Tabelle 13b. $\Phi_\varphi = - \Phi_0$ für Endmoment $\overline{\overline{X}}_0 = 1$

φ	$z_7 + z_8 \cdot k$	
5	- 0,02912	- 0,00001k
10	- 0,05841	- 0,00012
15	- 0,08807	- 0,00040
20	- 0,11828	- 0,00097
25	- 0,14924	- 0,00191
30	- 0,18117	- 0,00336
35	- 0,21432	- 0,00545
40	- 0,24896	- 0,00832
45	- 0,28540	- 0,01216
50	- 0,32400	- 0,01718
60	- 0,40946	- 0,03188
70	- 0,50980	- 0,05526
80	- 0,63167	- 0,09180
90	- 0,78540	- 0,14878
100	- 0,98796	- 0,23868
110	- 1,26908	- 0,38424
120	- 1,68494	- 0,63012
130	- 2,35278	- 1,07294
140	- 3,55280	- 1,95179
150	- 6,10201	- 3,98799
160	-13,30988	-10,20431
170	-52,03459	-46,02628
180	$- \infty$	
195	-23,53724	-26,97547
210	- 6,46436	- 7,92357
225	- 3,42699	- 4,17234
240	- 2,50385	- 2,84247
255	- 2,25109	- 2,29435
270	- 2,35619	- 2,14399
285	- 2,79963	- 2,33065
300	- 3,77933	- 3,01100
315	- 5,99779	- 4,81590
330	-12,38520	-10,47952
345	-46,81026	-42,91214
360	$- \infty$	

$$\dfrac{r}{E \cdot J}$$

$$\Phi\,(\varphi_x = \varphi) = - \Phi\,(\varphi_x = 0) = [z_7 + z_8\,k]\,\dfrac{r}{E\,J}\ \text{für}\ \overline{\overline{X}} \tag{163}$$

Tabelle 14. *Gleichlast q*

$$X_0 = -q\,r^2\,{}^{\mathrm{x}}X_0 = -q\,r^2\left({}^{\mathrm{x}}_q\varPhi/{}^{\overline{\overline{\mathrm{x}}}}_{\otimes}\varPhi\right) \qquad (170)$$

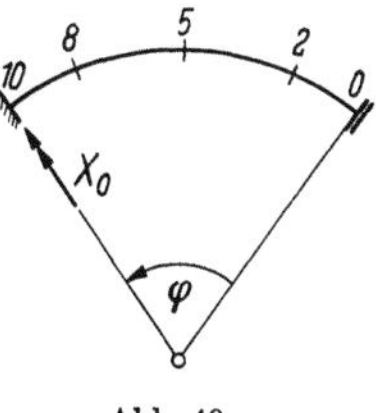

Abb. 49

φ \ k	1	2	${}^{\mathrm{x}}X_0$ 3	5	10
5	0,0010	0,0010	0,0010	0,0010	0,0010
10	0,0038	0,0038	0,0038	0,0038	0,0039
15	0,0087	0,0088	0,0089	0,0090	0,0093
20	0,0154	0,0155	0,0155	0,0156	0,0158
25	0,0243	0,0244	0,0246	0,0249	0,0255
30	0,0352	0,0355	0,0357	0,0362	0,0373
35	0,0484	0,0489	0,0494	0,0503	0,0523
40	0,0639	0,0647	0,0655	0,0670	0,0701
45	0,0818	0,0832	0,0845	0,0867	0,0912
50	0,1024	0,1044	0,1062	0,1094	0,1155
60	0,1519	0,1557	0,1590	0,1645	0,1741
70	0,2138	0,2201	0,2254	0,2338	0,2471
80	0,2897	0,2992	0,3068	0,3181	0,3346
90	0,3813	0,3943	0,4041	0,4181	0,4370
100	0,4902	0,5066	0,5184	0,5343	0,5544
110	0,6178	0,6371	0,6502	0,6670	0,6869
120	0,7654	0,7863	0,7997	0,8160	0,8344
130	0,9333	0,9538	0,9664	0,9811	0,9967
140	1,1211	1,1391	1,1497	1,1615	1,1735
150	1,3267	1,3402	1,3478	1,3560	1,3640
160	1,5462	1,5541	1,5582	1,5626	1,5668
170	1,7736	1,7761	1,7774	1,7787	1,7799
180	2,0				
195	2,3118	2,3205	2,3247	2,3288	2,3325
210	2,5476	2,5889	2,6086	2,6277	2,6446
225	2,6581	2,7599	2,8084	2,8554	2,8969
240	2,6067	2,7864	2,8735	2,9589	3,0350
255	2,3840	2,6344	2,7590	2,8833	2,9958
270	2,0152	2,2999	2,4457	2,5939	2,7307
285	1,5542	1,8211	1,9610	2,1054	2,2408
300	1,0697	1,2746	1,3832	1,4962	1,6031
315	0,6286	0,7536	0,8197	0,8884	0,9532
330	0,2844	0,3397	0,3686	0,3983	0,4261
345	0,0706	0,0835	0,0901	0,0968	0,1029
360	0	0	0	0	0

$q \cdot r^2$

Tabelle 15. *Einzellast* $P(\varphi_p)$

$$X_{0,1} = - P\,r\,^xX_{0,1} = - P\,r\left(^x_p\Phi/^{x\overline{\overline{}}}_{\otimes}\overline{\Phi}\right) \qquad (185)$$

φ	k \ φ_p	1 9	2 8	3 7	4 6	5 ^xX_i	6 4	7 3	8 2	9 1	$\rightarrow {}^xX_1$ $\leftarrow {}^xX_0$
5	1	0,0076	0,0127	0,0154	0,0168	0,0165	0,0148	0,0120	0,0082	0,0045	
	10	0,0075	0,0127	0,0154	0,0168	0,0165	0,0148	0,0120	0,0082	0,0044	
10	1	0149	0251	0312	0337	0329	0295	0239	0167	0087	
	10	0146	0247	0322	0346	0339	0305	0235	0164	0086	
15	1	0224	0379	0470	0506	0495	0444	0361	0254	0131	
	10	0225	0383	0481	0516	0505	0456	0366	0264	0136	
20	1	0299	0506	0629	0678	0663	0595	0485	0341	0176	
	10	0300	0513	0642	0702	0688	0618	0508	0360	0185	
25	1	0375	0634	0791	0853	0836	0751	0611	0431	0222	
	10	0380	0650	0822	0895	0885	0797	0650	0462	0236	
30	1	0451	0765	0954	1032	1012	0910	0742	0522	0269	
	10	0459	0792	1004	1096	1088	0983	0809	0570	0294	
35	1	0528	0897	1121	1214	1193	1074	0876	0618	0319	$P \cdot r$
	10	0542	0938	1191	1311	1303	1186	0974	0689	0358	
40	1	0605	1031	1292	1403	1380	1245	1016	0717	0371	
	10	0623	1086	1391	1536	1532	1398	1153	0818	0425	
45	1	0683	1168	1467	1596	1574	1432	1162	0821	0424	
	10	0705	1241	1597	1771	1774	1623	1341	0954	0494	
50	1	0762	1307	1647	1796	1775	1606	1314	0929	0481	
	10	0791	1399	1809	2015	2027	1858	1538	1095	0569	
60	1	0922	1594	2022	2218	2202	1999	1642	1163	0602	
	10	0962	1724	2251	2529	2560	2360	1960	1401	0728	
70	1	1087	1895	2421	2672	2667	2432	2003	1422	0738	
	10	1138	2059	2712	3070	3125	2895	2413	1727	0901	
80	1	1255	2210	2846	3163	3174	2908	2403	1711	0888	
	10	1315	2402	3189	3632	3716	3456	2889	2073	1082	

Abb. 50

Tabelle 15 (Fortsetzung)

φ	k \ φ_p	1 / 9	2 / 8	3 / 7	4 / 6	5 / ^xX_n	6 / 4	7 / 3	8 / 2	9 / 1	$\to {}^xX_1$ / $\leftarrow {}^xX_0$
90	1	1429	2540	3299	3693	3728	3431	2846	2031	1057	
	10	1493	2750	3675	4209	4326	4038	3385	2433	1271	
100	1	1607	2885	3781	4263	4330	4005	3334	2386	1243	
	10	1673	3101	4169	4797	4951	4636	3896	2805	1467	
110	1	1789	3246	4291	4874	4980	4628	3868	2775	1448	
	10	1852	3455	4667	5393	5587	5247	4419	3188	1669	
120	1	1975	3620	4826	5521	5675	5299	4445	3197	1671	
	10	2032	3808	5168	5995	6231	5868	4952	3578	1874	
130	1	2163	4004	5381	6199	6408	6011	5059	3648	1909	
	10	2211	4161	5669	6600	6879	6495	5492	3973	2083	
140	1	2354	4394	5950	6897	7167	6751	5700	4120	2159	
	10	2389	4513	6169	7204	7529	7124	6035	4372	2294	
150	1	2543	4784	6521	7601	7934	7502	6352	4600	2414	
	10	2566	4862	6664	7803	8175	7750	6576	4769	2504	
160	1	2731	5168	7080	8289	8685	8236	6990	5071	2663	$P \cdot r$
	10	2743	5207	7153	8392	8809	8365	7106	5158	2710	
170	1	2914	5535	7609	8935	9386	8920	7583	5507	2894	
	10	2917	5546	7630	8965	9422	8957	7616	5532	2908	
180	1	0,3090	0,5878	0,8090	0,9511	1,0000	0,9511	0,8090	0,5878	0,3090	
	10										
195	1	3336	6324	8675	1,0166	1,0660	1,0114	8587	6230	3273	
	10	3345	6354	8732	1,0250	1,0762	1,0222	8686	6306	3313	
210	1	3557	6667	9041	1,0478	1,0873	1,0224	8616	6217	3254	
	10	3592	6794	9288	1,0839	1,1317	1,0695	9043	6548	3434	
225	1	3752	6899	9156	1,0374	1,0527	0,9695	8027	5713	2965	
	10	3831	7184	9713	1,1198	1,1546	1,0783	9032	6485	3384	
240	1	3931	7041	9039	0,9853	0,9591	0,8469	6744	4650	2364	
	10	4059	7509	9961	1,1228	1,1301	1,0305	8446	5960	3076	
255	1	4108	7137	8764	0,9006	0,8147	0,6608	4806	3045	1455	
	10	4277	7759	9995	1,0848	1,0444	0,9080	7103	4816	2418	

Tabelle 15 (Fortsetzung)

φ	$k \diagdown \varphi_p$	1 9	2 8	3 7	4 6	5 ^xX_n	6 4	7 3	8 2	9 1	$\rightarrow {}^xX_1$ $\leftarrow {}^xX_0$
270	1	4299	7249	8448	0,7995	0,6385	4297	2370	1011	0298	
	10	4488	7941	9815	1,0035	0,8924 ·	7024	4900	2960	1358	
285	1	4516	7432	8212	0,7013	4547	1799	−0,0321	−0,1267	−0,1008	
	10	4698	8085	9487	0,8893	6863	4264	+0,1949	+0,0472	−0,0065	
300	1	4766	7719	8149	6226	2872	−0,0609	−0,2998	−0,3575	−0,2344	
	10	4914	8241	9143	7658	4595	+0,1187	−0,1373	−0,2346	−0,1684	
315	1	5041	8112	8295	5736	1523	− 2698	− 5417	− 5709	− 3594	$\Big\} \, P \cdot r$
	10	5142	8455	8928	6614	2548	− 1680	− 4529	− 5056	− 3250	
330	1	5331	8579	8627	5563	0620	− 4311	− 7387	− 7495	− 4655	
	10	5382	8751	8930	5964	1056	− 3902	− 7054	− 7265	− 4539	
345	1	5616	9068	9070	5651	0134	− 5372	− 8776	− 8796	− 5440	
	10	5630	9115	9150	5750	0234	− 5287	− 8716	− 8760	− 5424	
360	1 10	5878	9511	9511	5878	0	− 5878	− 9511	− 9511	− 5878	

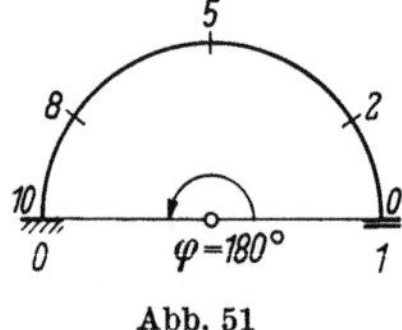

Abb. 51

Tabelle 16

Gleichlast q — Schnittkräfte M_x, T_x

φ_x	$\dfrac{1}{q \cdot r^2} \cdot M_x$	$\dfrac{1}{q \cdot r^2} \cdot T_x$
$\varphi = 180°$		
0	0	−0,338
1	+0,339	−0,290
2	+0,561	−0,127
3	+0,619	+0,045
4	+0,520	+0,232
5	+0,264	+0,360
6	−0,100	+0,380
7	−0,570	+0,279
8	−1,053	+0,039
9	−1,560	−0,365
10	−2,000	−0,940

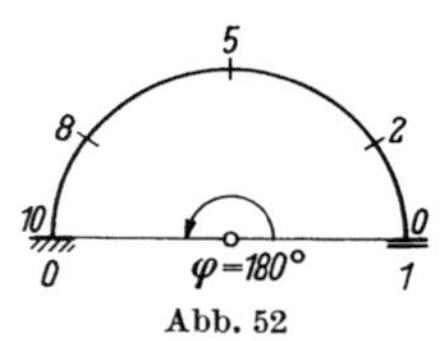

Tabelle 17. *Einflußlinien M_x, T_x für $\varphi = 180°$*

φ_p \ φ_x	0	1	2	3	4	5	6	7	8	9	10	
EL M_x — $\varphi = 180°$												
1	0	+0,293	+0,250	+0,186	+0,100	+0,003	−0,091	−0,179	−0,248	−0,296	−0,309	
2	0	257	492	365	208	023	− 160	− 328	− 462	− 553	− 588	
3	0	203	392	544	328	081	− 173	− 412	− 608	− 744	− 809	
4	0	148	287	393	463	180	− 122	− 417	− 667	− 850	− 951	
5	0	097	187	255	302	317	− 008	− 336	− 620	− 858	−1,000	$P \cdot r$
6	0	053	105	148	169	179	+ 169	− 167	− 483	− 754	−0,951	
7	0	023	047	063	077	083	+ 077	+ 064	− 261	− 562	− 809	
8	0	005	011	020	023	029	+ 021	+ 020	+ 016	− 299	− 588	
9	0	001	002	002	003	003	+ 003	+ 003	+ 002	+ 001	− 309	
EL T_x — $\varphi = 180°$												
1	−0,156	−0,108	−0,022	+0,047	+0,090	+0,108	+0,093	+0,051	−0,012	−0,100	−0,197	
2	− 218	− 180	− 063	+ 072	163	201	179	107	− 022	− 182	− 359	
3	− 227	− 192	− 099	+ 051	185	252	239	142	− 018	− 234	− 481	
4	− 191	− 167	− 098	+ 010	146	248	258	170	− 002	− 241	− 525	
5	− 138	− 121	− 078	− 005	081	181	228	175	+ 028	− 207	− 502	$P \cdot r$
6	− 080	− 072	− 045	− 011	039	098	150	154	+ 047	− 142	− 413	
7	− 038	− 034	− 025	− 008	015	042	069	089	+ 061	− 073	− 292	
8	− 011	− 011	− 006	− 001	005	012	020	027	+ 032	− 013	− 152	
9	− 001	− 001	− 001	− 000	001	001	002	003	+ 004	+ 005	− 044	

Tabelle 18. *Gleichlast q*

$$X_0 = X_1 = - q\,r^2\,{}^{x}X_0 = - q\,r^2 \left({}^{x}_{q}\Phi \big/ {}_{\otimes}\overline{\overline{\Phi}} + {}_{\otimes}\overline{\Phi}\right) \tag{209}$$

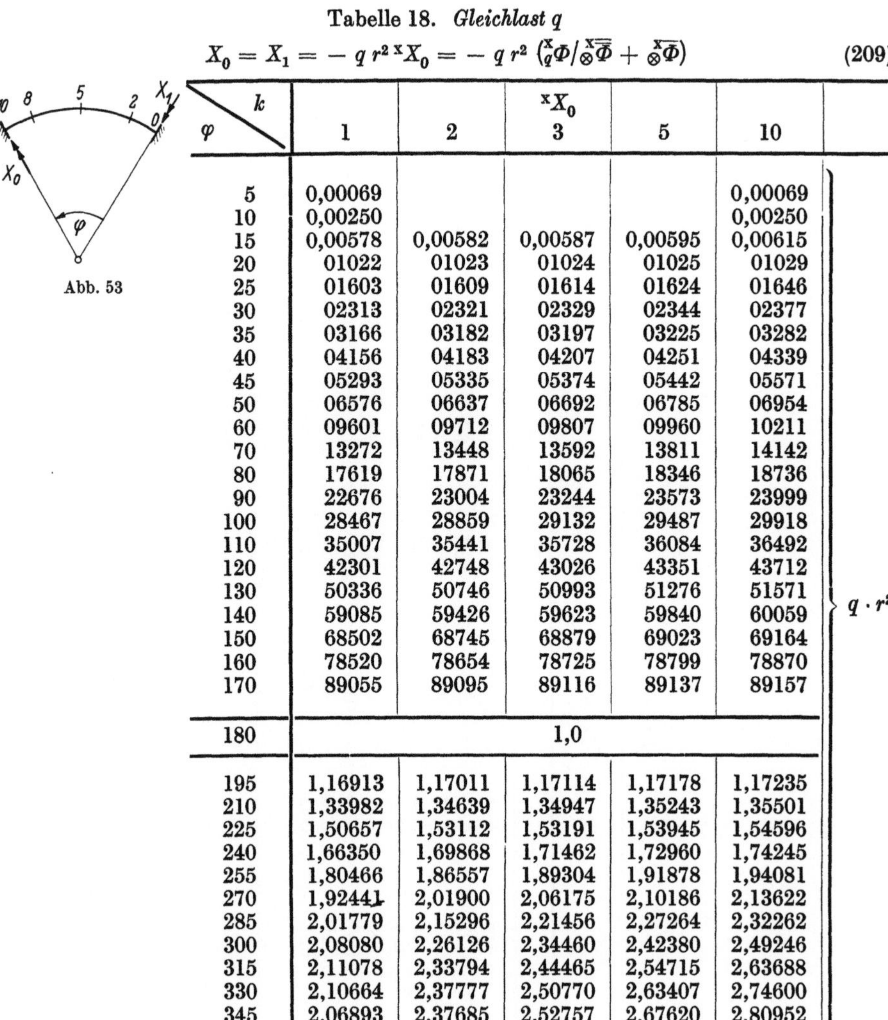

φ \ k	1	2	${}^{x}X_0$ 3	5	10
5	0,00069				0,00069
10	0,00250				0,00250
15	0,00578	0,00582	0,00587	0,00595	0,00615
20	01022	01023	01024	01025	01029
25	01603	01609	01614	01624	01646
30	02313	02321	02329	02344	02377
35	03166	03182	03197	03225	03282
40	04156	04183	04207	04251	04339
45	05293	05335	05374	05442	05571
50	06576	06637	06692	06785	06954
60	09601	09712	09807	09960	10211
70	13272	13448	13592	13811	14142
80	17619	17871	18065	18346	18736
90	22676	23004	23244	23573	23999
100	28467	28859	29132	29487	29918
110	35007	35441	35728	36084	36492
120	42301	42748	43026	43351	43712
130	50336	50746	50993	51276	51571
140	59085	59426	59623	59840	60059
150	68502	68745	68879	69023	69164
160	78520	78654	78725	78799	78870
170	89055	89095	89116	89137	89157
180			1,0		
195	1,16913	1,17011	1,17114	1,17178	1,17235
210	1,33982	1,34639	1,34947	1,35243	1,35501
225	1,50657	1,53112	1,53191	1,53945	1,54596
240	1,66350	1,69868	1,71462	1,72960	1,74245
255	1,80466	1,86557	1,89304	1,91878	1,94081
270	1,92441	2,01900	2,06175	2,10186	2,13622
285	2,01779	2,15296	2,21456	2,27264	2,32262
300	2,08080	2,26126	2,34460	2,42380	2,49246
315	2,11078	2,33794	2,44465	2,54715	2,63688
330	2,10664	2,37777	2,50770	2,63407	2,74600
345	2,06893	2,37685	2,52757	2,67620	2,80952
360	2,005	2,350	2,525	2,670	2,835

$q \cdot r^2$

Tabelle 19. *Einzellast* $P(\varphi_p)$. $X_0 = -\,P \cdot r\,{}^{\mathrm{x}}X_0 = -\,P\,r\,({}^{\mathrm{x}}\alpha_{11}\,{}^{\mathrm{x}}_{p}\Phi_{0r} + {}^{\mathrm{x}}\mathrm{x}_{12}\,{}^{\mathrm{x}}_{p}\Phi_{1l})$ (226)

φ	k	φ_p	1 / 9	2 / 8	3 / 7	4 / 6	5 / ${}^{\mathrm{x}}X_n$	6 / 4	7 / 3	8 / 2	9 / 1	$\to {}^{\mathrm{x}}X_1$ $\leftarrow {}^{\mathrm{x}}X_0$
5	1		0,00710	0,01145	0,01259	0,01259	0,01098	0,00847	0,00571	0,00251	0,00092	
	10		00708	01142	01255	01255	01094	00842	00568	00248	00090	
10	1		01403	02234	02575	02516	02195	01692	01098	00552	00166	
	10		01382	02198	02733	02567	02247	01749	00959	00527	00154	
15	1		02116	03358	03868	03786	03289	02530	01652	00846	00242	
	10		02114	03373	03986	03820	03324	02577	01589	00887	00260	
20	1		02831	04480	05159	05066	04395	03375	02221	01132	00320	
	10		02814	04491	05191	05209	04487	03398	02306	01203	00349	
25	1		03550	05615	06479	06353	05522	04242	02775	01419	00390	
	10		03505	05681	06664	06539	05700	04365	02823	01482	00389	
30	1		04262	06766	07793	07657	06657	05113	03362	01702	00475	
	10		04313	06913	08047	07936	06922	05296	03496	01755	00479	
35	1		04983	07918	09130	08974	07809	06005	03944	01999	00558	
	10		05085	08163	09460	09370	08186	06313	04140	02058	00567	
40	1		05705	09077	10490	10322	08983	06908	04536	02301	00648	
	10		05814	09370	10968	10886	09490	07284	04788	02424	00681	
45	1		06431	10253	11865	11685	10181	07834	05141	02611	00728	
	10		06574	10656	12504	12400	10836	08327	05435	02747	00745	
50	1		07167	11449	13285	13078	11400	08771	05717	02915	00816	
	10		07374	11982	14063	13971	12210	09355	06091	03036	00815	
60	1		08644	13875	16129	15945	13921	10716	07032	03558	00993	
	10		08912	14640	17280	17211	15018	11464	07417	03686	01001	
70	1		10149	16369	19099	18930	16553	12751	08360	04220	01176	
	10		10525	17395	20585	20521	17890	13625	08754	04278	01144	
80	1		11679	18935	22184	22046	19304	14872	09738	04907	01359	
	10		12158	20214	24009	23942	20810	15753	10029	04846	01263	
90	1		13232	21574	25380	25288	22171	17078	11168	05611	01550	
	10		13796	23086	27501	27413	23756	17873	11271	05378	01386	
100	1		14811	24287	28689	28653	25147	19362	12631	06326	01738	
	10		15465	26010	31058	30925	26716	19977	12459	05865	01478	
110	1		16417	27075	32104	32136	28218	21702	14122	07041	01924	
	10		17147	28987	34659	34493	29681	22037	13614	06302	01559	

$\}\ P \cdot r$

Abb. 54

Tabelle 19 (Fortsetzung)

φ	k \ φ_p	1 / 9	2 / 8	3 / 7	4 / 6	5 / ^xX_n	6 / 4	7 / 3	8 / 2	9 / 1	$\to\ ^xX_0$ / $\leftarrow\ ^xX_1$
120	1	18046	29928	35616	35716	31365	24085	15619	07747	02101	
	10	18852	31996	38316	38079	32642	24070	14701	06699	01611	
130	1	19697	32839	39207	39373	34562	26481	17103	08431	02268	
	10	20563	35027	41992	41683	35594	26067	15755	07062	01655	
140	1	21367	35797	42863	43080	37775	28857	18543	09075	02418	
	10	22282	38081	45701	45295	38527	28022	16746	07384	01682	
150	1	23049	38790	46553	46801	40965	31172	19911	09663	02545	
	10	24006	41163	49441	48932	41459	29949	17710	07683	01711	
160	1	24746	41815	50269	50518	44110	33410	21193	10187	02651	
	10	25721	44221	53135	52503	44302	31773	18580	07912	01705	
170	1	26446	44835	53956	54158	47125	35012	22320	10605	02717	
	10	27618	47403	56997	56246	47302	33729	19547	08217	01745	
180	1	281	478	576	579	500	369	232	109	027	
	10	293	505	606	598		354	201	084	017	
195	1	30697	52322	62922	62740	53898	39802	24359	11156	02721	$P \cdot r$
	10	31763	54989	66102	64892	53973	37780	21256	08501	01629	
210	1	33228	56692	67976	67312	57181	41551	24876	11058	02588	
	10	34394	59660	71686	70156	57999	40203	22286	08717	01615	
225	1	35727	60901	72651	71258	59665	42485	24734	10580	02343	
	10	36967	64189	77023	75075	61618	42232	23013	08757	01537	
240	1	38184	64909	76858	74450	61208	42481	23867	09700	01987	
	10	39521	68636	82171	79692	64870	43915	23494	08681	01438	
255	1	40590	68675	80509	76762	61674	41435	22214	08405	01519	
	10	42053	72969	87064	83911	67653	45169	23686	08483	01319	
270	1	42941	72173	83546	78102	60972	39284	19761	06709	00956	
	10	44551	77144	91596	87579	69798	45853	23500	08121	01173	
285	1	45237	75389	85921	78404	59041	36006	16529	04651	00316	
	10	47007	81114	95667	90540	71133	45828	22857	07577	01003	
300	1	47476	78307	87601	77628	55862	31626	12584	02299	−00370	
	10	49418	84834	99148	92596	71434	44903	21640	06796	+00792	

Tabelle 19 (Fortsetzung)

φ	k	φ_p / 1 / 9	2 / 8	3 / 7	4 / 6	5 / ^xX_n	6 / 4	7 / 3	8 / 2	9 / 1	$\to{}^xX_0$ $\leftarrow{}^xX_1$
315	1	49665	80936	88585	75772	51465	26220	08025	−00261	−01068	
	10	51780	88257	1,01923	93565	70510	42941	19792	05788	+00562	
330	1	51802	83267	0,88865	72852	45911	19906	03001	−02921	−01739	
	10	54081	91317	1,03822	93174	68041	39647	17100	04425	+00256	$P \cdot r$
345	1	53895	85316	0,88467	68923	39314	12848	−02321	−05563	−02348	
	10	56279	93906	1,04673	91236	63902	35016	13695	+02879	−00014	
360	1	555	871	0,880	642	317	053	−079	−084	−294	
	10	566	962	1,049	878	582	296	+098	+011	−003	

Abb. 55

Tabelle 20. *Einflußlinien für M_x, T_x mit $\varphi = 180°$, $k = 1$*

φ_p \ φ_x	0	1	2	3	4	5	6	7	8	9	10	
EL M_x − $\varphi = 180°$, $k = 1$												
1	−0,281	+0,027	+0,024	+0,019	+0,011	+0,003	−0,006	−0,014	−0,021	−0,025	−0,027	
2	− 478	− 195	+ 103	+ 085	+ 058	+ 026	− 010	− 040	− 073	− 096	− 109	
3	− 576	− 340	− 072	+ 204	+ 150	+ 082	+ 006	− 070	− 158	− 197	− 232	
4	− 579	− 392	− 179	+ 057	+ 287	+ 179	+ 056	− 074	− 198	− 292	− 369	
5	− 500	− 377	− 216	− 038	+ 149	+ 319	+ 149	− 038	− 216	− 377	− 500	$P \cdot r$
6	− 369	− 292	− 198	+ 074	+ 056	+ 179	+ 287	+ 057	− 179	− 392	− 579	
7	− 232	− 197	− 158	− 070	+ 006	+ 082	+ 150	+ 204	− 072	− 340	− 576	
8	− 109	− 096	− 073	− 040	− 010	+ 026	+ 058	+ 085	+ 103	− 195	− 478	
9	− 027	− 025	− 021	− 014	− 006	+ 003	+ 011	+ 019	+ 024	+ 027	− 281	
EL T_x − $\varphi = 180°$, $k = 1$												
1	+0,027	−0,013	−0,005	+0,002	+0,007	+0,008	+0,008	+0,005	−0,001	−0,008	−0,015	
2	+ 083	− 024	− 038	− 008	+ 013	+ 027	+ 029	+ 020	+ 002	− 023	− 057	
3	+ 139	− 006	− 071	− 050	+ 007	+ 042	+ 057	+ 045	+ 012	− 038	− 111	
4	+ 171	+ 023	− 067	− 089	− 035	+ 038	+ 074	+ 072	+ 031	− 045	− 156	
5	+ 178	+ 041	− 053	− 092	− 075	0	+ 075	+ 092	+ 053	− 041	− 178	$P \cdot r$
6	+ 156	+ 045	− 031	− 072	− 074	− 038	+ 035	+ 089	+ 067	− 023	− 171	
7	+ 111	+ 038	− 012	− 045	− 057	− 042	− 007	+ 050	+ 071	+ 006	− 139	
8	+ 057	+ 023	− 002	− 020	− 029	− 027	− 013	+ 008	+ 038	+ 024	− 083	
9	+ 015	+ 008	+ 001	− 005	− 008	− 008	− 007	− 002	+ 005	+ 013	− 027	

10.6 Tafeln

Tafel 1. *Biegemomente $M_x(\varphi)$ aus Gleichlast q nach Tab. 1*

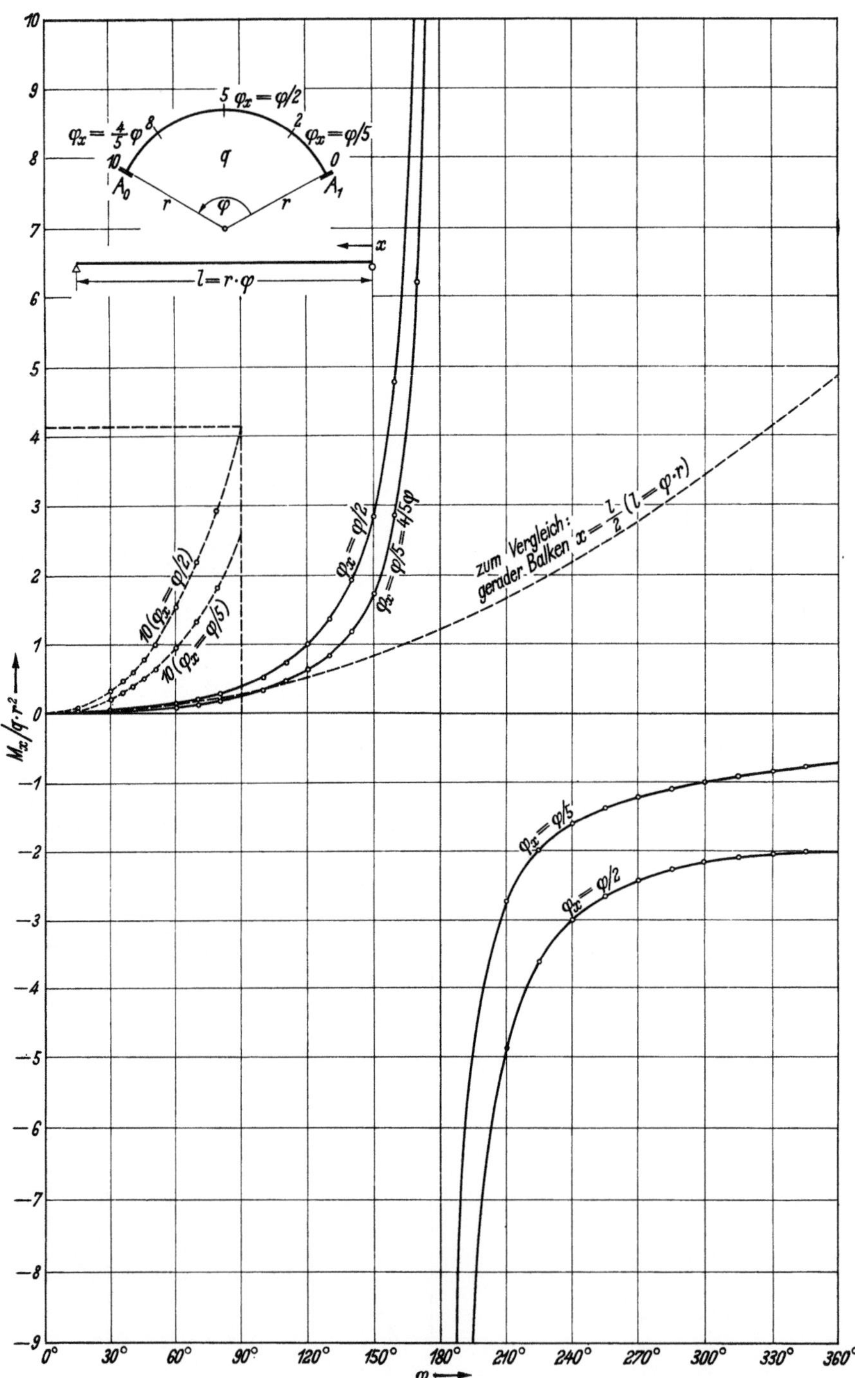

Tafel 2. M_x nach Tafel 1 für einige Öffnungswinkel φ

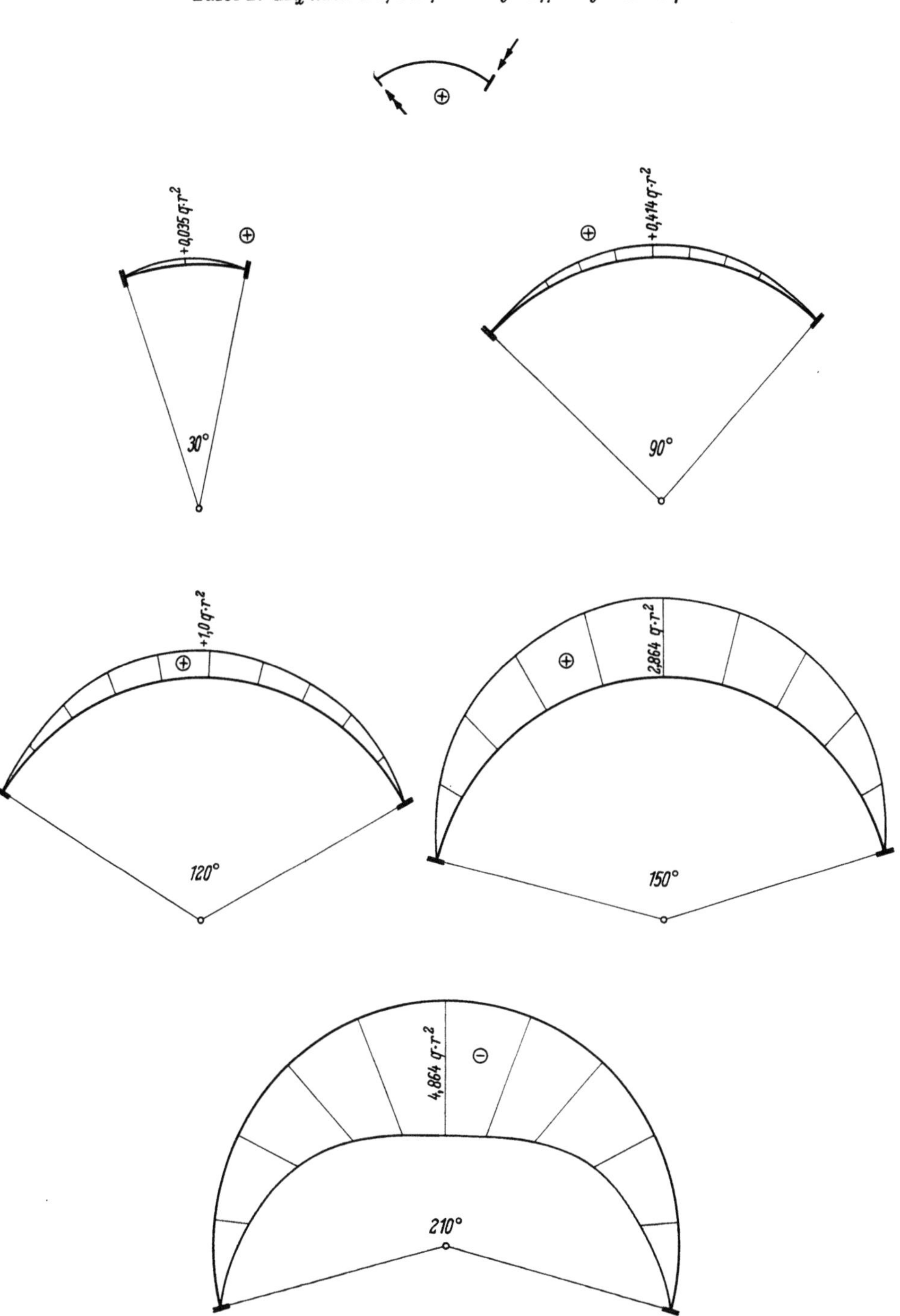

Tafel 2   (Fortsetzung)

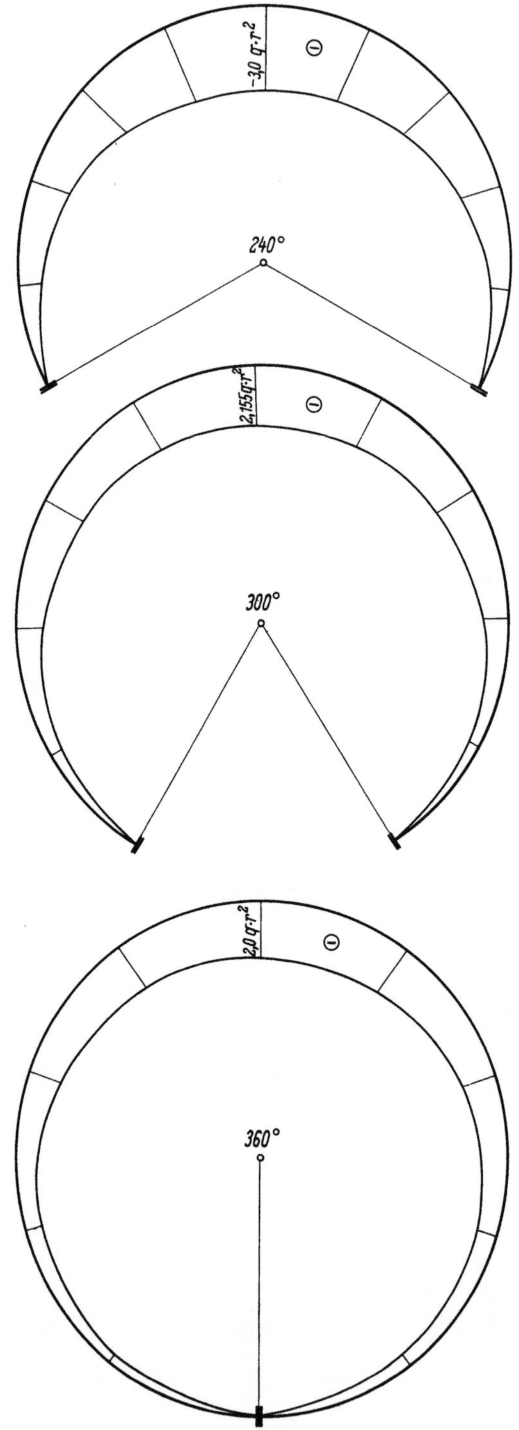

Tafel 3. *Torsionsmomente $T_x(\varphi)$ aus Gleichlast q nach Tab. 2*

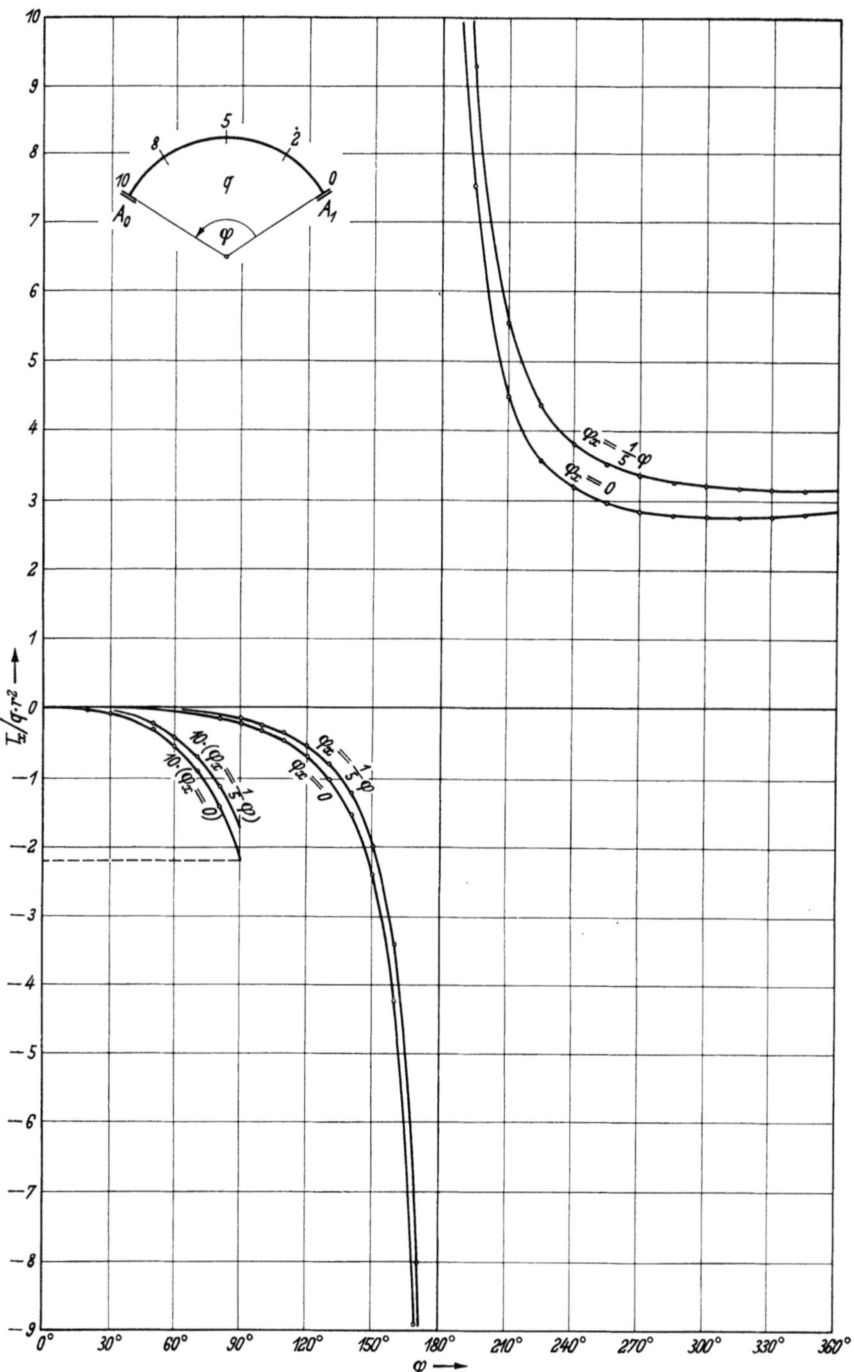

Tafel 4. T_x nach Tafel 2 für einige Öffnungswinkel φ

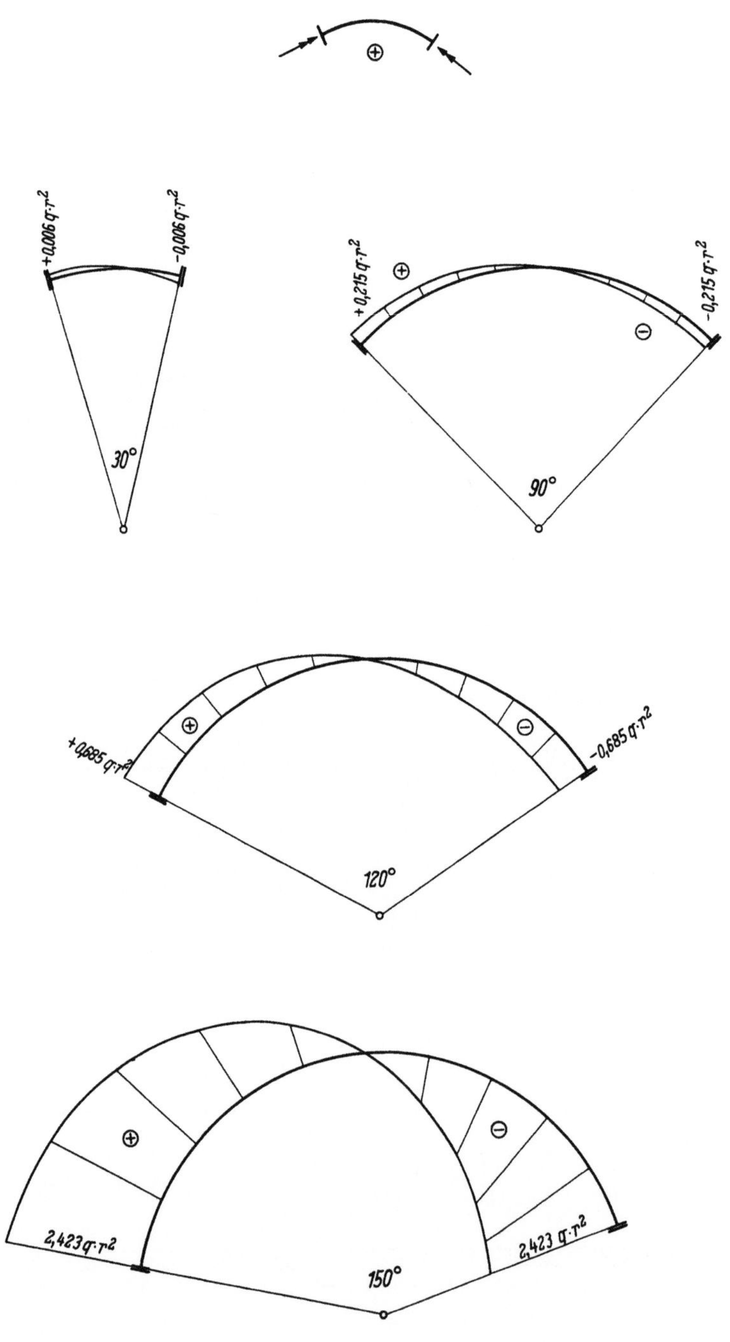

Tafel 4 (Fortsetzung)

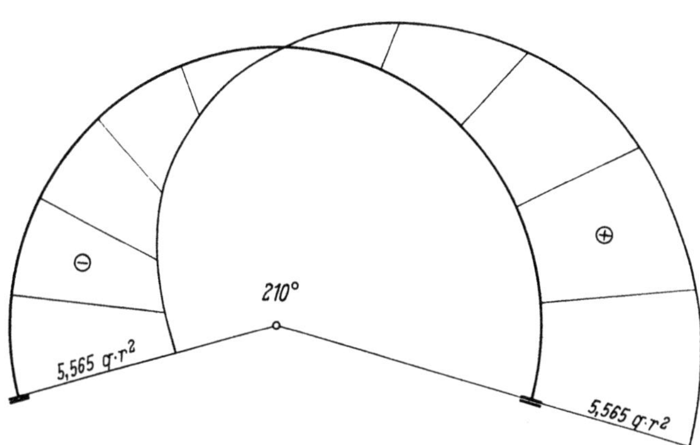

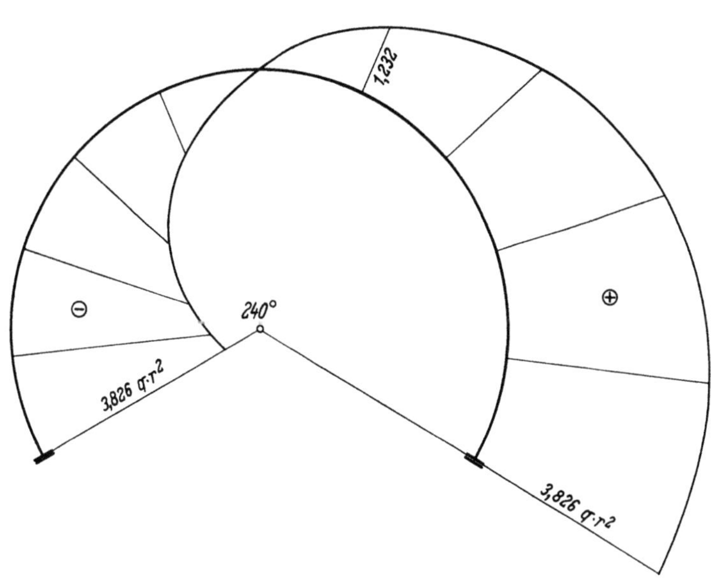

Tafel 4 (Fortsetzung)

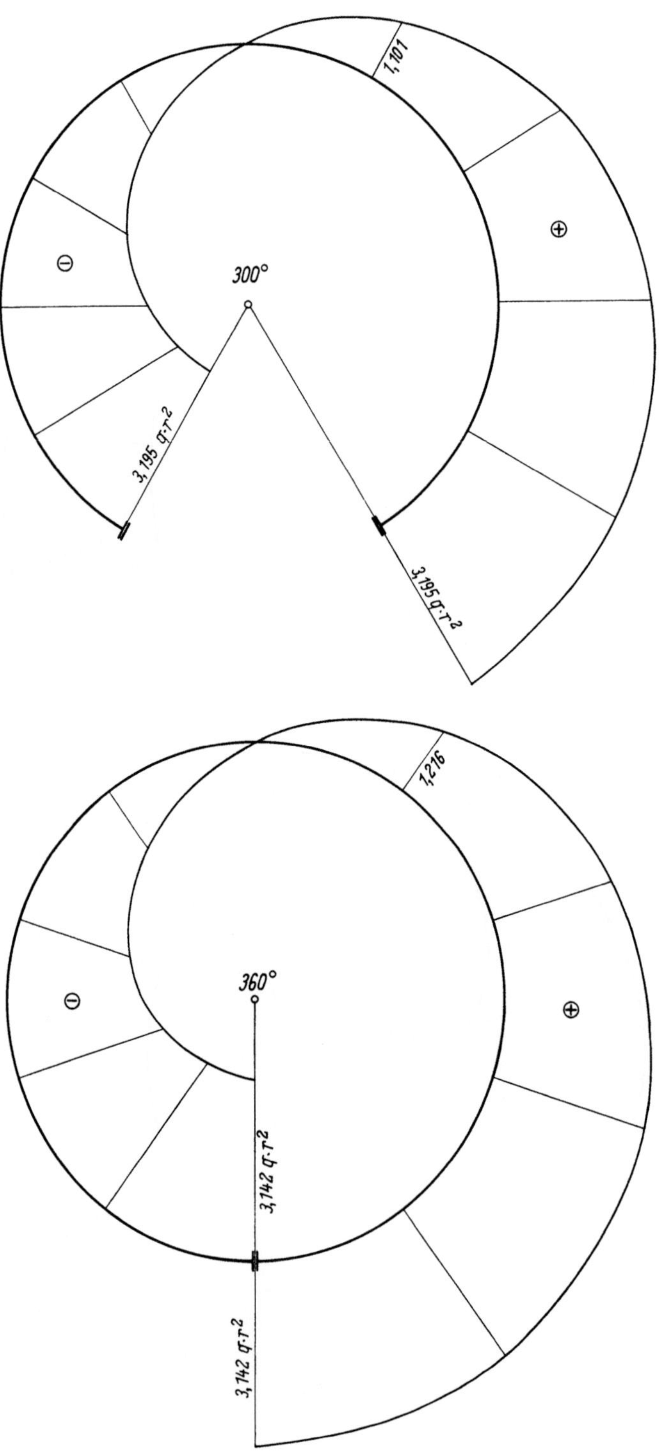

Tafel 5. $M_x(\varphi)$ für P $(\varphi_p = \varphi/2)$ nach Tab. 3

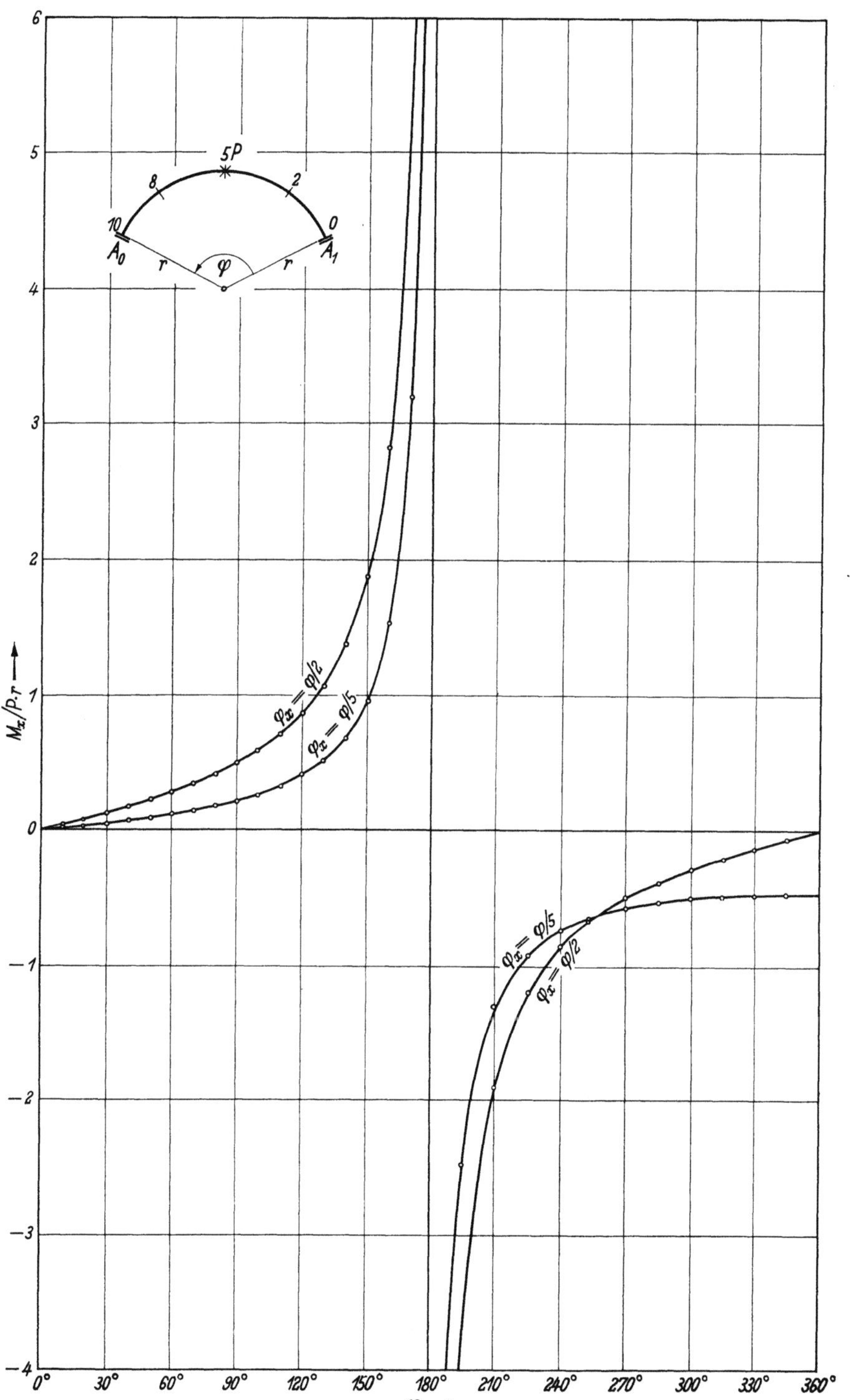

Tafel 6. M_x nach Tafel 5 für einige Öffnungswinkel φ

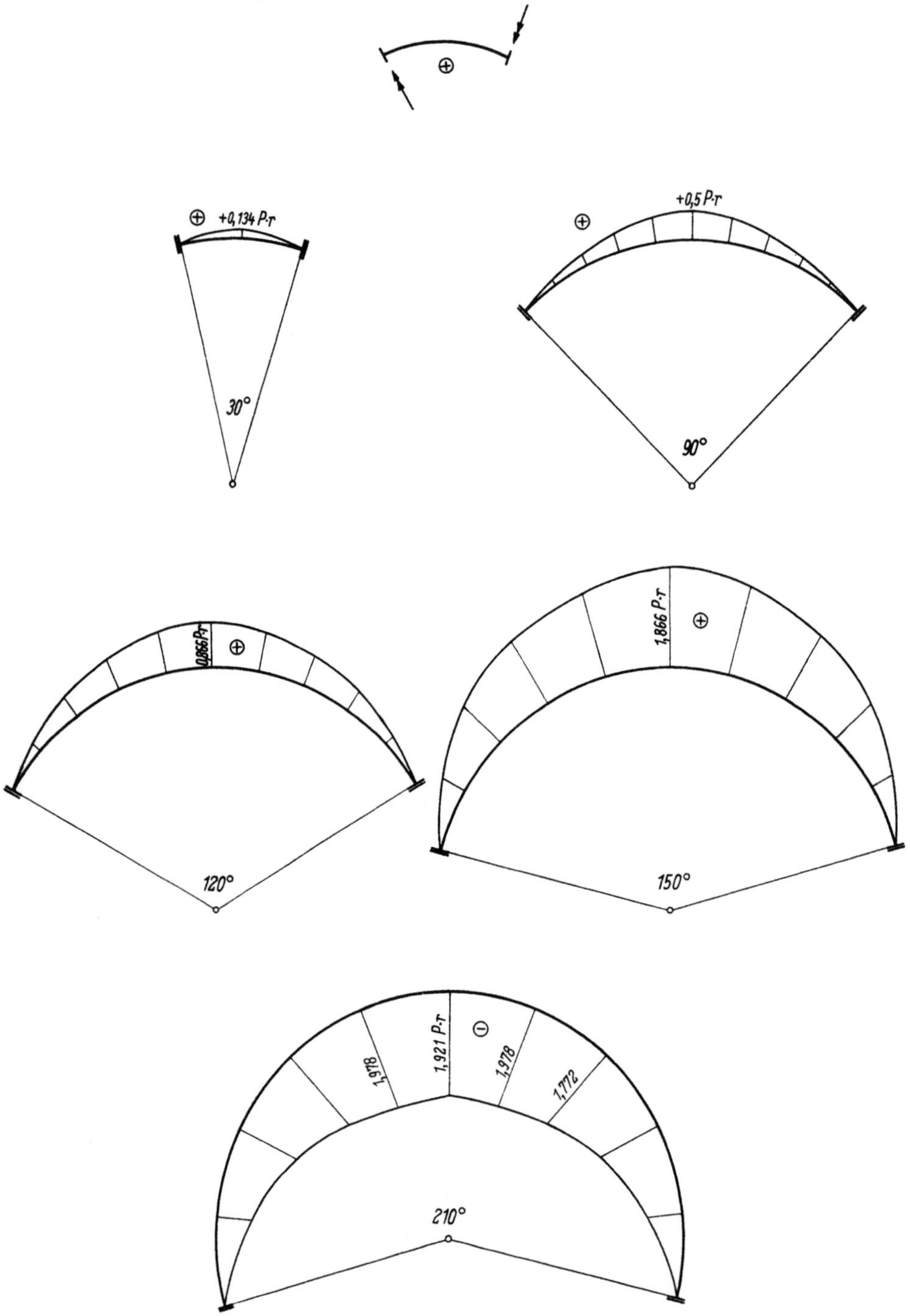

Tafel 6 (Fortsetzung)

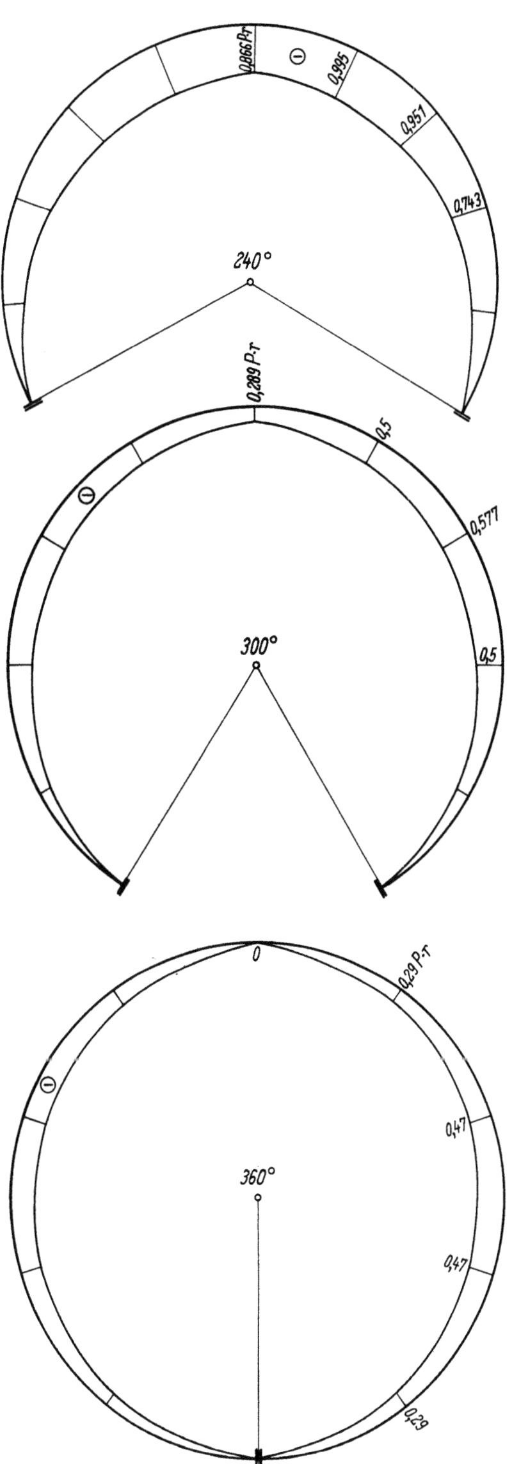

Tafel 7. $M_x(\varphi)$ für P $(\varphi_p = \varphi/5)$ nach Tab. 4

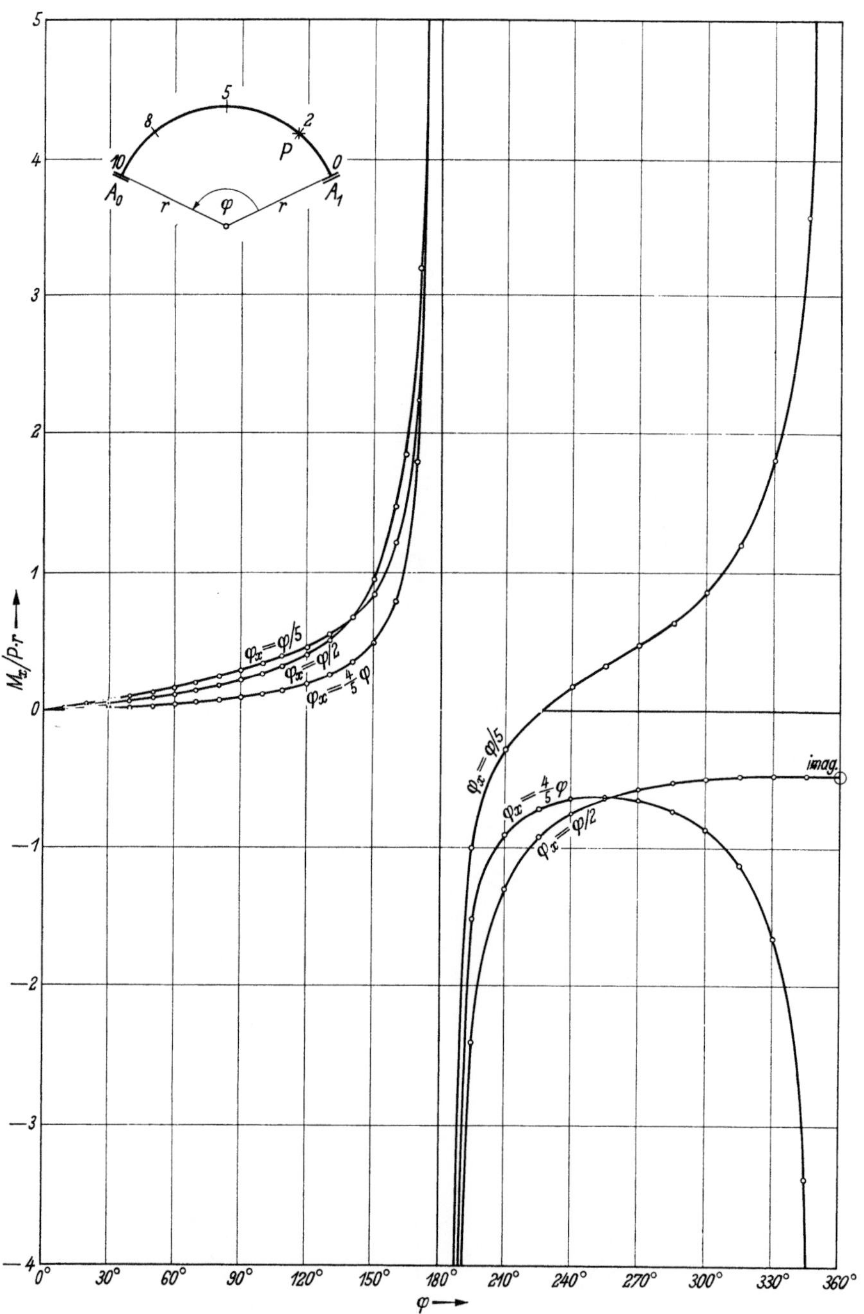

Tafel 8. M_x nach Tafel 7 für einige Öffnungswinkel φ

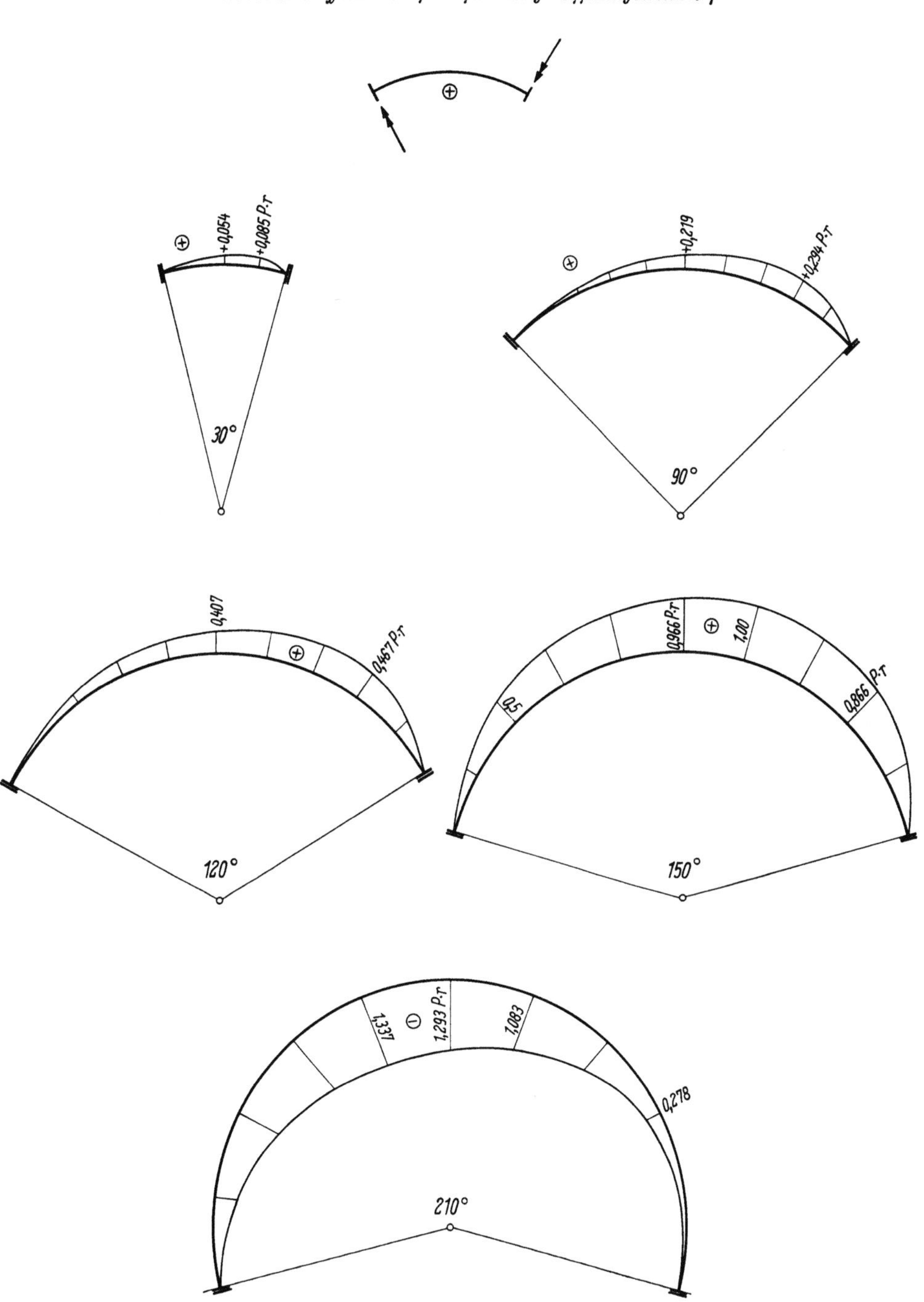

Tafeln zur Berechnung

Tafel 8 (Fortsetzung)

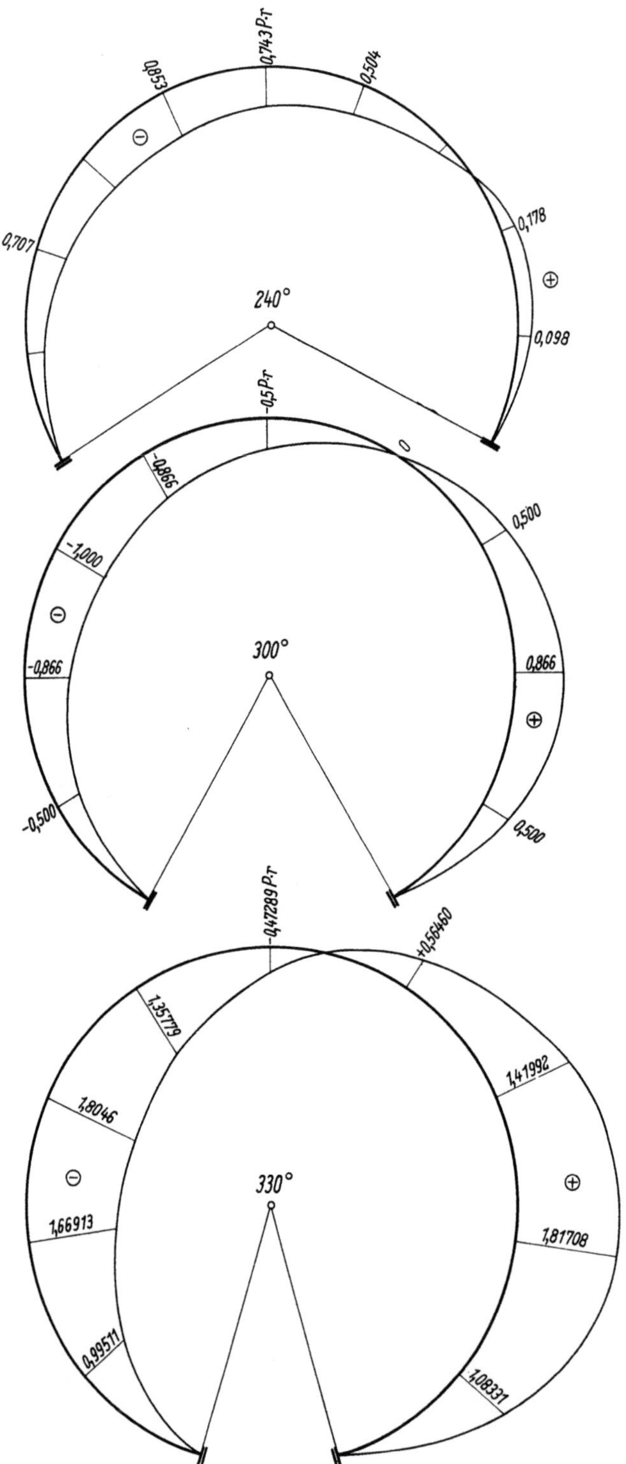

Tafel 9. $T_x(\varphi)$ für $P\ (\varphi_p = \varphi/2)$ nach Tab. 5

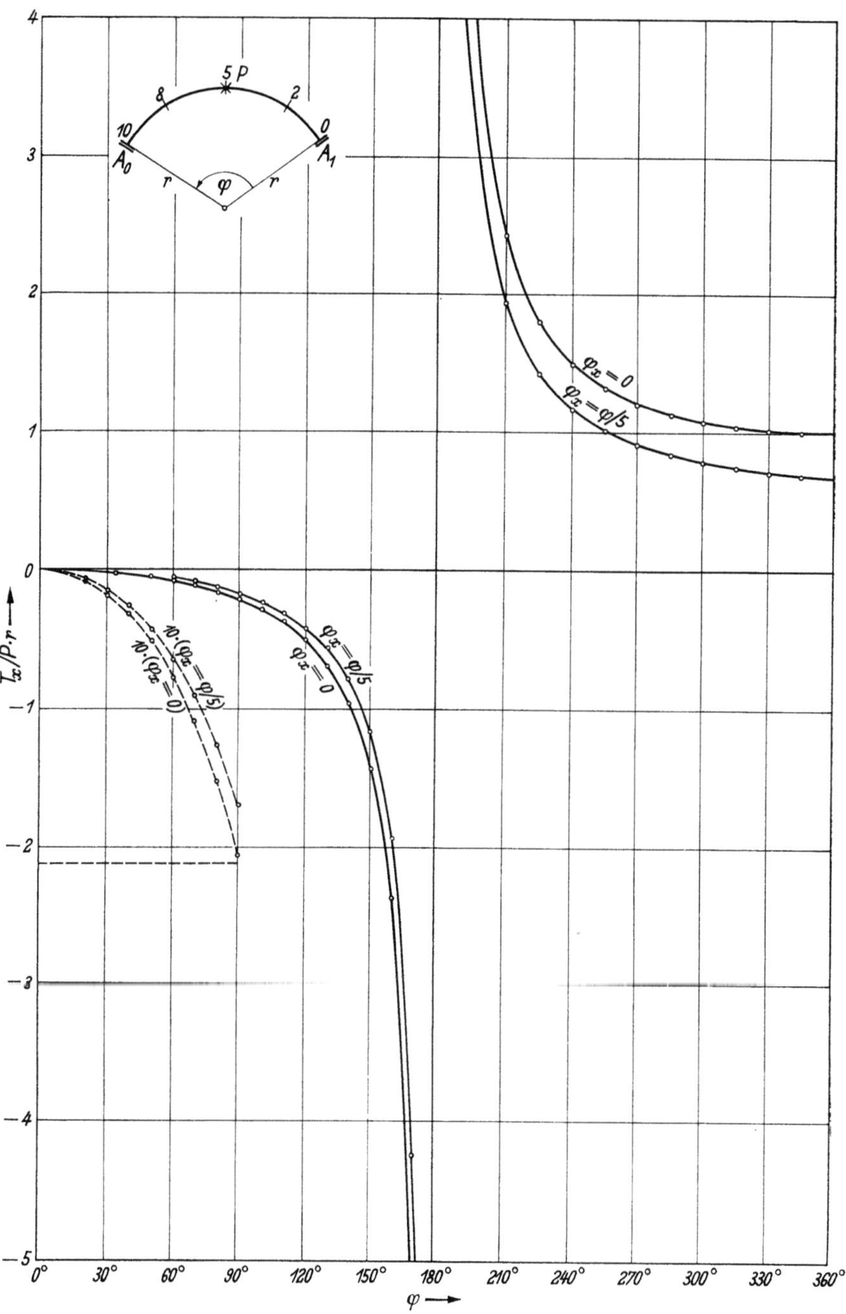

Tafel 10.: T_x nach Tafel 9 für einige Öffnungswinkel φ

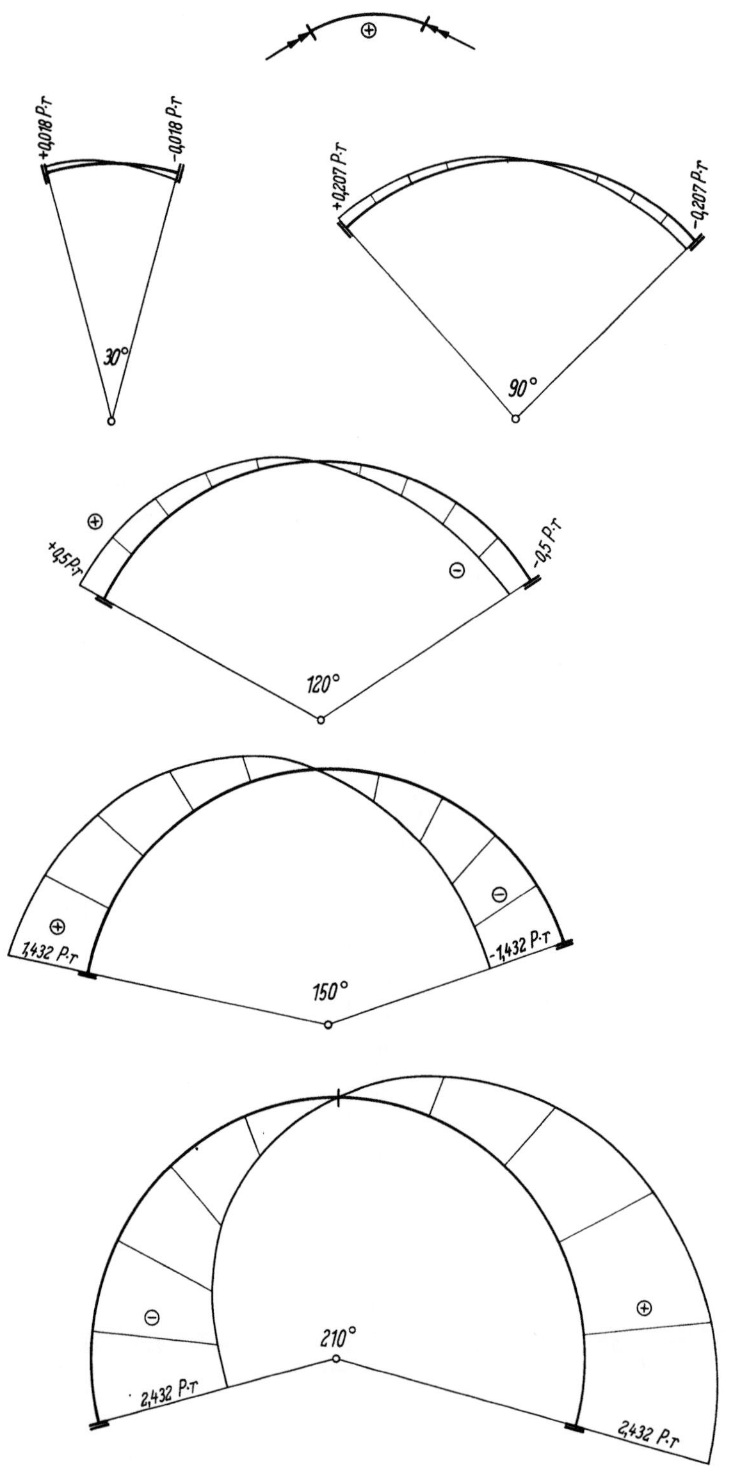

Tafel 10 (Fortsetzung)

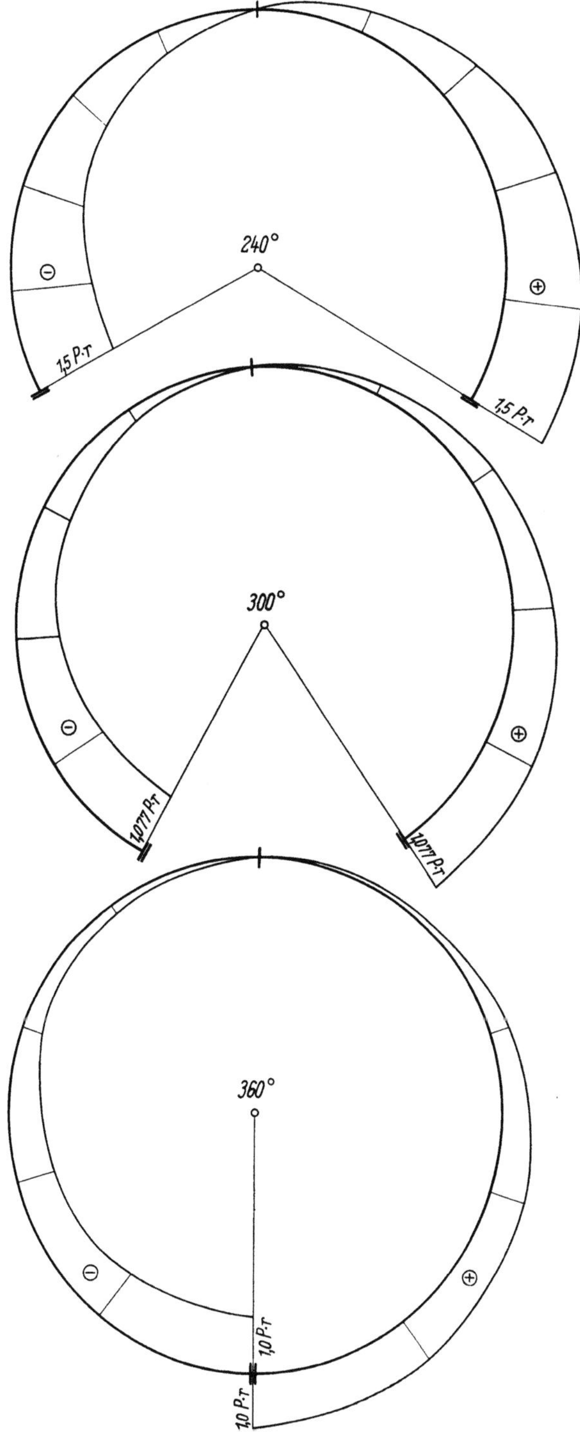

Tafel 11. $T_x(\varphi)$ für $P\ (\varphi_p = \varphi/5)$ nach Tab. 6

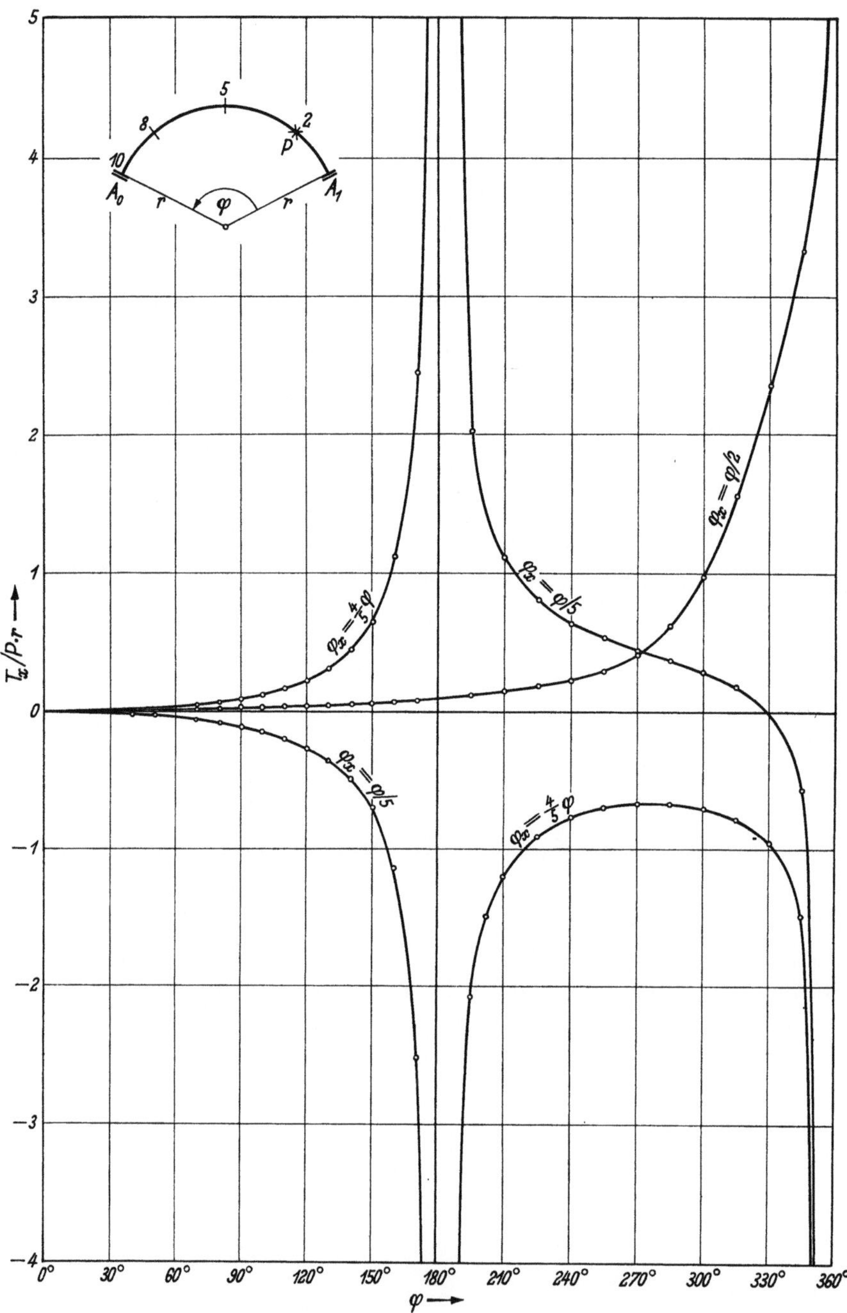

Tafel 12. T_x nach Tafel 11 für einige Öffnungswinkel φ

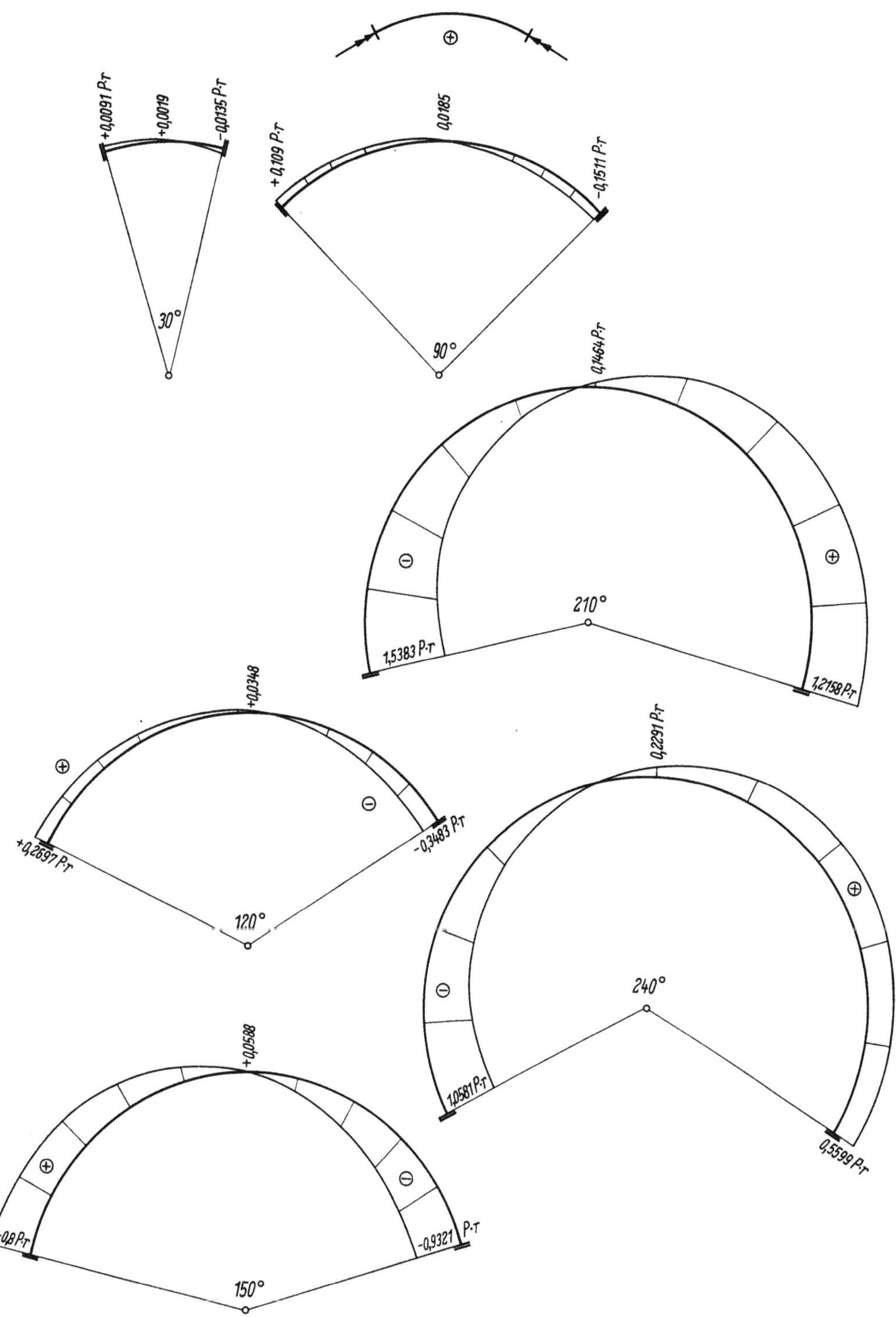

Tafel 12 (Fortsetzung)

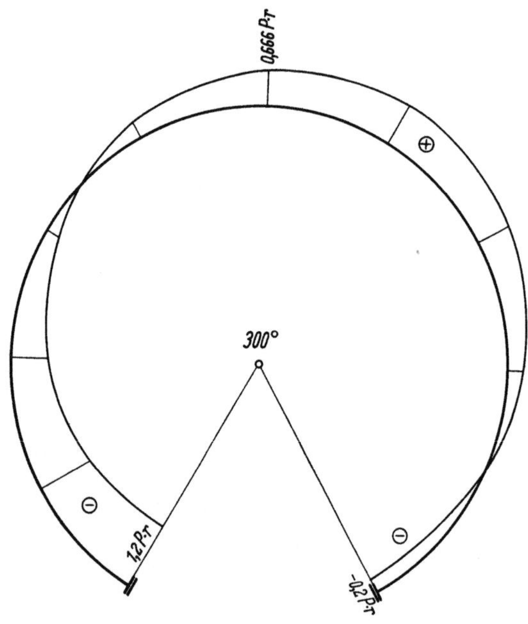

Tafel 13. *Biegeenddrehwinkel $\Phi(\varphi)$ aus Gleichlast q nach Tab. 9*

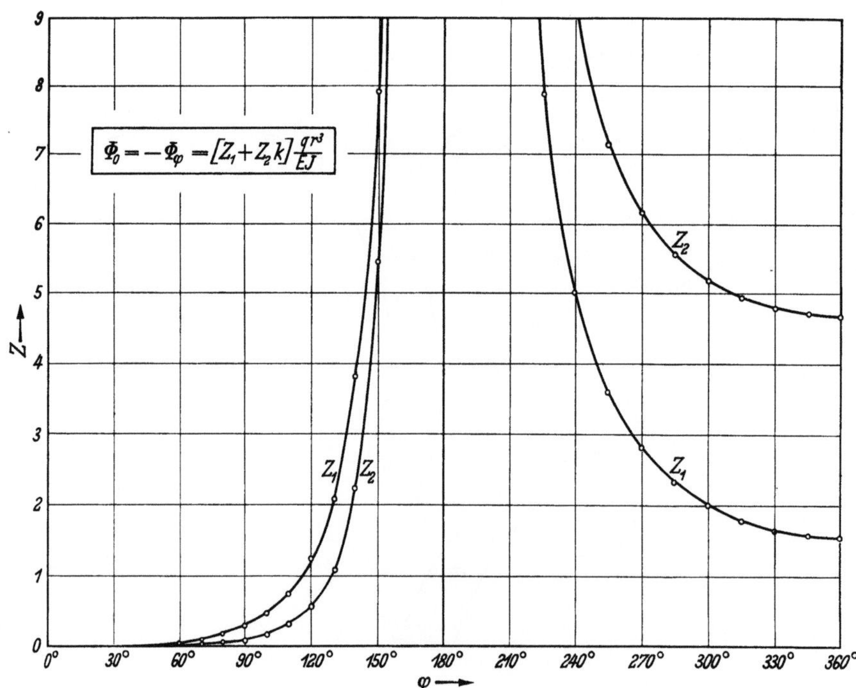

Tafel 14. *Biegeenddrehwinkel $\Phi(\varphi)$ für Einzellast $P(\varphi_p)$ nach Tab. 10*

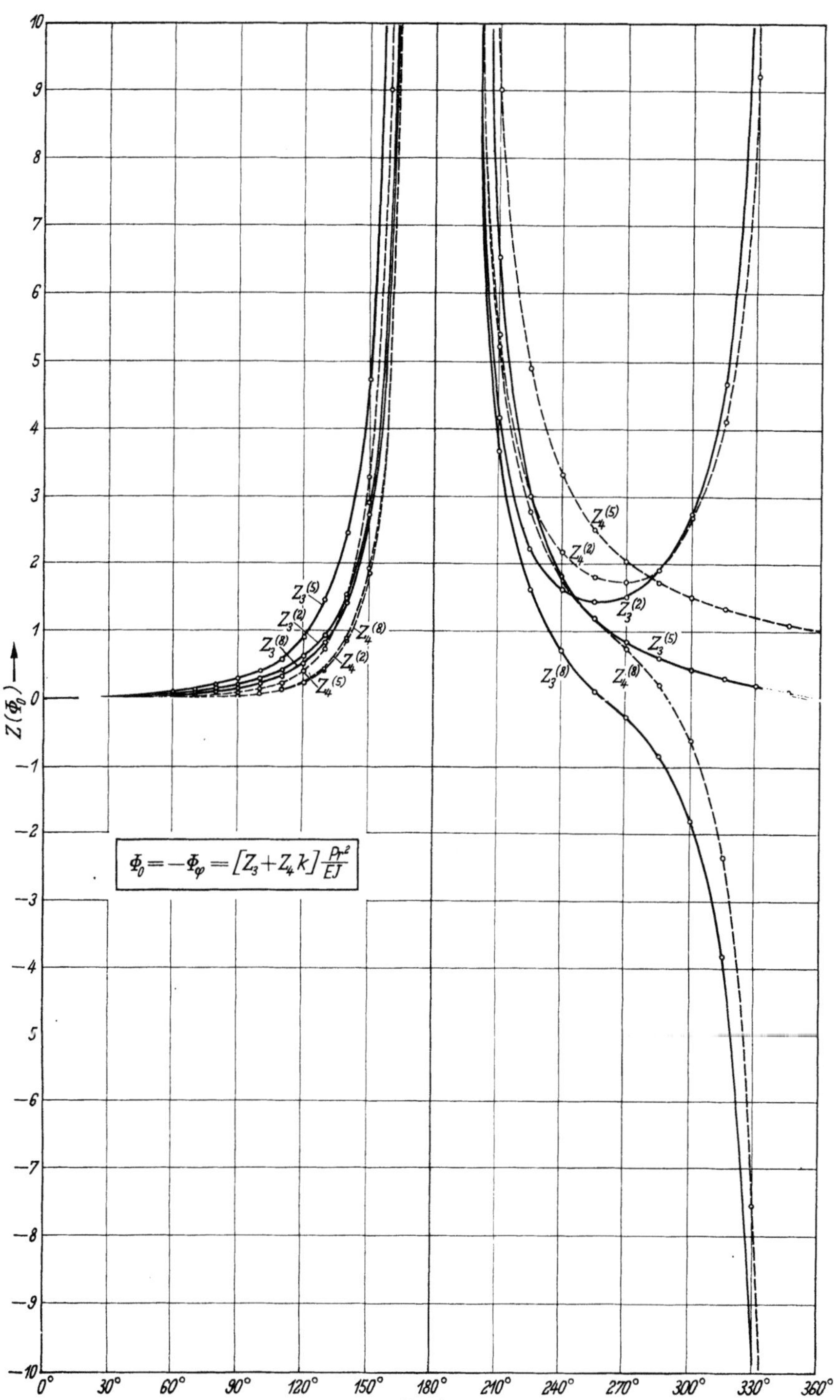

Tafel 15. $M_x(\varphi)$ *für Stabendmoment* $X = 1$ *nach Tab. 11*

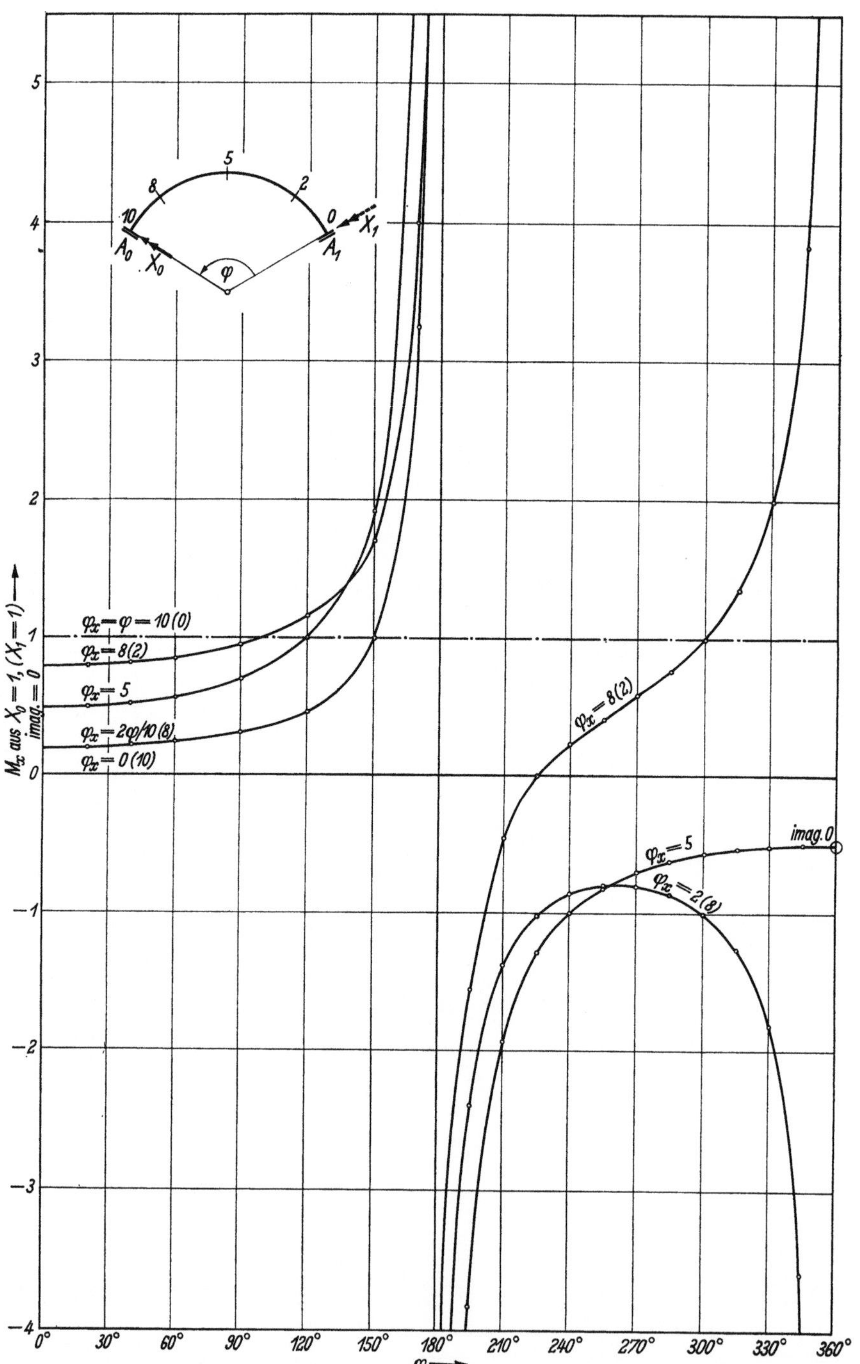

Tafel 16. M_x nach Tafel 15 für einige Öffnungswinkel φ

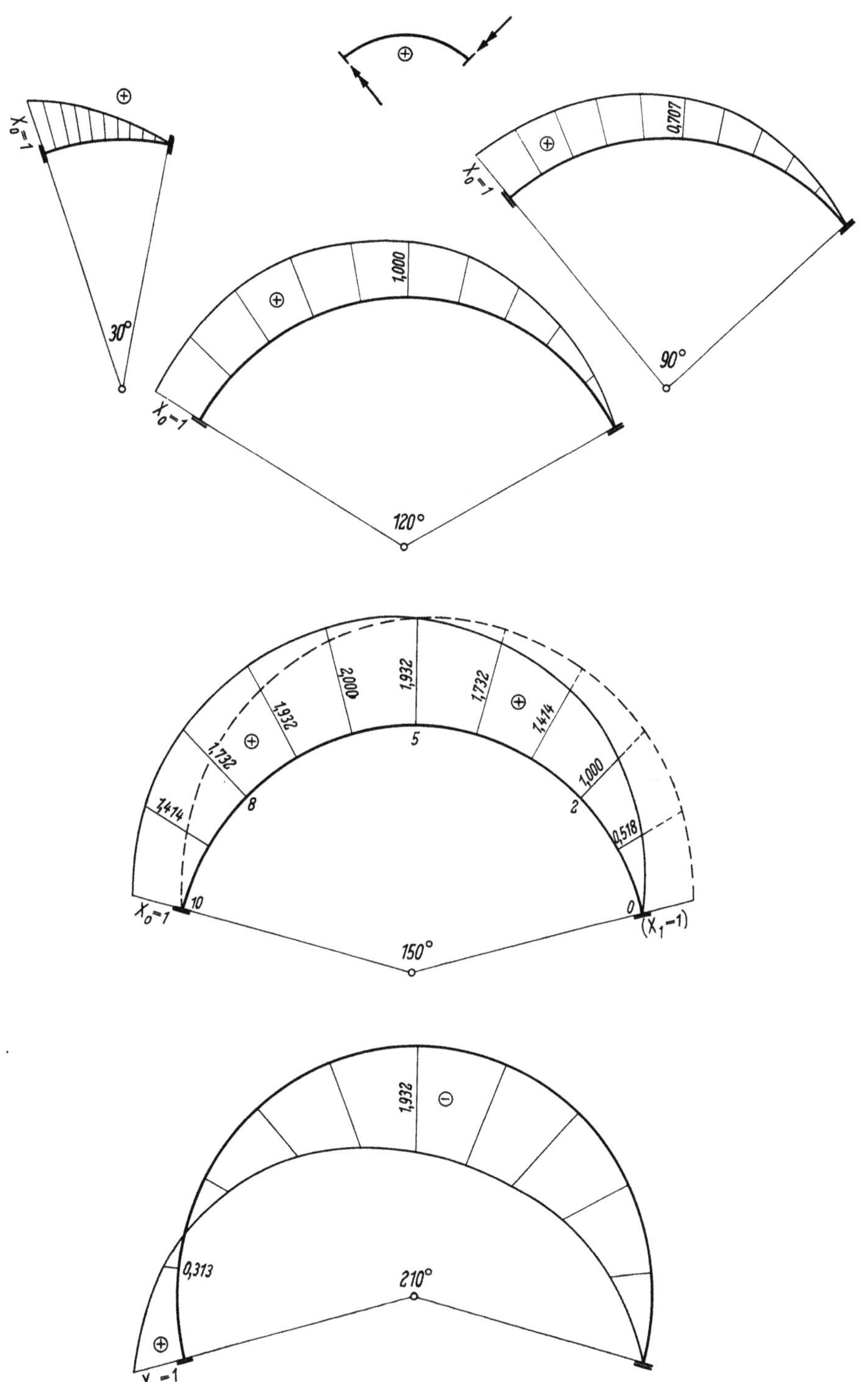

Tafel 16 (Fortsetzung)

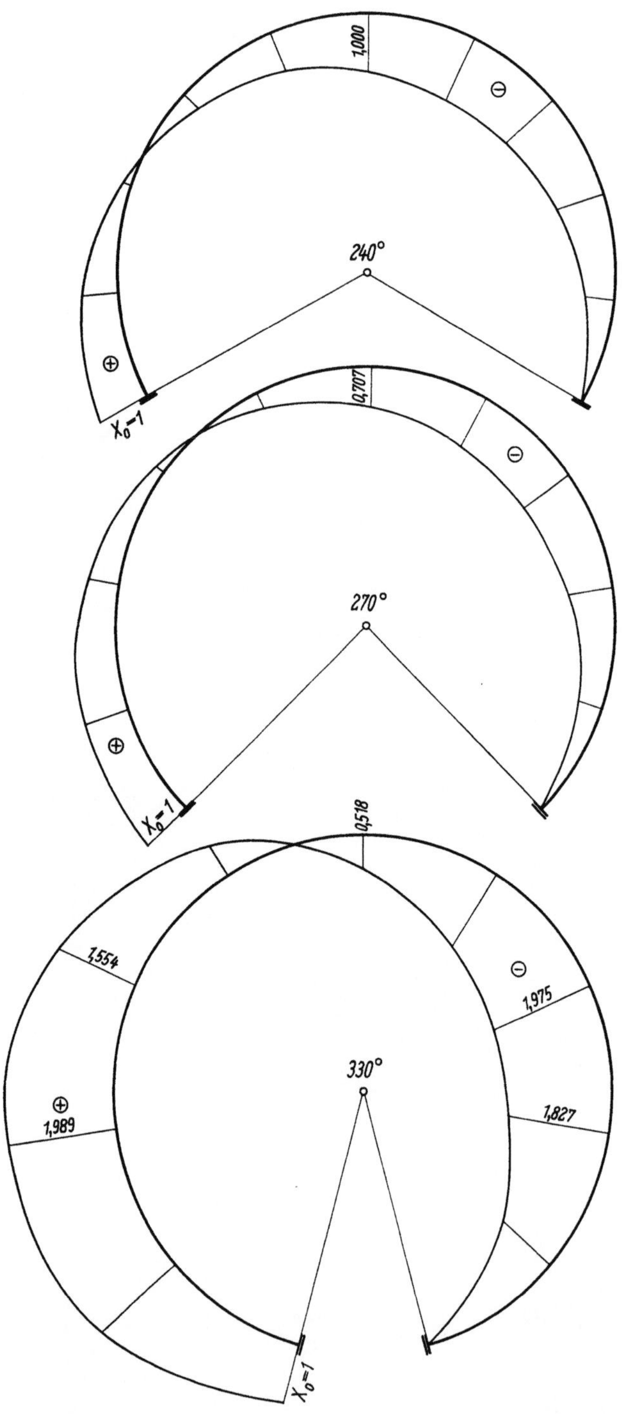

Tafel 17. $T_x(\varphi)$ für ein Stabendmoment $X = 1$ nach Tab. 12

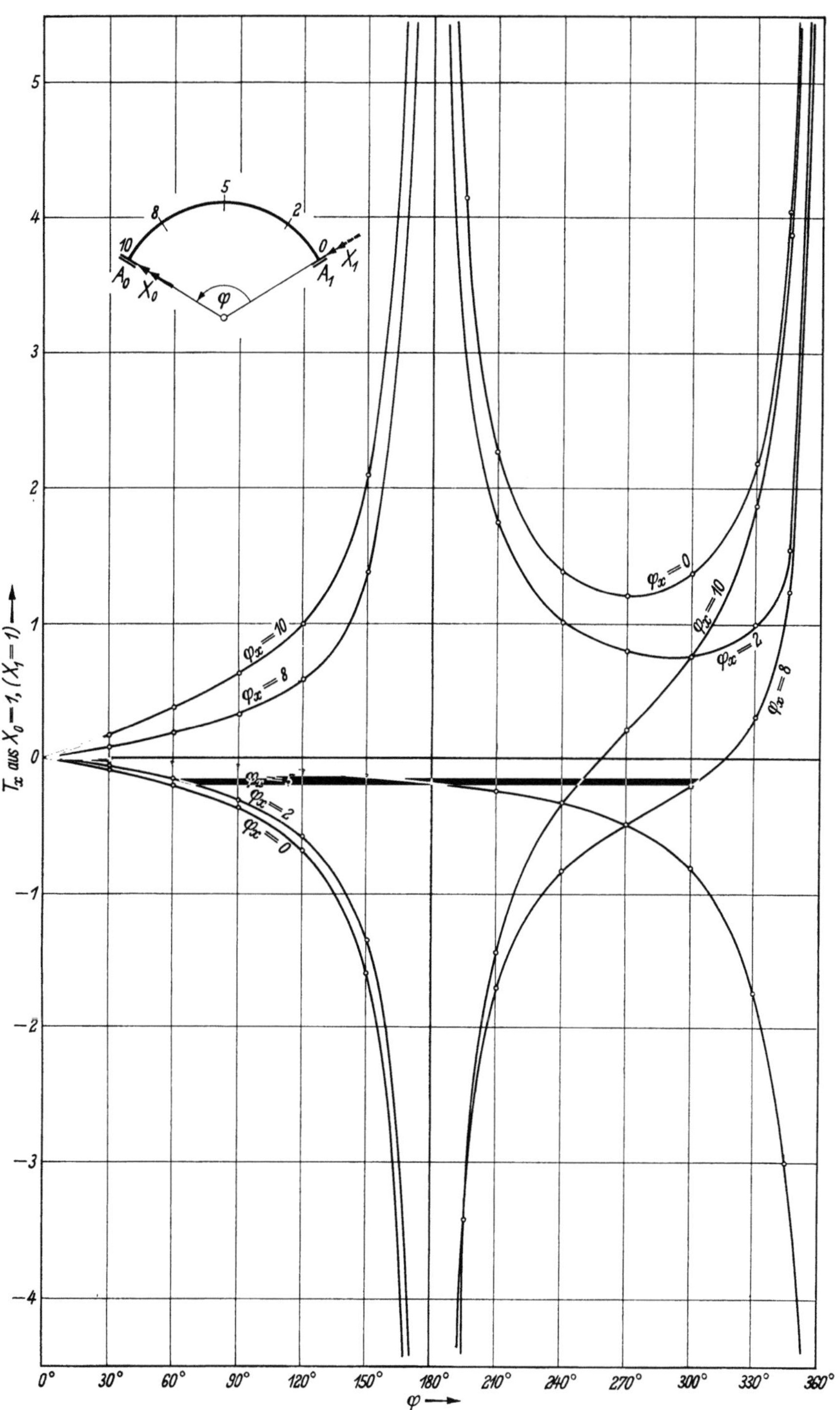

Tafeln zur Berechnung

Tafel 18. T_x nach Tafel 17 für einige Öffnungswinkel φ

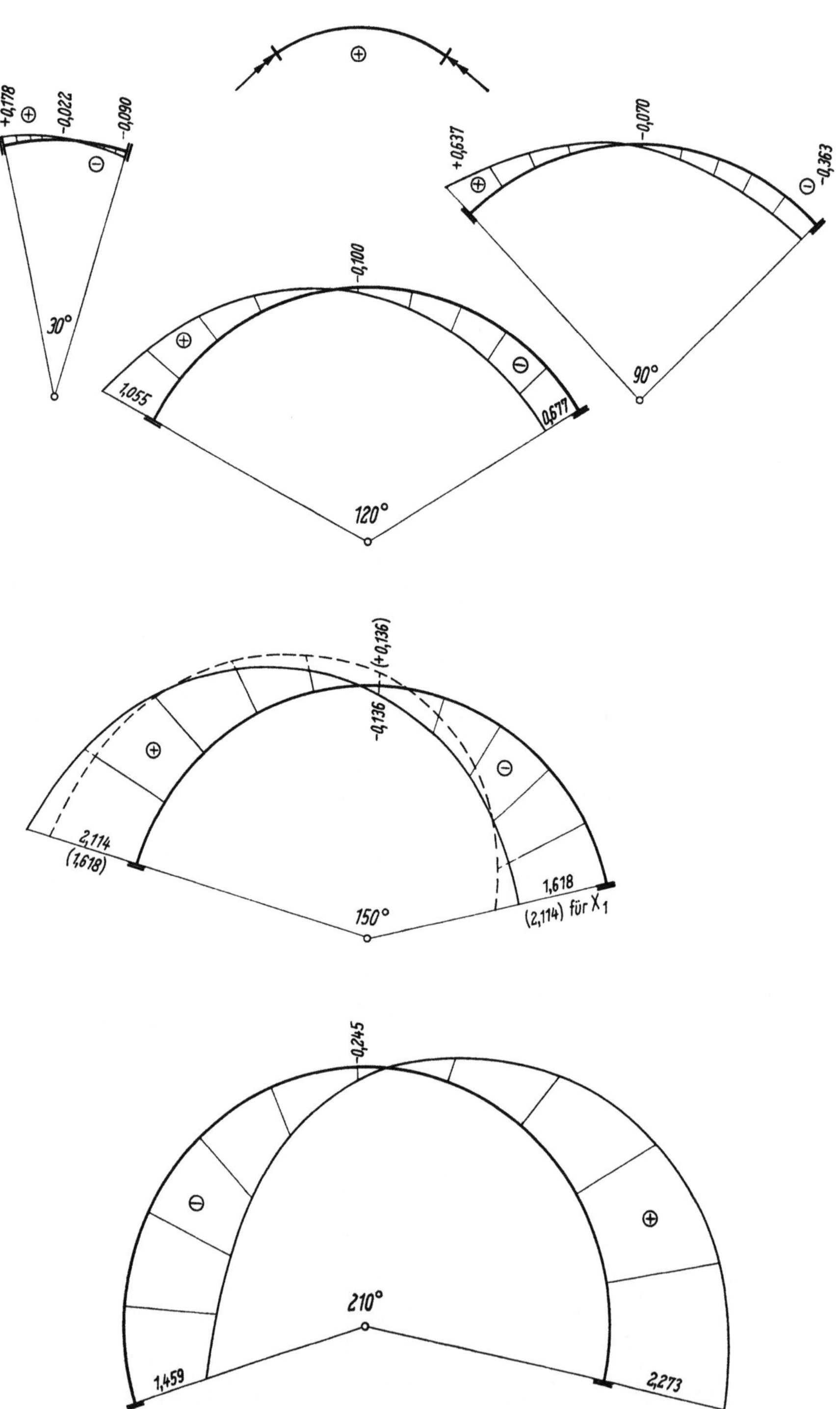

Tafel 18 (Fortsetzung)

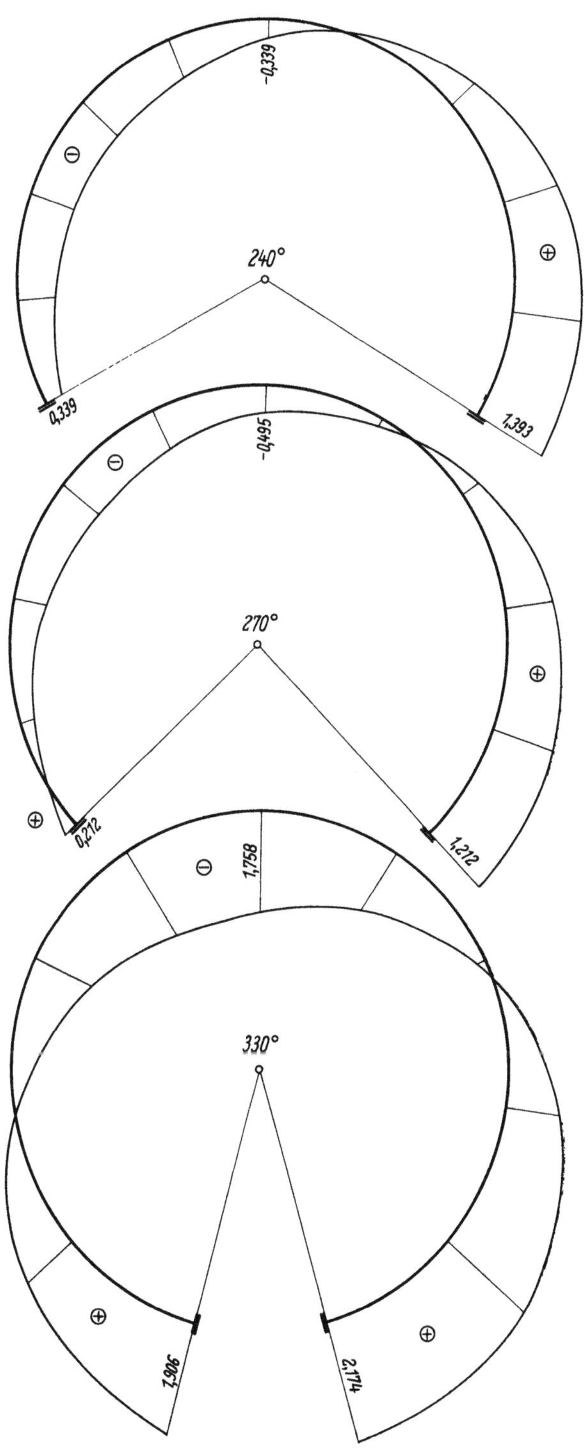

Tafel 19. *Biegeenddrehwinkel $\Phi(\varphi)$ für ein Stabendmoment $X = 1$ nach Tab. 13*

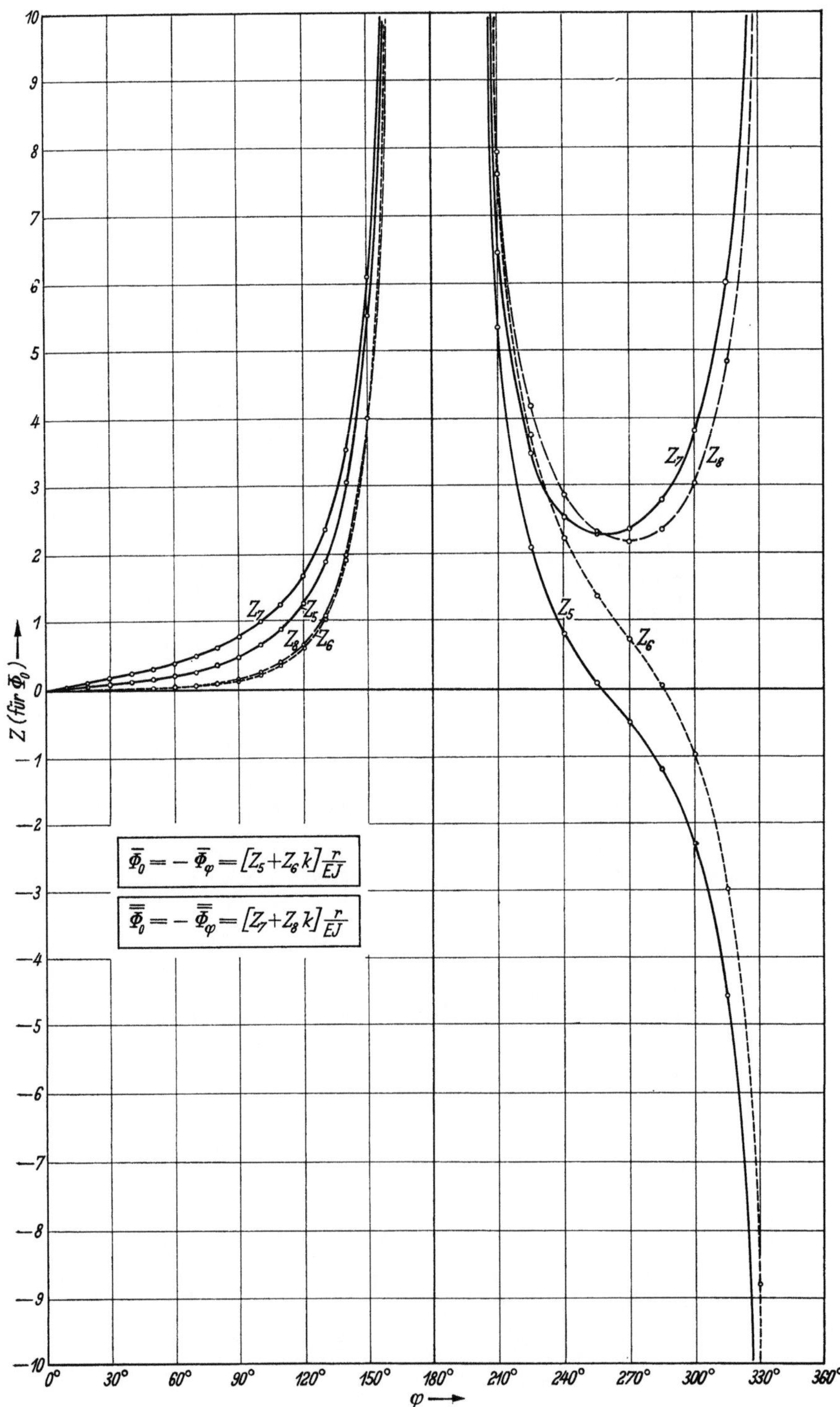

Tafel 20. *$X(\varphi)$ des einseitig eingespannten Trägers für Gleichlast q nach Tab. 14*

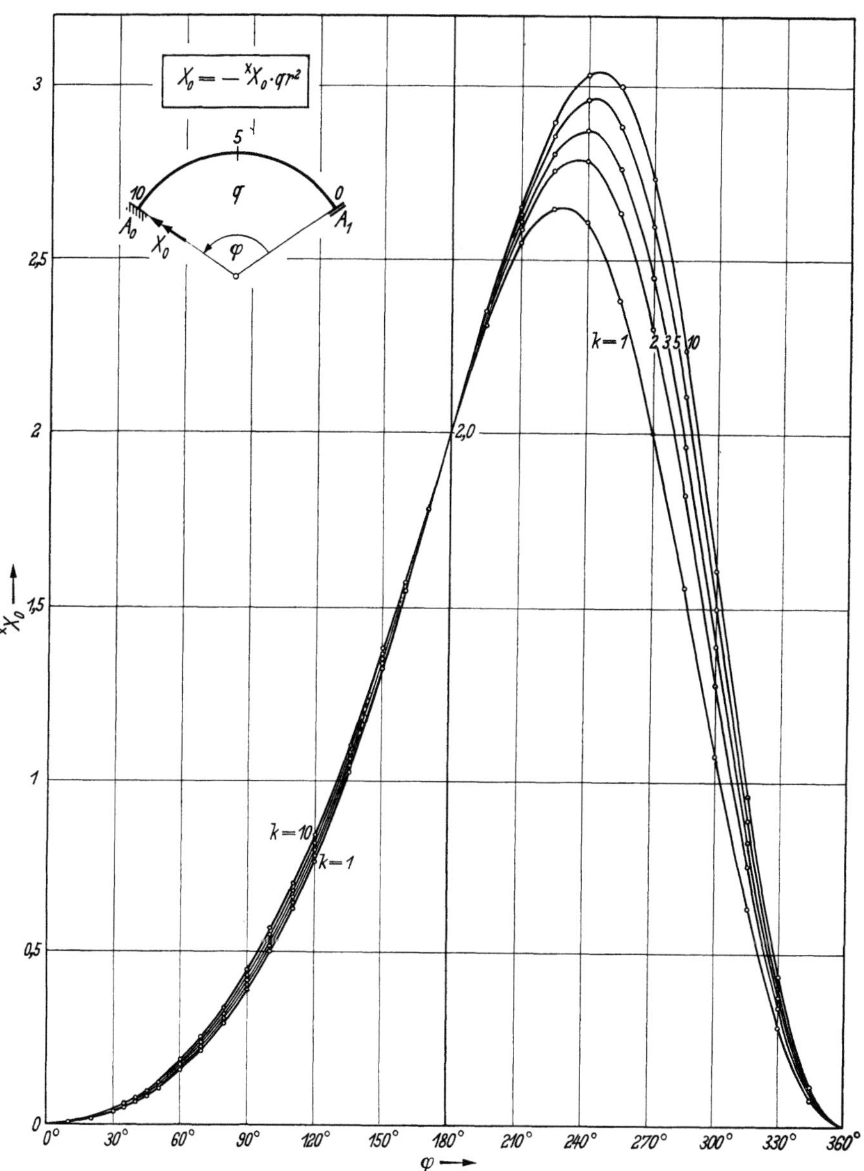

Tafel 21. $X(\varphi)$ *des einseitig eingespannten Trägers für Einzellast* $P(\varphi_p)$ *nach Tab. 15*

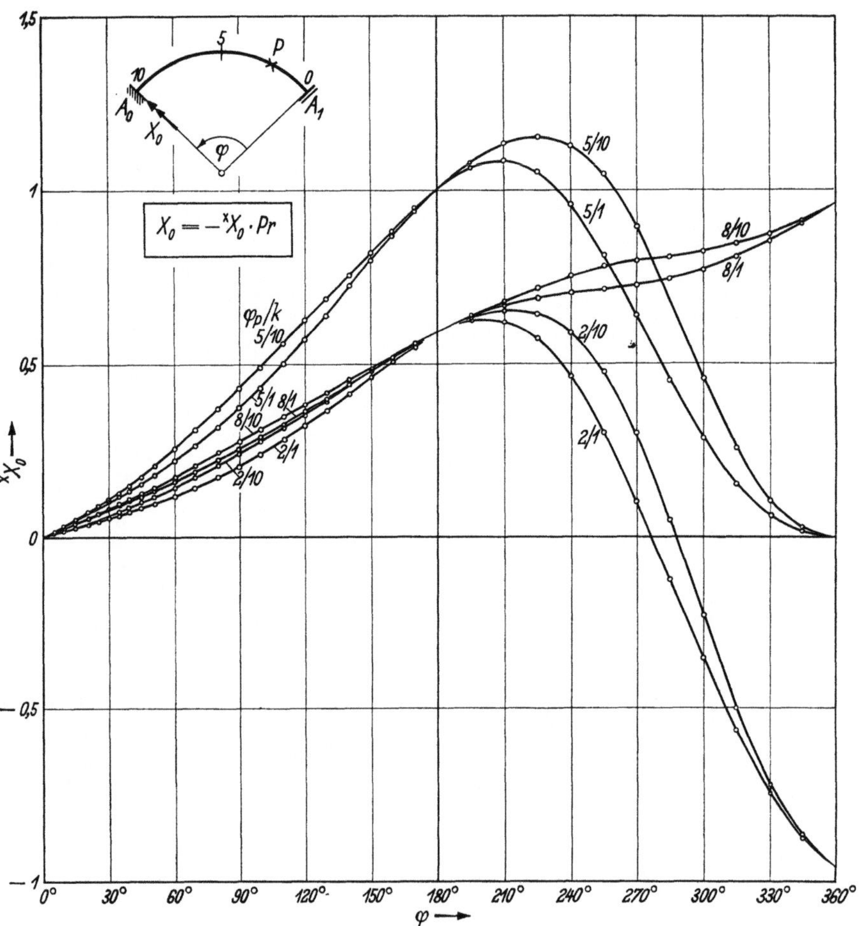

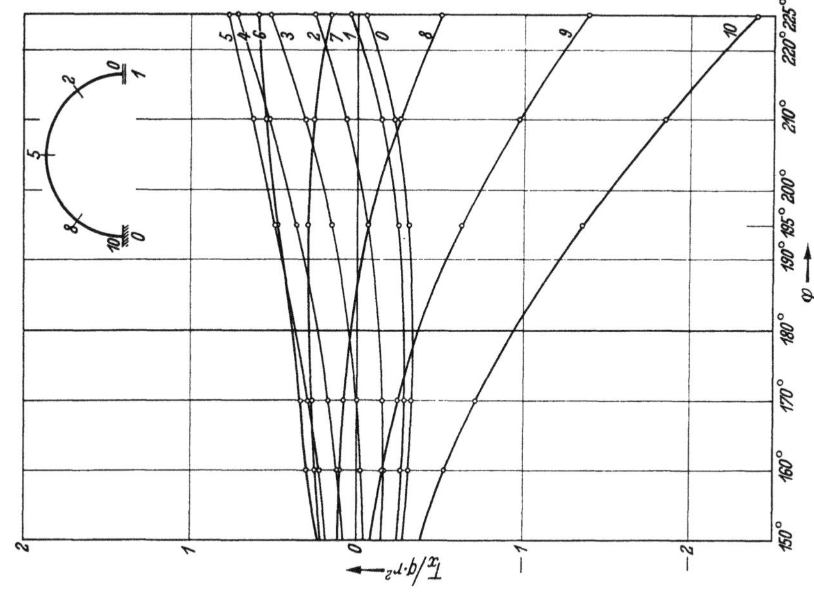

Tafel 23. Ermittlung T_x des einseitig eingespannten Trägers aus Gleichlast q für $\varphi = 180°$

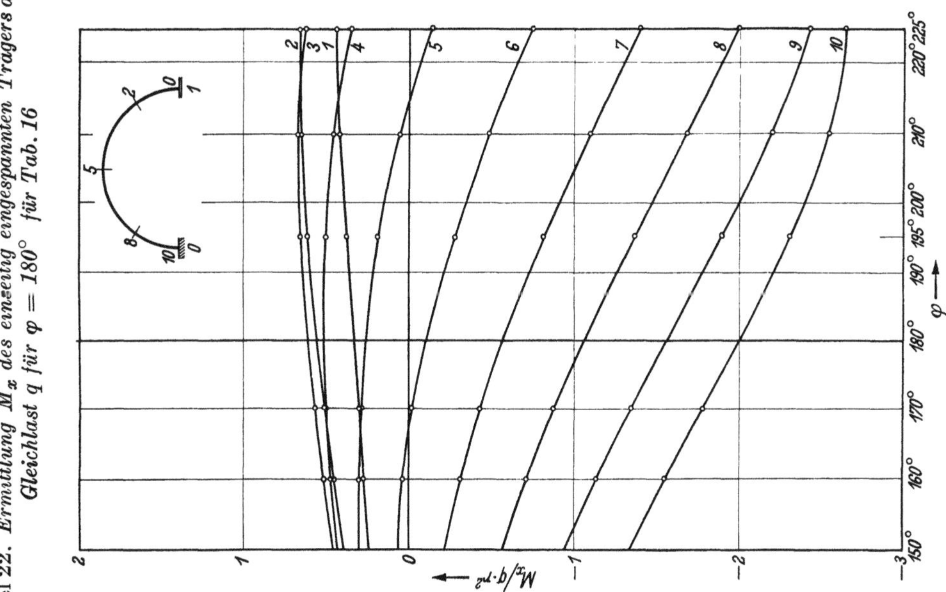

Tafel 22. Ermittlung M_x des einseitig eingespannten Trägers aus Gleichlast q für $\varphi = 180°$ für Tab. 16

Tafel 24. M_x *am einseitig eingespannten Träger für Gleichlast q für verschiedene* φ

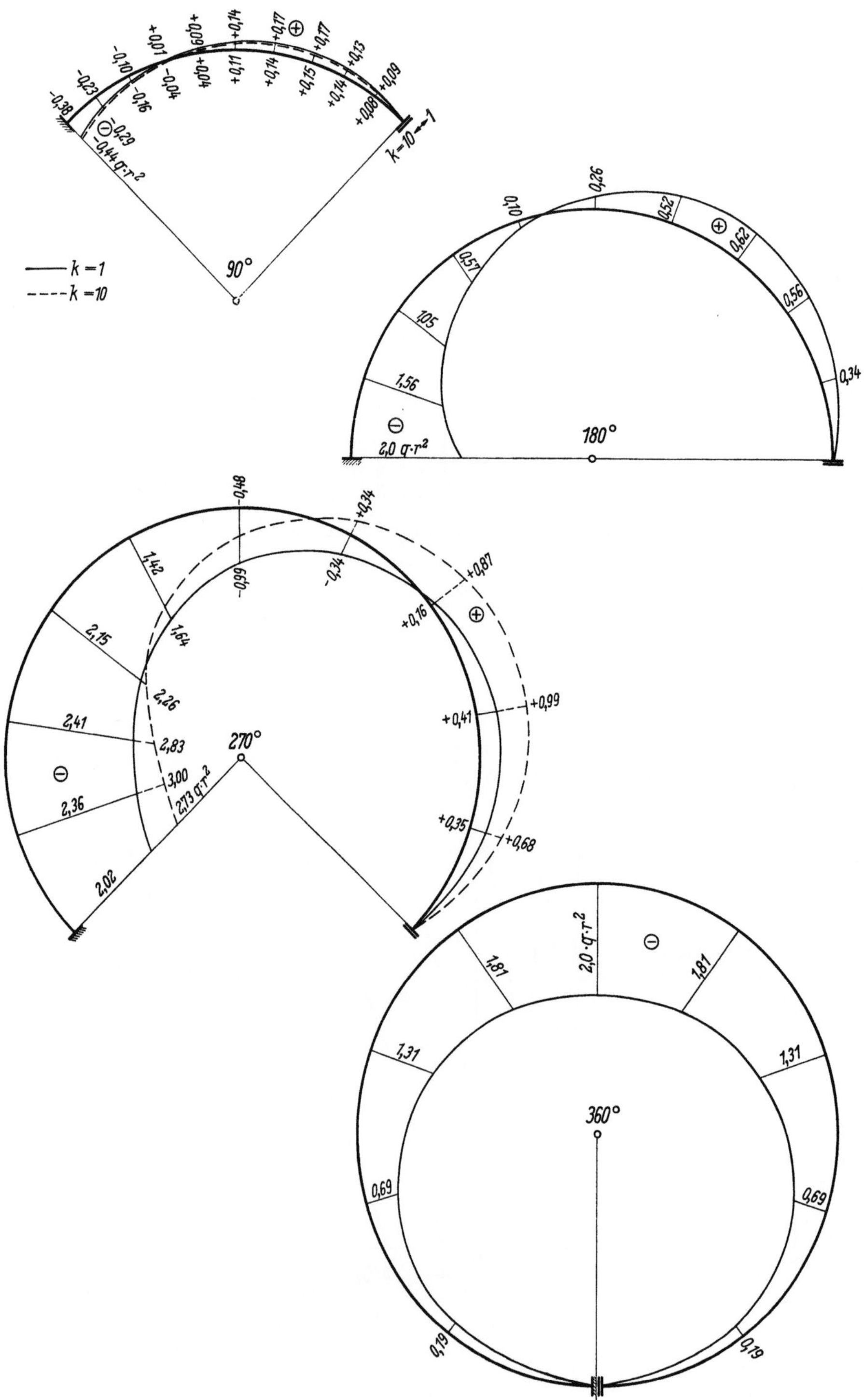

Tafel 25. T_x *am einseitig eingespannten Träger für Gleichlast q für verschiedene* φ

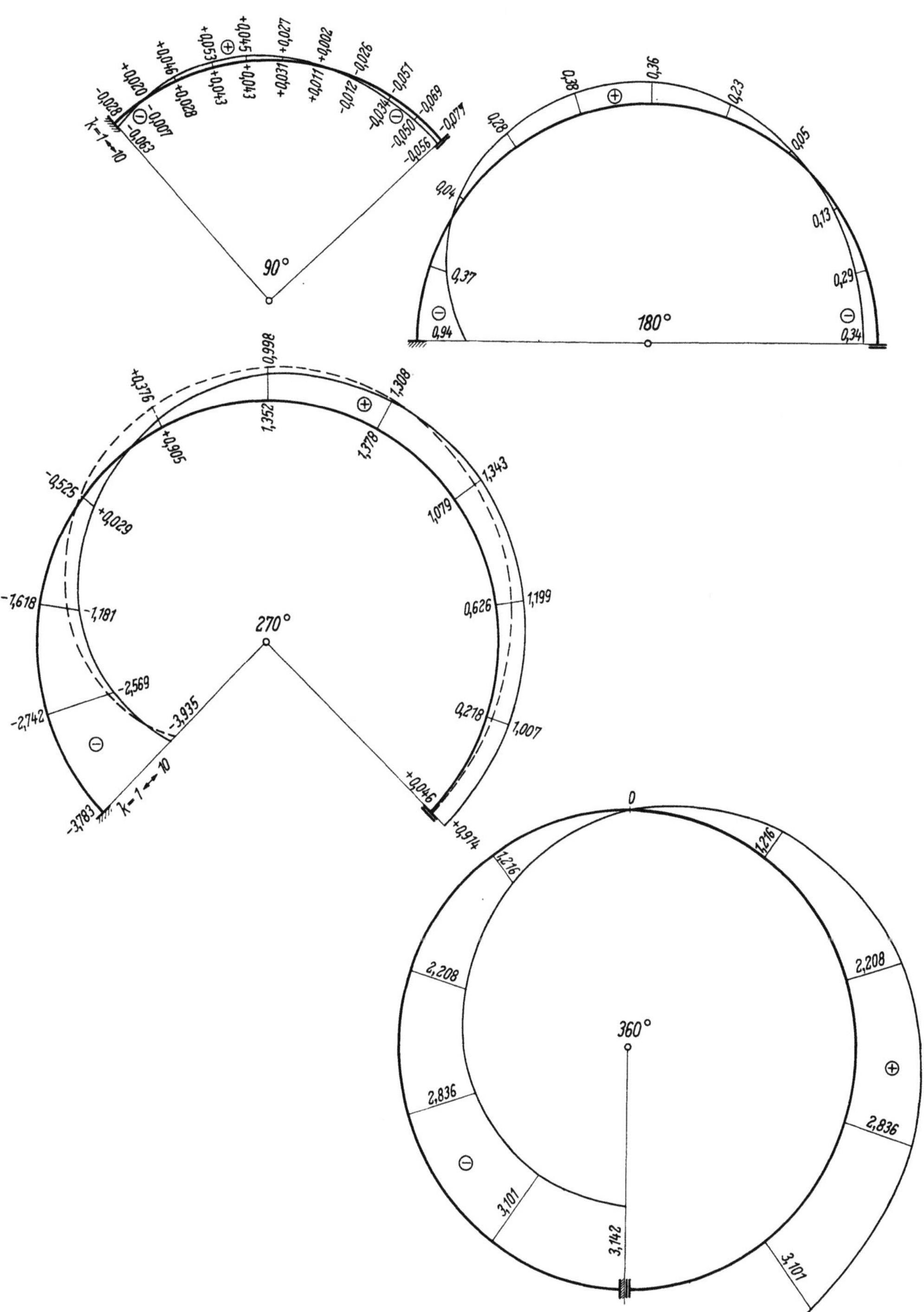

Tafel 26. *Einflußlinien M_x für $\varphi = 180°$ nach Tab. 17*

Tafel 27. *Einflußlinien T_x für $\varphi = 180°$ nach Tab. 17*

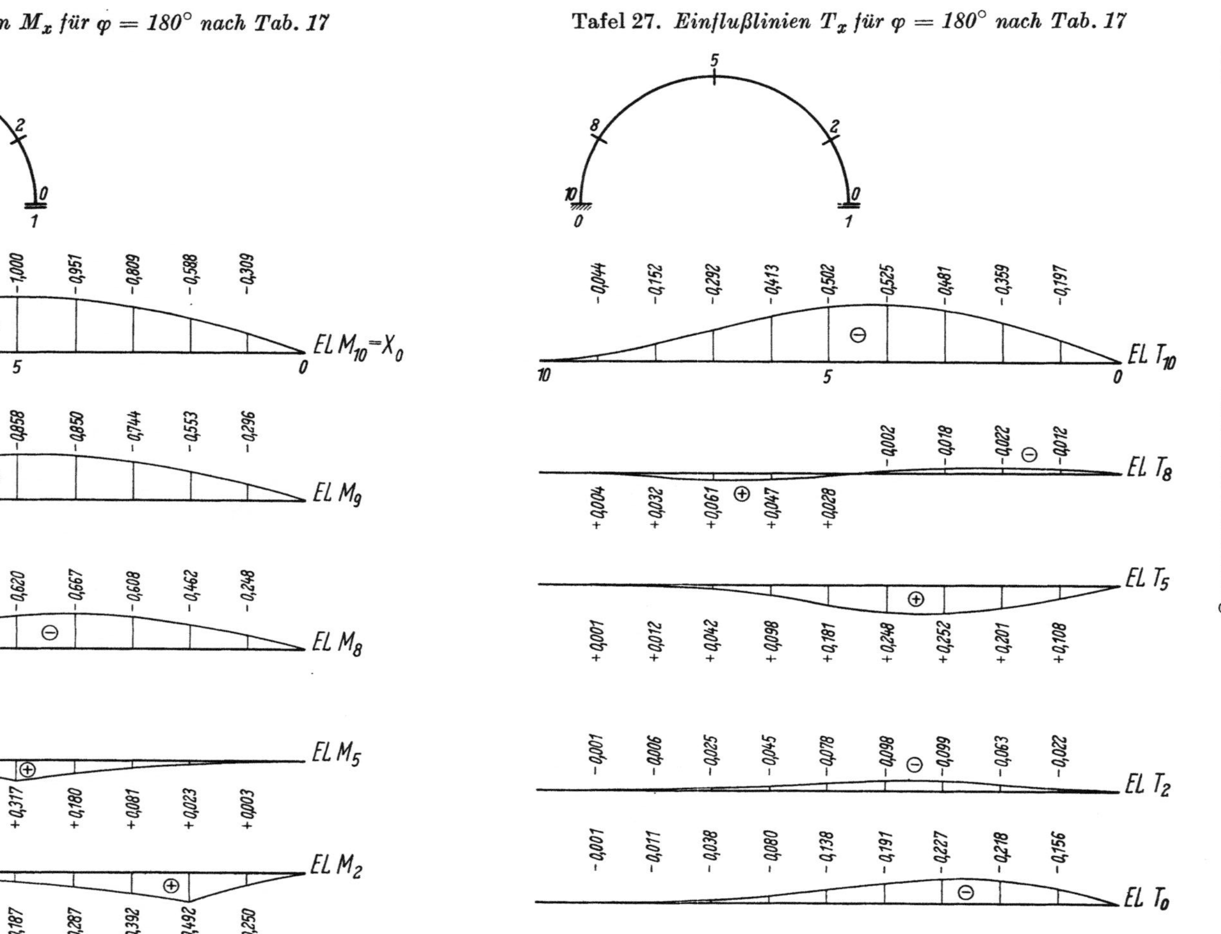

Tafel 28. *Auflagerkräfte $A_n(\varphi)$ am einseitig eingespannten Träger aus Gleichlast q*

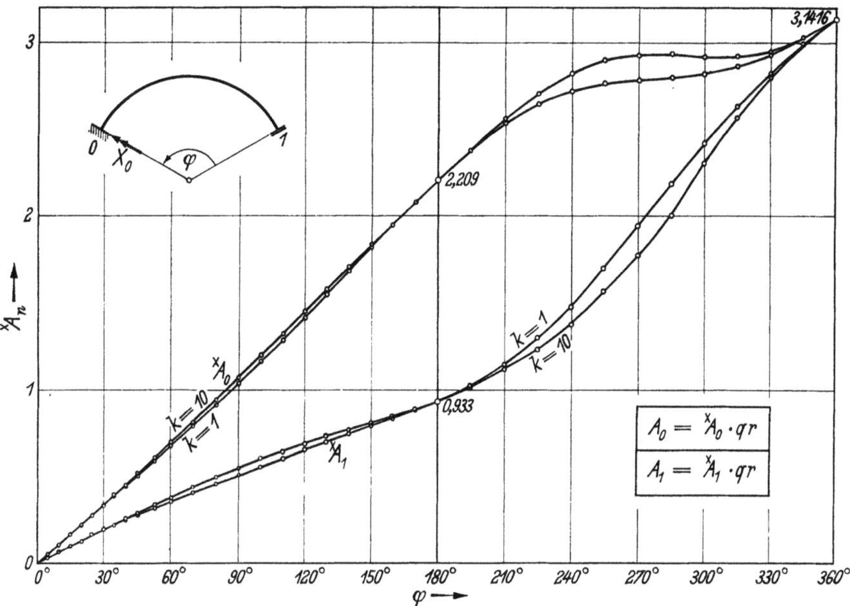

Tafel 29. *Auflagerkräfte $A_n(\varphi)$ am einseitig eingespannten Träger aus Einzellast $P(\varphi_p)$*

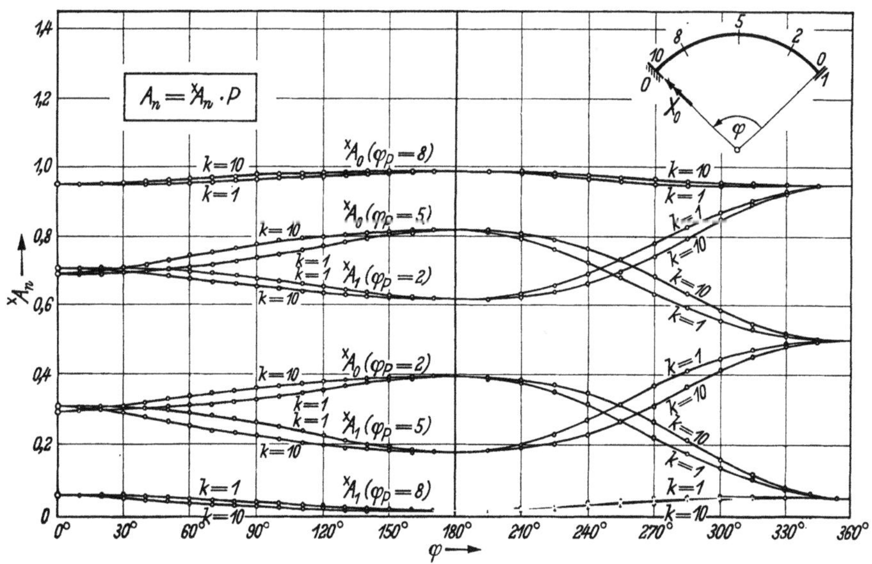

Tafel 30. $X_n(\varphi)$ des beidseitig eingespannten Trägers für Gleichlast q nach Tab. 18

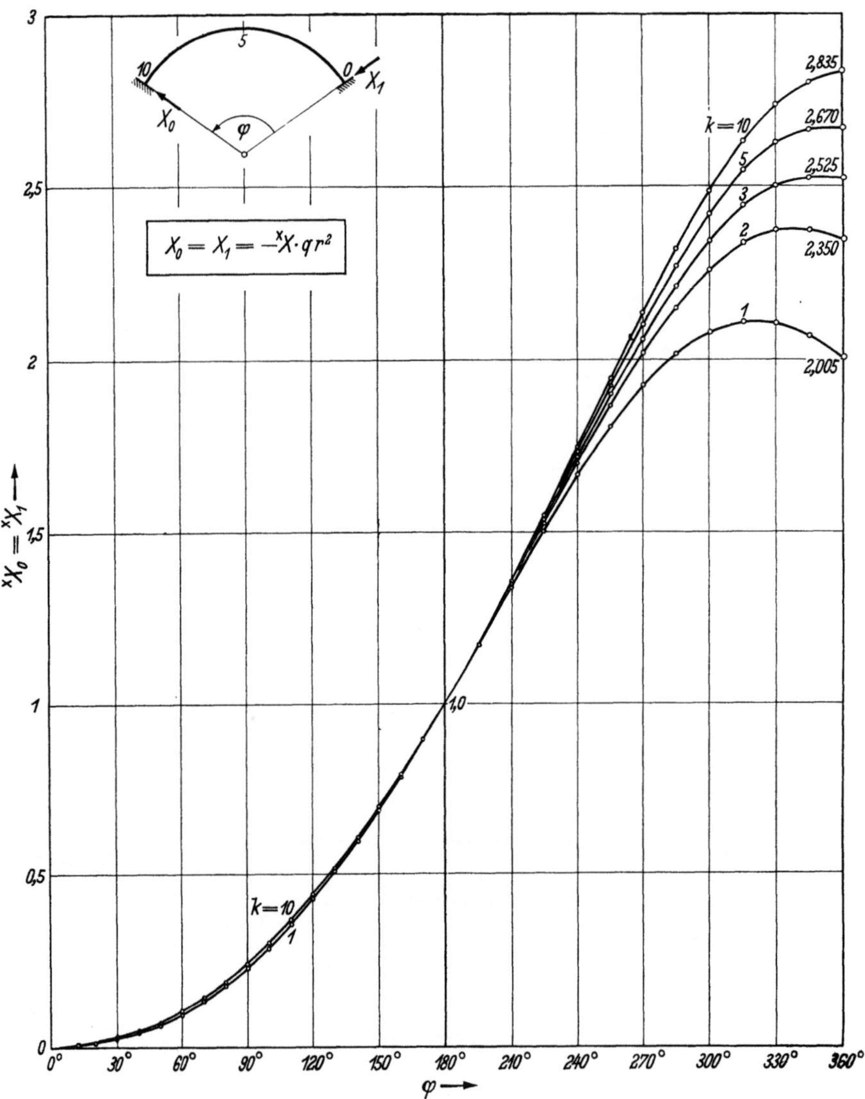

Tafel 31. $X_n(\varphi)$ *des beidseitig eingespannten Trägers für Einzellast* $P(\varphi_p)$ *nach Tab. 19*

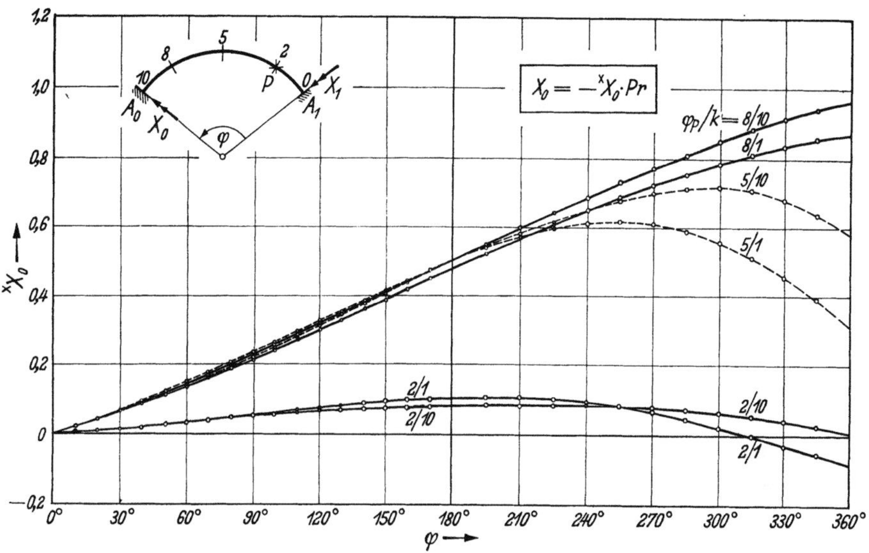

Tafeln 32 bis 35 siehe folgende Seiten.

Tafel 36. *Auflagerkräfte* $A_n(\varphi)$ *des beidseitig eingespannten Trägers*

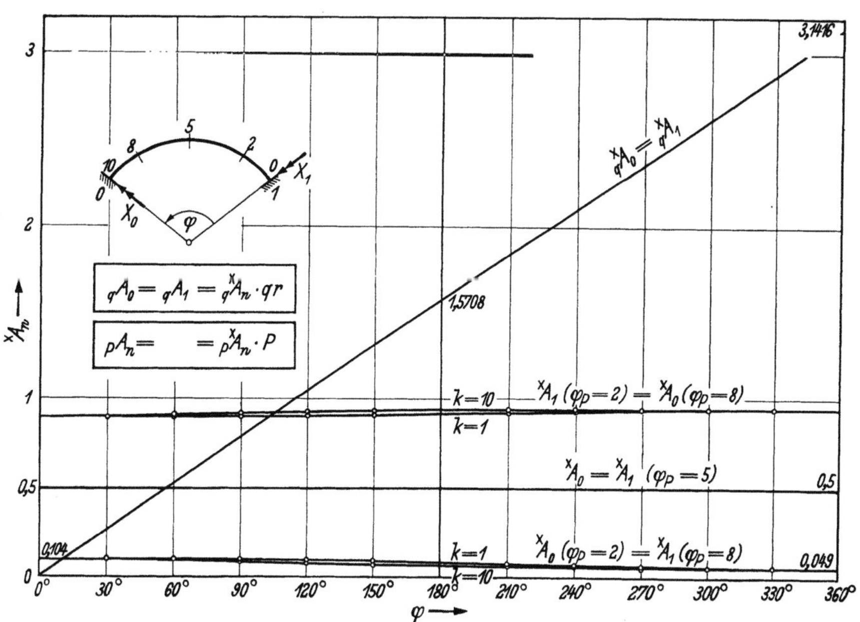

Tafel 32. *M_x des beidseitig eingespannten Trägers aus Gleichlast q für verschiedene φ*

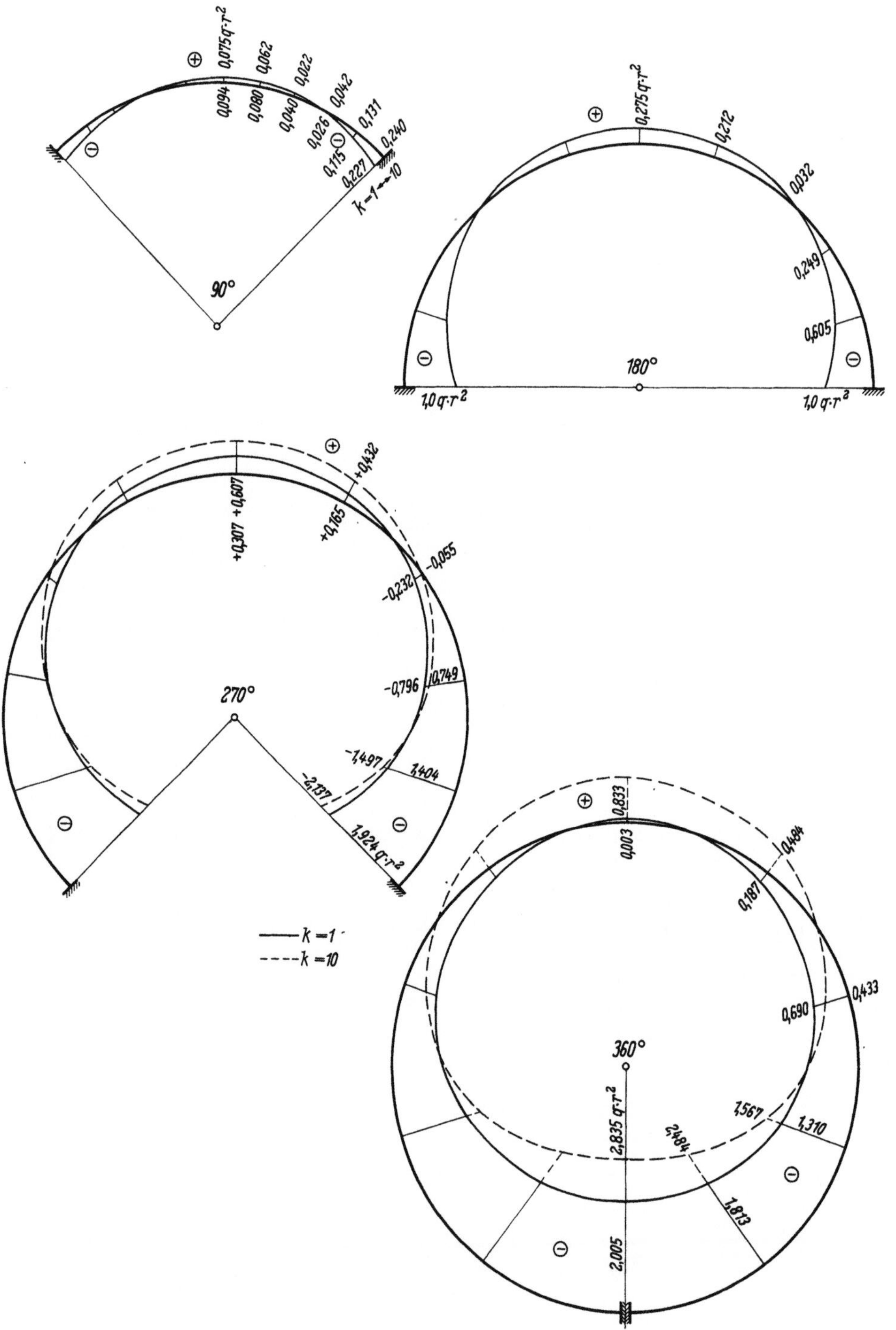

Tafel 33. *T_x des beidseitig eingespannten Trägers aus Gleichlast q für verschiedene φ*

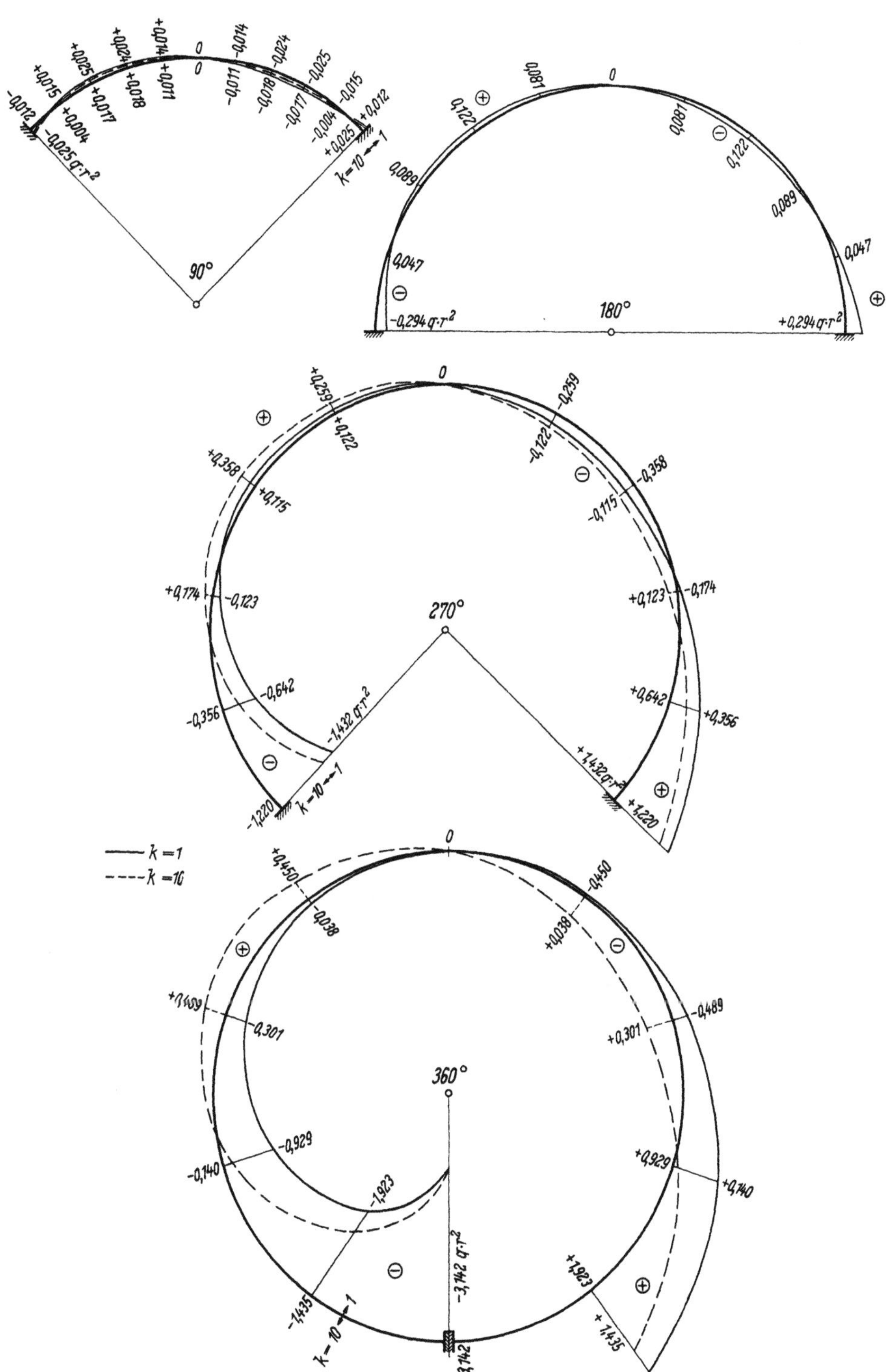

Tafel 34. Einflußlinien M_x für $\varphi = 180°$ nach Tab. 20

Tafel 35. Einflußlinien T_x für $\varphi = 180°$ nach Tab. 20

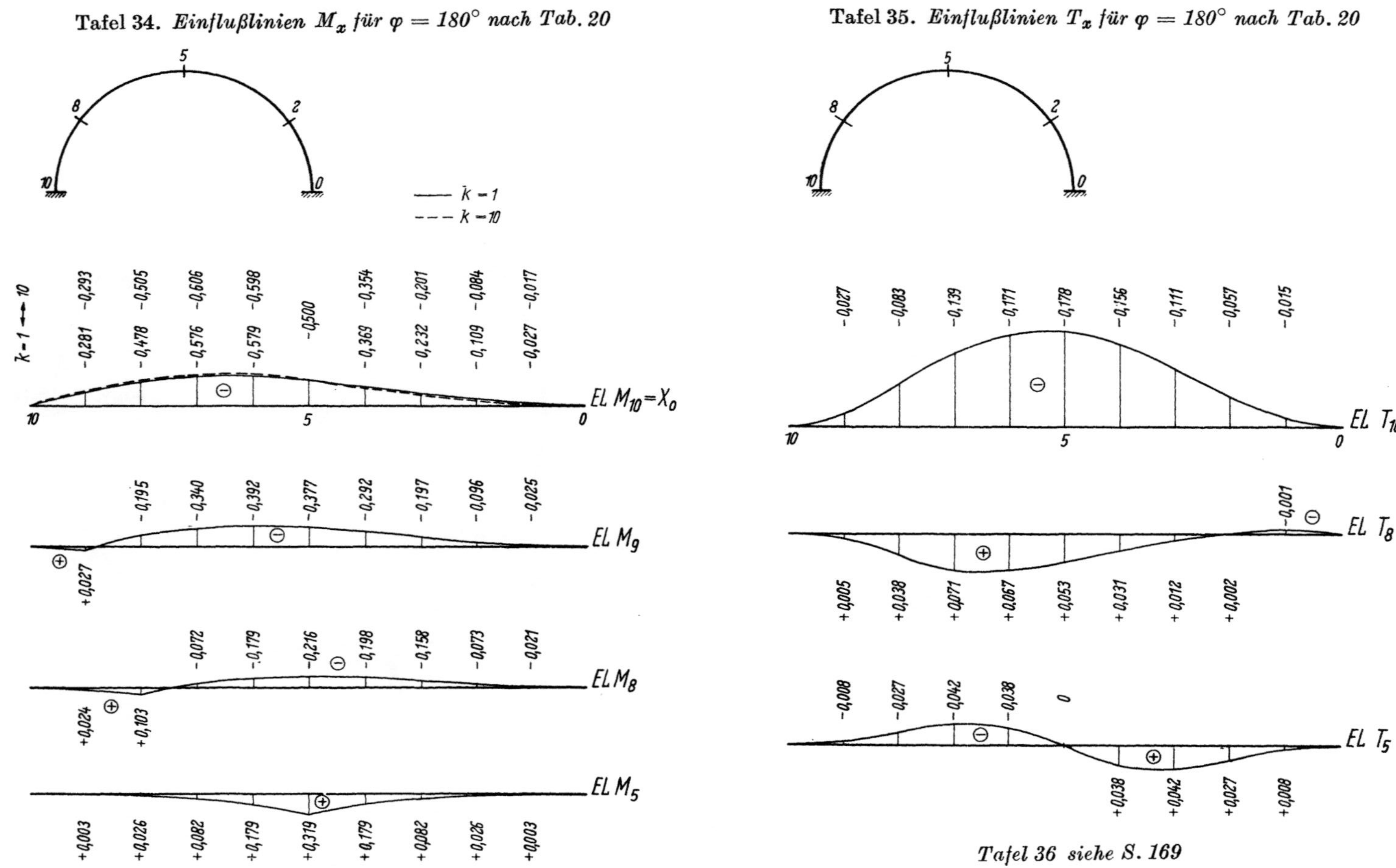

Tafel 36 siehe S. 169

MIX
Papier aus verantwortungsvollen Quellen
Paper from responsible sources
FSC® C105338

If you have any concerns about our products,
you can contact us on
ProductSafety@springernature.com

In case Publisher is established outside the EU,
the EU authorized representative is:
Springer Nature Customer Service Center GmbH
Europaplatz 3, 69115 Heidelberg, Germany

Printed by Libri Plureos GmbH
in Hamburg, Germany